A. F. FEOFANOW

DIE KRÄFTEERMITTELUNG IN DÜNNWANDIGEN BLECHKONSTRUKTIONEN

HERAUSGEGEBEN VON

W. A. MARJIN

DOZENT UND KANDIDAT DER TECHN. WISSENSCHAFTEN

AUS DEM RUSSISCHEN ÜBERSETZT VON

WALTHER BALLERSTEDT

TECHNISCHER VERLAG HERBERT CRAM

BERLIN 1958

Das Buch enthält Berechnungsbeispiele für die allgemeine Festigkeitsrechnung dünnwandiger Flugzeugkonstruktionen, vornehmlich von der Art prismaförmiger ausgesteifter Schalen unter Verdrehung und Biegung.
Die Rechnungen sind nach der Kraftmethode (exakte Methode) durchgeführt sowie nach Näherungsverfahren, die vom Verfasser vorgeschlagen sind.
Das Buch ist für den Ingenieur bestimmt, der sich mit dem Entwurf von Flugzeugen befaßt und kann auch Studenten höherer Semester an Luftfahrtlehranstalten bei den Vorlesungen und Übungsarbeiten von Nutzen sein.

Die Originalausgabe erschien 1953 im Staatswehrverlag, Moskau

Titel der russischen Ausgabe:

А. Ф. Феофанов, Расчеты Тонкостенных Конструкций

Druck: Rotaprint Ag., Berlin N 65

ZUM GELEIT

Dünnwandige Konstruktionen fanden weite Verbreitung zuerst im Schiffbau. Heutzutage wendet man sie auf allen Gebieten der Technik an. Aber vorzugsweise für die Luftfahrttechnik haben die dünnwandigen Konstruktionen große Bedeutung. Mit den Berechnungsverfahren für dünnwandige Konstruktionen befaßt sich eine beträchtliche Anzahl von Arbeiten, die im Druck erschienen sind. Dieses Wissensgebiet ist durch die Gelehrten unseres Landes, Männer wie Bjelajew, Wlassow, Umanskij und andere Mitarbeiter der sowjetischen Wissenschaften behandelt worden, deren Schaffen weit in die Praxis hinein Früchte getragen hat. Jedoch ist das Problem der Berechnung dünnwandiger Konstruktionen noch weit von seiner praktischen Lösung entfernt und manche der vorgeschlagenen Methoden sind für den Gebrauch in der Praxis zu verwickelt. Unbedingt notwendig ist daher eine weitgehende Vereinfachung der Rechnung und die Ausarbeitung einer Berechnungstechnik.

Im vorliegenden Buch — es ist von einem Ingenieur verfaßt, der in einem Konstruktionsbüro tätig ist — sind einige Beispiele für eine angenäherte Berechnung dünnwandiger, ausgesteifter Konstruktionen vornehmlich von prismatischer Form aus der tragenden Flügel- oder Rumpfschale auf Biegung und Verdrehung im elastischen Bereich gebracht. Charakteristisch ist die Aufstellung eines Rechenschemas für die ausgesteifte Schale, als wäre sie eine Art räumliches Fachwerk, dessen Ecken Gelenke bilden und dessen Diagonalstäbe durch Stegbleche ersetzt sind. Die Stege werden als nur auf Schub tragend angesetzt, d. h. die Wechselwirkung zwischen den Stegen und den an sie angrenzenden Stäben wird durch Tangentialkräfte begrenzt. Ein solches Rechenschema wurde von Kissilew, Jelenowskij, Kan, Swerdlow und anderen angewandt und besonders eingehend in jüngster Zeit von Umanskij. Es ist deshalb so brauchbar, weil es gestattet, die weitgehend durchentwickelte Theorie der Fachwerkkonstruktionen auszunutzen.

Das Buch von Theofanow ist in erster Linie für Ingenieure bestimmt. Es erfordert vom Leser Kenntnisse der allgemeinen Festigkeitslehre, weil es angesichts des großen Umfanges des Stoffes die angezogenen Beispiele zusammengefaßt darlegt; ebenfalls sind in den meisten Fällen die Zahlenrechnungen abgekürzt. Das Anschauungsmaterial ist genügend anschaulich und durchsichtig.

Die Annahmen für die Näherungsrechnungen, die der Verfasser verwandt hat, sind auf ganz idealisierte Schemata gegründet (regelmäßige Systeme mit absolut starren Spanten) und befriedigen nur teilweise im Vergleich mit der Rechnung nach der Kraftmethode bei denselben oder noch einfacheren Rechnungsgängen. Daher müssen sie als Teilverfahren angesehen werden und ergeben nur eine erste Annäherung in der Rechnung. Zugleich damit verdient die Einfachheit der angezogenen Beispiele Beachtung. Die Rechnungsbeispiele, die nach der Kraftmethode durchgeführt sind, spiegeln das Spezifikum der dünnwandigen, statisch unbestimmten Systeme wider und sind interessant durch die gelungene Wahl des Spannungszustandes, der dem wirklichen Spannungszustand des Systems nahekommt. Infolgedessen haben überzählige Unbekannte eine unbedeutende Größe im Vergleich zum vollen Spannungszustand.

W. Marjin

VORWORT DES VERFASSERS

Dünnwandige Konstruktionen fanden weite Verbreitung in der Luftfahrt, weil sie die Möglichkeit bieten, eine leichte und zugleich steife Bauweise zu erreichen. Die Wissenschaft unseres Vaterlandes erzielte ansehnliche Erfolge auf diesem Gebiet. Jedoch die Luftfahrttechnik strebt mit schnellen Schritten vorwärts und es geschieht manchmal, daß Ingenieure selbständig an die Lösung einzelner Fragen herangehen, auf die sie bei ihrer Tätigkeit in der Praxis stoßen. Im vorliegenden Buch strebt der Verfasser — indem er die weitest bekannten Grundlagen der Festigkeitslehre voraussetzt und zugrunde legt — danach, dem jungen Ingenieur zu zeigen, daß ein Vorrat an Kenntnissen ihm nicht nur erlaubt, die bekannten Methoden für die Rechnung der allgemeinen Festigkeit dünnwandiger Konstruktionen sich anzueignen, sondern ihm auch die Möglichkeit gibt, mit wissenschaftlicher Gründlichkeit die einzelnen Probleme in diesem jungen Zweig der Bautechnik zu lösen.

Der Verfasser bringt seine tiefe Dankbarkeit den Herren Professoren Bjelajew, Romaschewskij, Rostowzew und Tscheremuchin und in gleicher Weise den Dozenten Bajkow und Jelenewskij zum Ausdruck, die die handschriftliche Fassung durchgesehen und eine Reihe wertvoller Fingerzeige gegeben haben, die vom Verfasser bei der Drucklegung verwertet werden konnten.

VORWORT DES ÜBERSETZERS

Das vorliegende Buch des russischen Ingenieurs Theofanoff bringt eine Zusammenstellung der Berechnungsmethoden für den Verlauf der inneren Kräfte in Konstruktionen aus dünnwandigen Blechen, wie sie der Flugzeugbau und neuerdings auch die Fahrzeugindustrie und der Leichtbau allgemein verwenden.

Theofanoff verfaßte sein Buch in seiner Eigenschaft als stellvertretender Abteilungsleiter der Abteilung „Statik und Festigkeit" in einem russischen Konstruktionsbüro, also aus der Praxis heraus, und er wollte für die Praxis, für Kollegen in ähnlichen Stellungen ein Lehr- und Übungsbuch schaffen. Als Leiter eines mit deutschen Mitarbeitern durchsetzten Teams war er in der Lage, auch die praktischen Erfahrungen deutscher Fachleute verwerten zu können.

Die gebrachten Berechnungsgänge entsprechen einer modernen Behandlung der anfallenden Probleme. Das Buch ist für alle Lernenden wertvoll durch die gute Auswahl an Beispielen, die den Weg zur Theorie wesentlich erleichtern.

Theofanoff erwähnt deutsche Quellen für sein Wissen nicht, und an die Stelle der Veröffentlichungen von Prof. Herbert Wagner und Prof. Hans Ebner, die in den Jahren 1929 bis 1937 erst die Grundlagen für die Berechnung dünnwandiger Blechkonstruktionen vor und nach der Stabilitätsgrenze schufen, werden Arbeiten des russischen Professors Bjelajeff aus dem Jahre 1932 gesetzt. Er mag das deshalb getan haben, weil er annahm, daß seinen russischen Kollegen die Werke russischer Wissenschaftler leichter zugänglich sind als die von Ausländern. Für den Gebrauch des Buches diesseits der Grenzen der Sowjet-Union schien es geraten, das Literaturverzeichnis um die bedeutendsten deutschen, englischen und amerikanischen Arbeiten zu erweitern. Damit hat der Leser, der in einzelnen Fragen tiefer eindringen will, leichter die Möglichkeit zu einer umfassenden Information.

Ballerstedt

Kapitel I
Gleichgewicht der Bauelemente einer dünnwandigen Konstruktion

§1 Die Elemente der dünnwandigen Konstruktion

Eine dünnwandige Konstruktion der Oberfläche eines Flugzeugs stellt ein räumliches System von Gerüst und Beplankung dar. Die Bauelemente des Gerüstes sind Stringer und Spanten, die die Beplankung in einzelne viereckige Felder unterteilen.

Die Formen der Felder können verschieden sein. Es gibt fünf Grundtypen:

1) g e r a d e von rechteckiger Form
2) s c h i e f e mit Parallelogrammform
3) t r a p e z f ö r m i g e
4) v i e r e c k i g e ohne parallele Seiten
5) k r u m m l i n i g e, e b e n e, die von zwei gebogenen Gurten und zwei Vertikalstäben eingefaßt sind (s. Abb. 14a).

Am verbreitetsten sind Felder der Art 1 und 3, seltener trifft man die Art 2 und 5 und ganz selten die Art 4.

Felder der Art 1, 2, 3 und 4 sind gewöhnlich geometrisch wenig verwunden (Abb. 2) und daher wollen wir damit rechnen, daß der Winkel der Verwindung $\varphi = 0$ ist (ebene Haut). Dann muß für den Abschnitt (Abb.3), der aus dem Feld gebildet ist, die Bedingung beobachtet werden:

$$\frac{H_1 - H_2}{H_1' - H_2'} = \frac{B}{B'}. \qquad (I.1)$$

Außerdem machen wir gewöhnlich die Annahme, daß die Stäbe an den Ecken gelenkig miteinander verbunden sind und nur Längskräfte weiterleiten, und die Haut, die von den Stä-

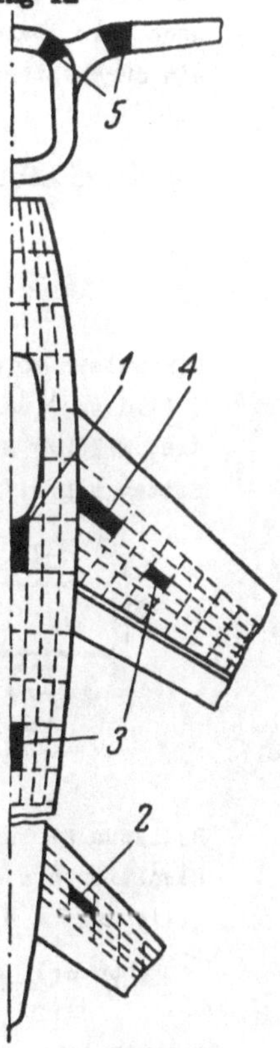

Bild 1

ben umrandet wird, von ihnen nur Schubkräfte in ihrer Ebene übernimmt.

Die über die Länge der Kanten stetig verteilten Schubkräfte q, der "Schubfluß", sind in den Zeichnungen durch Pfeile gekennzeichnet.

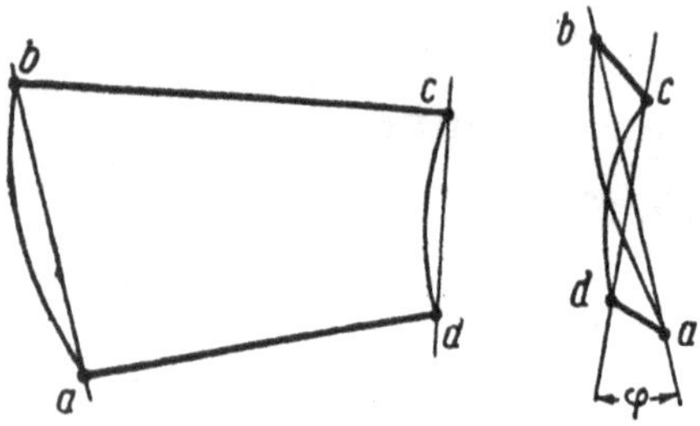

Bild 2

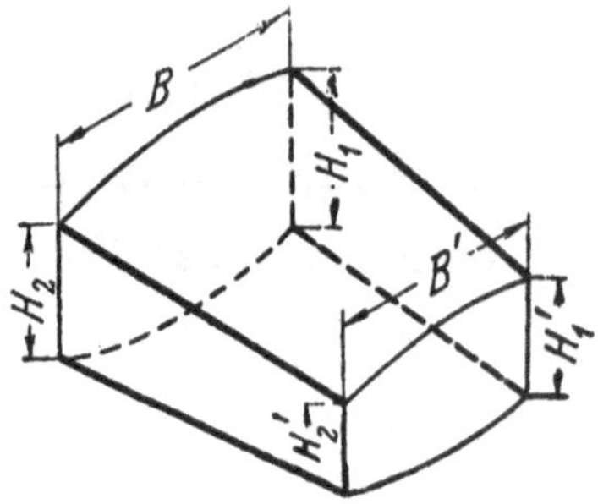

Bild 3

Gewöhnlich ist die Haut gewölbt, aber oft kann man diese Wölbung vernachlässigen, d. h. annehmen, daß das Feld der Art 1, 2, 3 oder 4 eben sei. Daher betrachten wir zunächst ebene Felder. Wir bezeichnen sie durch Sternchen: 1^*, 2^*, 3^* und 4^*.

§ 2 Gleichgewicht und potentielle Energie der Elemente der Haut

Typ 1^*

Wir setzen voraus, daß an der einen Seite des Feldes, z.B. an 2 – 3 (Bild 4a) der Schubfluß q_{2-3} angreift. Sodann müssen wir feststellen, welcher Schubfluß q_{3-4}, q_{1-4} und q_{1-2} an den anderen drei Seiten angreift, damit Gleichgewicht besteht.

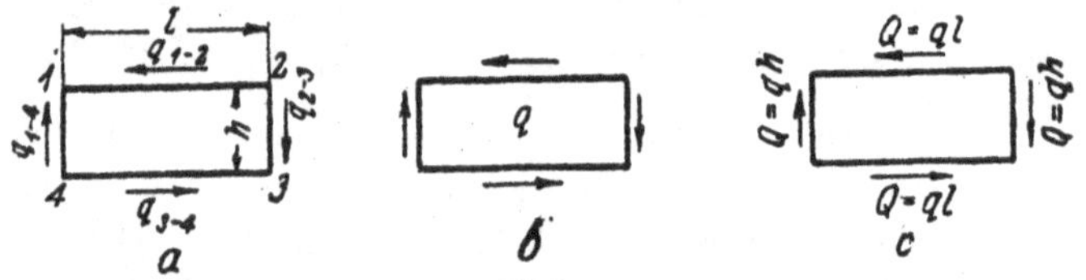

Bild 4

Bedienen wir uns der drei Gleichungen der Statik: Bezeichnen wir die Resultierende des Schubflusses mit Q, so können wir die Momentengleichung $\Sigma M_4 = 0$, bezogen auf Punkt 4, folgendermaßen schreiben:

$$\sum M = Q_{1-2} \cdot h - Q_{2-3} \cdot l = 0 \text{ oder: } q_{1-2} \cdot l \cdot h - q_{2-3} \cdot h \cdot l = 0.$$

Folglich ist:

$$q_{1-2} = q_{2-3}.$$

Aus der Bedingung, daß die Summe der Kräfte aus den Projektionen auf die Vertikal- und die Horizontalachse für alle auf das Feld wirkenden Kräfte gleich 0 ist, erhalten wir:

$$q_{1-4} = q_{2-3}$$

und

$$q_{3-4} = q_{1-2}.$$

Ebenso kann man schreiben:

$$q_{2-3} = q_{3-4} = q_{1-4} = q_{1-2} = q. \qquad (I.2)$$

Der Richtungssinn der Schubkräfte für den Gleichgewichtszustand ist in Abb. 4b und 4c angegeben.

Die potentielle Energie der Verformung des Feldes aus dem Schub läßt sich nach der bekannten Formel bestimmen:

$$v = \frac{q^2 F}{2G\delta}, \qquad (I.3)$$

Dabei ist: F die Grundrißfläche des Feldes
δ die Dicke der Haut
G der Gleitmodul

T y p 2*

Aus der Gleichgewichtsbedingung des ganzen Feldes (Bild 5), ähnlich dem vorherigen, ist zu erkennen, daß der Schubfluß an allen vier Seiten des schiefen Feldes ein und denselben Wert hat.

Betrachten wir das Dreieck 2 - 3 - A .
Im Schnitt 2 - A herrscht die Spannung:

$$\tau_{xy} = \frac{q}{\delta} \quad \text{und} \quad \sigma_x = \frac{2q \operatorname{tg}\theta}{\delta}.$$

Die in der Volumeneinheit gespeicherte potentielle Energie beträgt für den ebenen Spannungszustand bekanntlich:

$$v_0 = \frac{1}{2E}(\sigma_x^2 + \sigma_y^2) - \frac{\mu}{E}\sigma_x\sigma_y + \frac{1}{2G}\tau_{xy}^2.$$

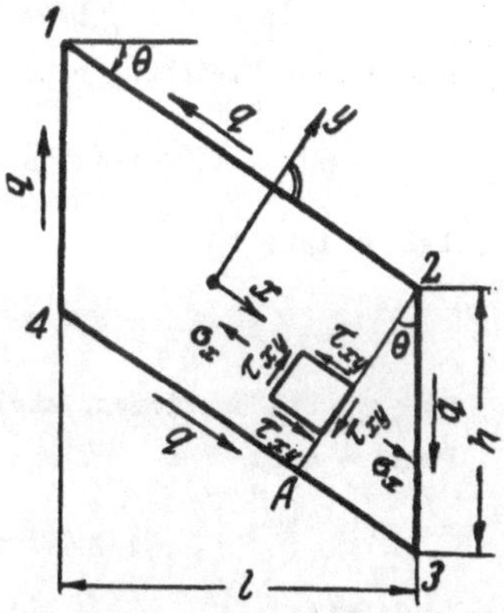

Bild 5

Bei der für die Richtung der Koordinatenachse getroffenen Wahl ist $\sigma_y = 0$ und daher ist:

$$v_0 = \frac{\sigma_x^2}{2E} + \frac{\tau_{xy}^2}{2G}$$

oder:

$$v_0 = \frac{(2\,q tq\theta)^2}{2\,E\delta^2} + \frac{q^2}{2\,G\delta^2}.$$

---

1) "G" sei der Gleitmodul des Feldes

Multiplizieren wir v_0 mit dem Volumen $F \cdot \delta$ des Feldes (wobei $E = G\,2\,(1+\mu) = 2{,}6\,G$ ist), so erhalten wir die Größe der potentiellen Energie der Verformung des Feldes

$$v = \frac{q^2 F}{2\,G\delta}\,(1 + 1{,}538\,\mathrm{tg}^2\,\theta). \tag{I. 4}$$

Der Winkel Θ heißt gewöhnlich Pfeilwinkel.

Typ 3*

Wir nehmen q als gegeben an und bestimmen q_{3-4}, q_{1-2} und q_{1-4} (Bild 6).

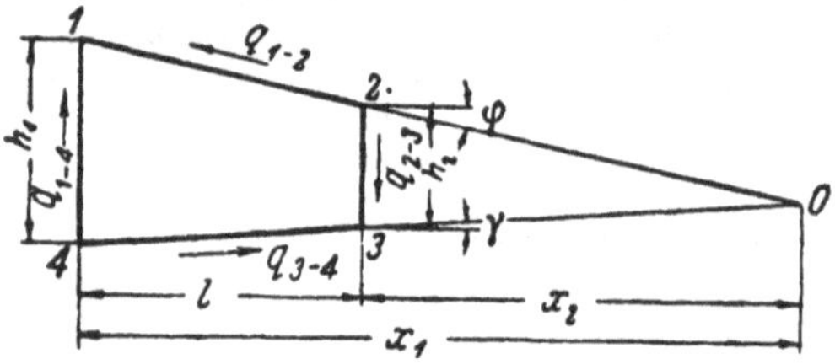

Bild 6

Um q_{1-4} zu bestimmen, stellen wir die Gleichung $\Sigma M_0 = 0$ bezogen auf Punkt 0 auf:

$$\sum M_0 = q_{1-4} h_1 x_1 - q_{2-3} h_2 x_2 = 0.$$

Aus dieser Gleichung erhalten wir

$$q_{1-4} = q_{2-3}\,\frac{h_2 x_2}{h_1 x_1}, \quad \text{HO} \quad \frac{h_2}{h_1} = \frac{x_2}{x_1},$$

folglich ist:

$$q_{1-4} = q_{2-3}\,\frac{h_2^2}{h_1^2}.$$

Um q_{1-2} zu bestimmen, stellen wir die Momentengleichung bezogen auf den Punkt 4 auf:

$$q_{2-3}\,h_2 l - q_{1-2}\,\frac{l}{\cos\varphi}\,h_1 \cos\varphi = 0.$$

daraus folgt:

$$q_{1-2} = q_{2-3}\,\frac{h_2}{h_1}.$$

Die Momentengleichung bezogen auf Punkt 1 ergibt:

$$q_{3-4} = q_{2-3}\,\frac{h_2}{h_1}.$$

Ist nicht q_{2-3}, sondern q_{1-4} gegeben, so ergibt sich analog:

$$q_{2-3} = q_{1-4}\,\frac{h_1^2}{h_2^2}, \quad q_{1-2} = q_{1-4}\,\frac{h_1}{h_2} \quad \text{und} \quad q_{3-4} = q_{1-4}\,\frac{h_1}{h_2}.$$

Bezeichnen wir:

$$q_{2-3}\frac{h_2}{h_1}=q_{1-4}\frac{h_1}{h_2}=\bar{q}, \tag{I.5}$$

dann ist:

$$q_{1-2}=q_{3-4}=\bar{q}, \tag{1.6}$$

$$q_{2-3}=\bar{q}\,\frac{h_1}{h_2}, \tag{I.7}$$

$$q_{1-4}=\bar{q}\,\frac{h_2}{h_1}, \tag{1.8}$$

Dabei ist $\bar{q}$ der geometrische Mittelwert des Schubflusses für die einander gegenüberliegenden Seiten des Trapezes. Offensichtlich ist:

$$\bar{q}=\sqrt{q_{2-3}q_{1-4}}=\sqrt{q_{1-2}q_{3-4}}=q_{2-3}\frac{h_2}{h_1}.$$

Der Gleichgewichtszustand für ein trapezförmiges Feld ist in Bild 7 gezeigt. Die Resultierende Q der Schubkräfte an der einen der parallelen Seiten ist gleich dem Schubmittelwert $\bar{q}$, multipliziert mit der Länge der gegenüberliegenden Seite.

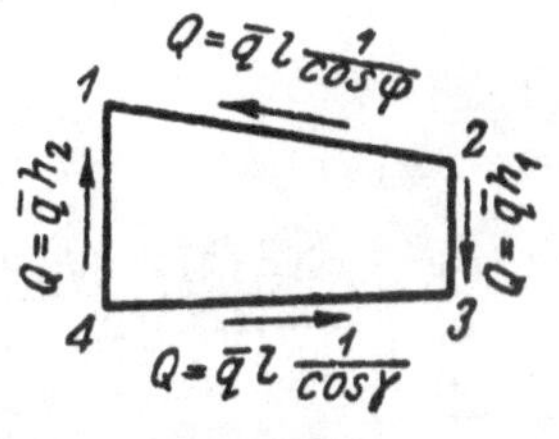

Bild 7

Die potentielle Energie der Verformung des trapezförmigen Feldes bestimmen wir näherungsweise.

Das in Bild 8 dargestellte kleine schiefe Element stellt mit einer Genauigkeit zweiten Grades ein Parallelogramm dar. Wir unterstellen, daß längs der Seiten dieses elementaren Parallelogramms nur der Schubfluß q_x wirkt.

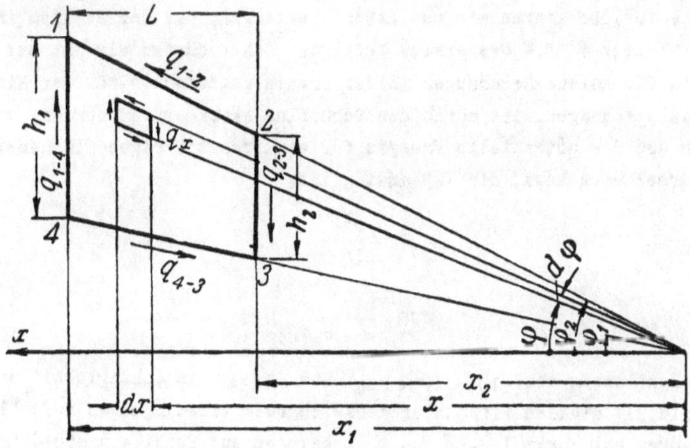

Bild 8

Dann erhalten wir unter Benutzung der Formel I,4 für das Parallelogramm:

$$dv = \frac{q_x^2 \, dF}{2G\delta} (1 + 1{,}538 \, \mathrm{tg}^2 \varphi);$$

Wir setzen hierin den Wert $q_x = q_{2-3} \frac{x_2^2}{x^2}$ (s. weiter oben) und $dF = \frac{x \cdot dx \cdot d\varphi}{\cos^2\varphi}$ ein und erhalten:

$$dv = \frac{q_{2-3}^2 x_2^4}{2G\delta x^3} (1 + 1{,}538 \, \mathrm{tg}^2 \varphi) \frac{dx \, d\varphi}{\cos^2 \varphi}.$$

daher ist

$$v = \frac{q_{2-3}^2 \, x_2^4}{2G\delta} \int_{x_2}^{x_1} \frac{dx}{x^3} \int_{\varphi_1}^{\varphi_2} \frac{d\varphi}{\cos^2 \varphi} +$$

$$+ 1{,}538 \frac{q_{2-3}^2 \, x_2^4}{2G\delta} \int_{x_2}^{x_1} \frac{dx}{x^3} \int_{\varphi_1}^{\varphi_2} \frac{\mathrm{tg}^2 \varphi}{\cos^2 \varphi} d\varphi = \frac{q_{2-3}^2 \, x_2^4}{2G\delta} \left[\frac{(x_1^2 - x_2^2)}{2x_1^2 \, x_2^2} (\mathrm{tg}\, \varphi_2 - \mathrm{tg}\, \varphi_1) + \right.$$

$$\left. + 1{,}538 \frac{(x_1^2 - x_2^2)}{2x_1^2 \, x_2^2} \, \frac{(\mathrm{tg}^3 \varphi_2 - \mathrm{tg}^3 \varphi_1)}{3} \right] =$$

$$= \frac{q_{2-3}^2 \, h_2^2}{2G\delta h_1^2} \, l \left(\frac{h_2 + h_1}{2} \right) \left[1 + \frac{1{,}538}{3} (\mathrm{tg}^2 \varphi_1 + \mathrm{tg}\, \varphi_1 \, \mathrm{tg}\, \varphi_2 + \mathrm{tg}^2 \varphi_2) \right]$$

oder:

$$v = \frac{\overline{q}^2 \, F}{2G\delta} \left[1 + 0{,}513 \, (\mathrm{tg}^2 \varphi_1 + \mathrm{tg}\, \varphi_1 \, \mathrm{tg}\, \varphi_2 + \mathrm{tg}^2 \varphi_2) \right]. \qquad \text{(I.9)}$$

In der Konstruktion einer Flugzeugfläche ändert sich gewöhnlich φ_1 von 0 bis − 10° und φ_2 von 0 bis + 10°. Setzen wir nun in die Formel I,9 $\varphi_1 = -10°$ und $\varphi_2 = +10°$, so können wir uns davon überzeugen, daß das 2.Glied in der eckigen Klammer 1,59 % des ersten beträgt. Daher dürfen wir mit der Genauigkeit, die für solche Rechnungen in der Praxis angewandt wird, den Einfluß der Normalspannungen, die durch den Schubfluß hervorgerufen werden, vernachlässigen und die potentielle Energie für ein trapezförmiges Flächenstück nach einer Formel berechnen, die I,3 analog ist.

$$v = \frac{\overline{q}^2 F}{2G\delta}. \qquad \text{(I.10)}$$

T y p 4*

Zur Bestimmung von q_{1-2}, q_{1-4} und q_{3-4} in Abhängigkeit von q_{2-3} (Bild 9) stellen wir die drei Gleichgewichtsbedingungen auf: $\Sigma M_1 = 0$ (bezogen auf Punkt 1), $\Sigma M_4 = 0$ (bezogen auf Punkt 4) und $\Sigma Q_x = 0$ (bezogen auf die X - Achse).

Wir erhalten:

$$\sum M_1 = q_{2-3} h_2 l_1 - q_{3-4} h_0 l_2 = 0.$$

$$\sum M_4 = q_{2-3} h_2 l_2 - q_{1-2} l_1 h_1 + q_{1-2} l_1 \operatorname{tg} \varphi (l_1 - l_2) = \\ = q_{2-3} h_2 l_2 - q_{1-2} l_1 k = 0,$$

dabei ist

$$k = h_0 - \operatorname{tg} \gamma (l_1 - l_2) - \operatorname{tg} \varphi (l_1 - l_2).$$

$$\sum Q_x = -q_{1-2} l_1 + q_{3-4} l_2 - q_{1-4} (l_1 - l_2) = 0.$$

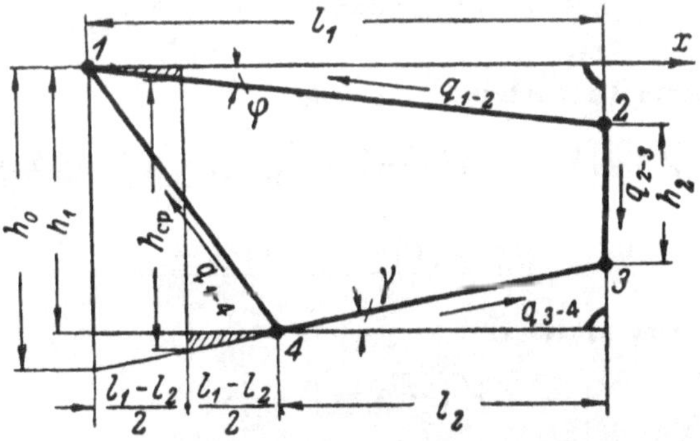

Bild 9

Aus diesen Gleichungen erhalten wir

$$q_{3-4} = q_{2-3} \frac{h_2 l_1}{h_0 l_2},$$

$$q_{1-2} = q_{2-3} \frac{h_2 l_2}{l_1 k},$$

$$q_{1-4} = q_{2-3} h_2 \frac{\frac{l_1}{h_0} - \frac{l_2}{k}}{l_1 - l_2} = \frac{q_{2-3} h_2}{h_0 k} \frac{(l_1 k - l_2 h_0)}{l_1 - l_2}.$$

Beachten wir, daß

$$\frac{l_1 k - l_2 h_0}{l_1 - l_2} = \frac{l_1 [h_0 - \operatorname{tg} \gamma (l_1 - l_2) - \operatorname{tg} \varphi (l_1 - l_2)] - l_2 h_0}{l_1 - l_2} =$$

$$= \frac{l_1 [h_2 + l_2 (\operatorname{tg} \gamma + \operatorname{tg} \varphi)] - l_2 h_0}{l_1 - l_2} = \frac{l_1 h_2 + l_2 (h_0 - h_2) - l_2 h_0}{l_1 - l_2} = h_2,$$

so ergibt sich

$$q_{1-4} = q_{2-3} \frac{h_2^2}{h_0 k}.$$

Wir bestimmen das Schubmittel $\overline{q}$. Wir haben damit:

$$\overline{q}^2 = q_{1-2} q_{3-4} = q_{2-3} q_{1-4} = q_{2-3}^2 \frac{h_2^2}{h_0 k}$$

und folglich

$$\bar{q} = q_{2-3} \frac{h_2}{\sqrt{h_0 k}},$$

$$\bar{q} = q_{3-4} \frac{h_0 l_2}{h_2 l_1} \frac{h_2}{\sqrt{h_0 k}} = q_{3-4} \frac{h_0 l_2}{l_1 \sqrt{h_0 k}},$$

$$\bar{q} = q_{1-2} \frac{l_1 k}{h_2 l_2} \frac{h_2}{\sqrt{h_0 k}} = q_{1-2} \frac{l_1}{l_2} \frac{h_0 k}{h_0 \sqrt{h_0 k}} = q_{1-2} \frac{l_1}{l_2} \frac{\sqrt{h_0 k}}{h_0},$$

$$\bar{q} = q_{1-4} \frac{h_0 k}{h_2^2} \frac{h_2}{\sqrt{h_0 k}} = q_{1-4} \frac{\sqrt{h_0 k}}{h_2}.$$

Wir verwandeln den Ausdruck $\sqrt{h_0 k}$

$$\sqrt{h_0 k} = \sqrt{h_0 \left[h_0 - \operatorname{tg}\gamma (l_1 - l_2) - \operatorname{tg}\varphi (l_1 - l_2)\right]} = h_0 \sqrt{1 - x},$$

dabei ist

$$x = \frac{\operatorname{tg}\gamma (l_1 - l_2) + \operatorname{tg}\varphi (l_1 - l_2)}{h_0}.$$

Als Annäherung setzen wir:

$$\sqrt{1 - x} = 1 - \frac{x}{2},$$

und erhalten:

$$\sqrt{h_0 k} \approx h_0 \left(1 - \frac{\operatorname{tg}\gamma (l_1 - l_2) + \operatorname{tg}\varphi (l_1 - l_2)}{2 h_0}\right) =$$

$$= h_0 - \frac{\operatorname{tg}\gamma (l_1 - l_2) + \operatorname{tg}\varphi (l_1 - l_2)}{2} = h_{cp}.$$ (s. Abb. 9)

Somit können wir schreiben:

$$\bar{q} = q_{1-4} \frac{h_{cp}}{h_2} \quad \text{(I. 11)} \qquad \bar{q} = q_{3-4} \frac{l_2 h_0}{l_1 h_{cp}} \quad \text{(I. 13)}$$

$$\bar{q} = q_{2-3} \frac{h_2}{h_{cp}} \quad \text{(I. 12)} \qquad \bar{q} = q_{1-2} \frac{l_1 h_{cp}}{l_2 h_0} \quad \text{(I. 14)}$$

где (см. фиг. 9)

$$h_0 = h_2 + l_1 (\operatorname{tg}\varphi + \operatorname{tg}\gamma), \tag{I. 15}$$

$$h_{cp} = h_2 + \frac{l_1 + l_2}{2} (\operatorname{tg}\varphi + \operatorname{tg}\gamma). \tag{I. 16}$$

Die potentielle Energie des Feldes kann man angenähert nach der Formel bestimmen (I,10).

Diese Formel enthält nur den Grundanteil der potentiellen Energie, der von dem Schub herrührt. Der Einfluß der Normalspannungen wird durch die Formel I,10 nicht berücksichtigt.

Die Fläche F läßt sich wie folgt ausdrücken:

$$F = \frac{l_1 + l_2}{2} \frac{h_{cp} + h_2}{2} - \frac{1}{2} \left(\frac{l_1 - l_2}{2}\right)^2 (\operatorname{tg}\varphi + \operatorname{tg}\gamma).$$

Wenn wir den Einfluß des zweiten Gliedes dieser Gleichung vernachlässigen, also die Fläche des Feldes nach der Formel bestimmen

$$F=\frac{(l_1+l_2)(h_{cp}+h_2)}{4},$$

so erhalten wir die Fläche mit dem Zuschlag, der in Bild 9 gestrichelt ist. Diese Formel sollten wir benutzen, erstens weil sie einfach ist, und zweitens, weil wir zugleich damit, daß wir die Fläche schon mit jenem Zuschlag erhalten, die Oberfläche etwas verringern, die sich aus der Formel I,10 ergibt; denn in ihr fehlt das Glied, das die zusätzliche potentielle Energie von der Wirkung der Normalspannungen her berücksichtigt.

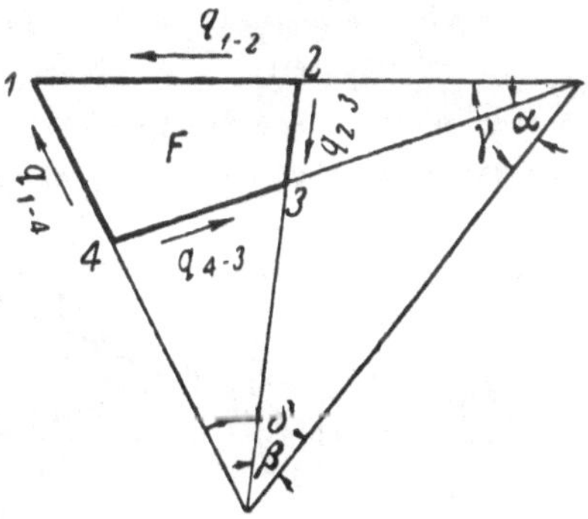

Bild 10

Die Formel für die Bestimmung der vollen potentiellen Energie des Feldes des Typs 4 hat die Form*) :

$$v=\frac{q_{2-3}\,q_{1-4}\,F}{2G\delta}\,[1+A], \quad (I.\,17)$$

Dabei ist A das Glied, das den Einfluß der Normalspannungen berücksichtigt und sich so ausdrücken läßt:

$$A=\frac{4}{(1+\mu)}\,\frac{\Phi}{(a-c)(b-d)(a+b+c+d)}.$$

Dabei ist μ der Poissonsche Koeffizient

$$\Phi=\left[(a+b)+\frac{2}{3}(a^3+b^3)+\frac{1}{5}(a^5+b^5)\right]\ln(a+b)+$$
$$+\left[(c+d)+\frac{2}{3}(c^3+d^3)+\frac{1}{5}(c^5+d^5)\right]\ln(c+d)-$$
$$-\left[(b+c)+\frac{2}{3}(b^3+c^3)+\frac{1}{5}(b^5+c^5)\right]\ln(b+c)-$$
$$-\left[(d+a)+\frac{2}{3}(d^3+a^3)+\frac{1}{5}(d^5+a^5)\right]\ln(d+a)+$$
$$+\frac{1}{10}(a^2-c^2)(b^3-d^3)+\frac{1}{10}(b^2-d^2)(a^3-c^3)-\frac{1}{5}(a-c)(b^4-d^4)-$$
$$-\frac{1}{5}(b-d)(a^4-c^4)-\frac{2}{3}(a-c)(b-d)(a+b+c+d),$$

dabei ist:

$$a=\operatorname{ctg}\alpha,\quad b=\operatorname{ctg}\beta,\quad c=\operatorname{ctg}\gamma,\quad d=\operatorname{ctg}\delta \quad (\text{s. Abb.10}).$$

*) Siehe S. I. Garvey, The Quadrilateral «Shear» Panel, Aircraft Engineering, № 267, 1951.

Die Benutzung der Formel I,17 in den Rechnungen der Praxis ist kaum zweckmäßig. Denn die Errechnung der Größe A beansprucht ziemlich viel Zeit, was durch die erreichbare Genauigkeit der Rechnung nicht wettgemacht wird. In Festigkeitsrechnungen dünnwandiger Konstruktionen kommen Flächen des Typs 4 kaum in beträchtlicher Zahl vor und die Größe A bringt nur eine kleine Korrektur für die gesamte potentielle Energie eines solchen Systems. Das gestattet, sie zu vernachlässigen [1]) und erlaubt, für Felder des Typs 4 ebenfalls die einfache Formel I,10 zu benutzen.

Typen 1 , 2 , 3 und 4

Bisher waren Felder des Typs 1*, 2*, 3* und 4* der Betrachtung unterzogen. Sie waren als eben angesehen, die Resultierende des Schubflusses befand sich

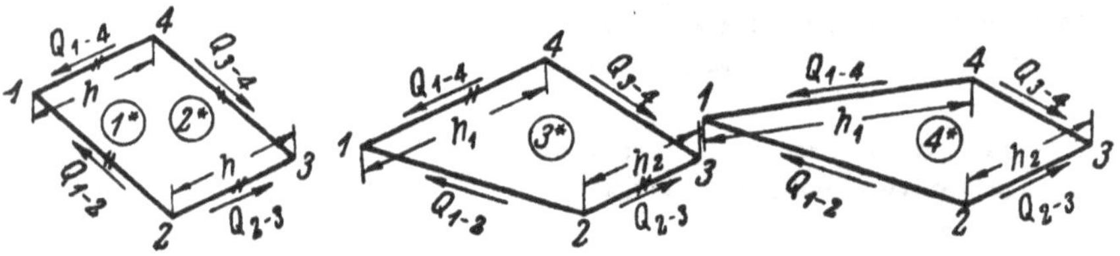

Bild 11

an allen vier Seiten in der Feldebene (Bild 11). In Wirklichkeit aber ist eine Außenhaut immer etwas gekrümmt (s.Bild 12) und die Resultierende des Schubes für den (gekrümmten) Spantschnitt liegt außerhalb der Schnittlnie.

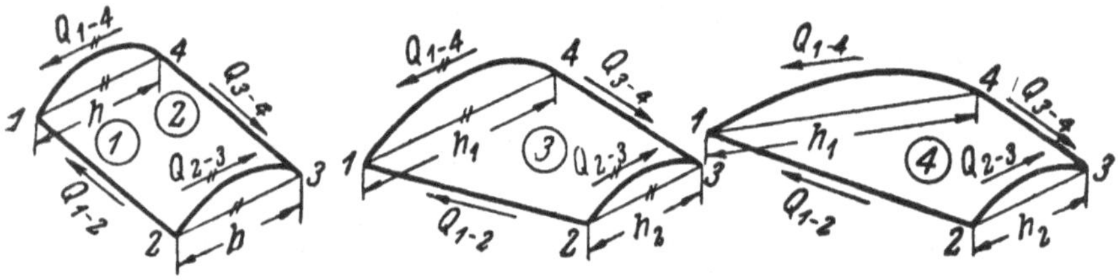

Bild 12

Wir bestimmen, in welchem Abstand von der Sehne des Schnittes die Kraft Q liegt, die dem Schubfluß das Gleichgewicht hält. Das Moment des Schubflusses bezüglich Punkt 0 ist (Bild 13 a) :

$$M = \int \rho q \, ds.$$

bei q = const ist

$$M = q \int \rho \, ds.$$

Das Produkt $\rho \cdot ds$ ist gleich dem doppelten Inhalt des in der Abbildung gestrichelt gezeichneten Dreiecks. Folglich ist $\int \rho \cdot ds$ die doppelte Fläche f_0, die durch die Sehne und die Mittellinie der Schnittkontur begrenzt ist (Bild 13b)

---

[1]) Siehe auch das Zahlenbeispiel auf Seite 31.

So ergibt sich:

$$M = q 2 f_0. \qquad (1.18)$$

Die Resultierende des Schubflusses $Q = q \cdot h$ verläuft parallel zur Sehne und von ihr im Abstand:

$$\frac{M}{Q} = \frac{q\, 2 f_0}{q h} = \frac{2 f_0}{h} = 2H, \qquad (I.19)$$

dabei ist H die mittlere Höhe der Fläche f_0 (Bild 13 b)

Der Schubfluß, den wir für die ebenen Felder 1^*, 2^*, 3^* und 4^* erhalten haben, bleibt auch für Felder der Art 1 , 2 , 3 und 4 gültig. Man mag sich davon überzeugen, indem man den Gedankengang wiederholt.

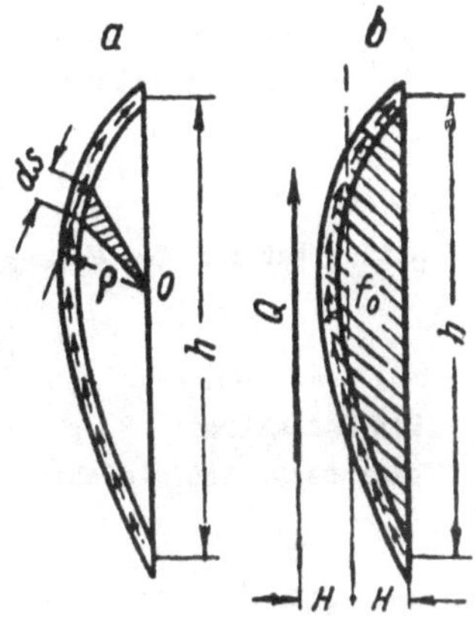

Bild 13

Bei der Bestimmung der potentiellen Energie können wir ebenfalls die früheren Formeln benutzen, nur müssen wir die Fläche F für die abgewickelte Mantelfläche umrechnen und einen Modul G unter Berücksichtigung der Krümmung wählen.

T y p 5

Für Felder der Art 5 ist charakteristisch, daß Normalkräfte in Wechselwirkung zwischen Wand und krummen Gurten bei Biegung des Feldes in seiner Ebene auftreten.

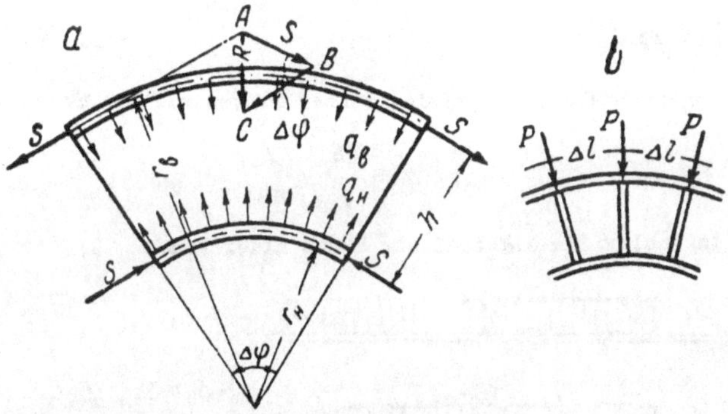

Bild 14

Das Biegemoment M sei durch ein Kräftepaar gegeben (Bild 14 a).

$$S = \frac{M}{h}.$$

Wir bezeichnen den Winkel zwischen den Endquerschnitten des Elements mit $\Delta\varphi$. Aus dem Dreieck A B C erhalten wir die Kraft R , die den Kräften S das Gleichgewicht hält, die am Obergurt angreifen: $R = S \cdot \Delta\varphi$

Verteilen wir die Resultierende R über die Länge des Obergurts, so erhalten wir eine mittlere radiale Belastung q_B über die laufende Länge:

$$q_{\text{B}} = \frac{R}{\Delta\varphi r_{\text{B}}} = \frac{S}{r_{\text{B}}}.$$

Analog ist für den Untergurt:

$$q_{\text{H}} = \frac{R}{\Delta\varphi r_{\text{H}}} = \frac{S}{r_{\text{H}}}.$$

Die Radialkraft P , die an jedem der Vertikalstäbe auftritt, die das Feld begrenzen, ist gleich:

$$P = q\Delta l,$$

dabei ist Δl der Abstand zwischen den Stäben (Bild 14 b).

§ 3 Verlauf der Längskräfte

Wir setzen voraus, daß längs der Achse des Stabes ein Kräftesystem $S_1, S_2 \dots S_5$ und ein konstanter Schubfluß angebracht ist, der die Verbindung der Stäbe mit der Haut ersetzen soll (Bild 15).

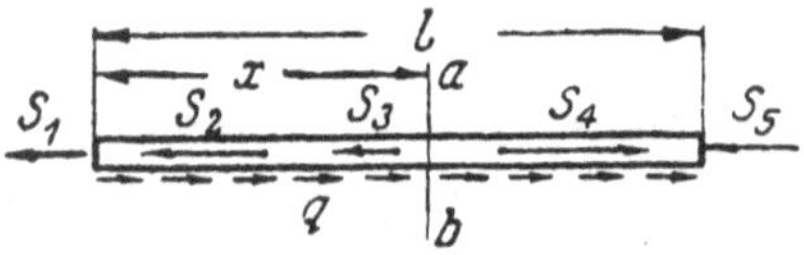

Bild 15

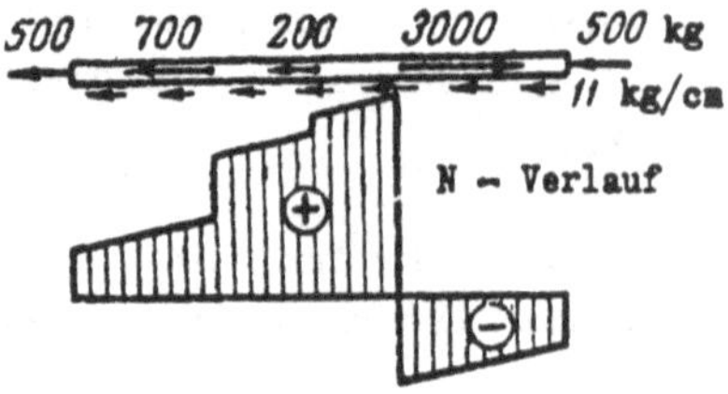

Bild 16

Aus den Gleichgewichtsbedingungen des Stabes finden wir den Schubfluß:

$$q = \frac{\Sigma S_i}{l}, \tag{a}$$

Dabei steht im Zähler die algebraische Summe aller Kräfte S_i :

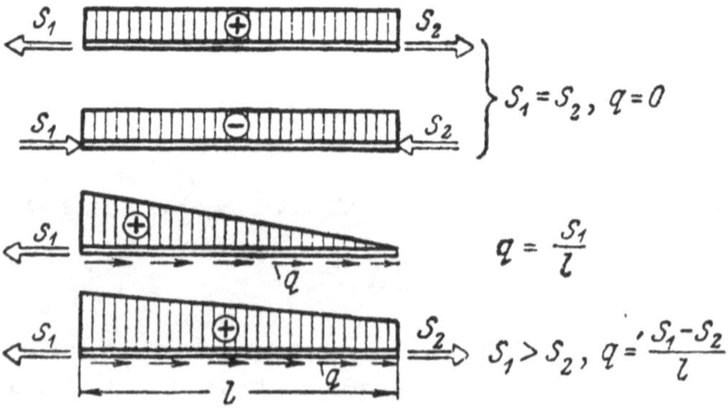

Bild 17

Aus der Gleichsgewichtsbedingung des Stabes links vom Schnitt a – b bestimmen wir die Längs- und Achsialkraft N_x in einem beliebigen Schnitt.

$$N_x = S_1 + S_2 + S_3 + qx$$

oder im allgemeinen Falle:

$$N_x = \sum S_i + qx. \qquad \text{(b)}$$

Dabei gehen in die Summe ΣS_i nur die Kräfte ein, die auf der einen Seite des betrachteten Schnittes liegen.

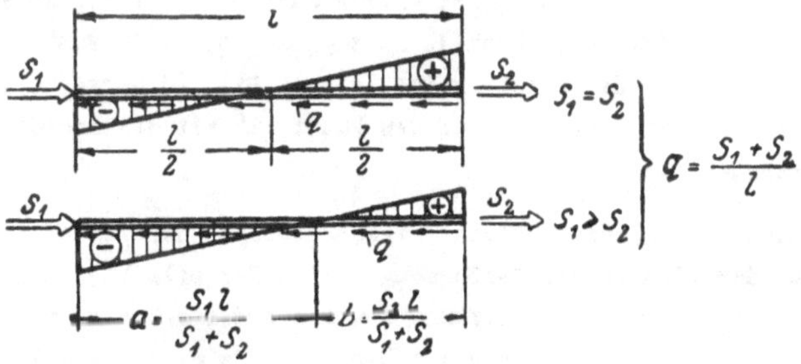

Bild 18

Es sei (Abb. 16) : S_1 = 500 kg; S_2 = 700 kg; S_3 = 200 kg; S_4 = 3000 kg
S_5 = 500 kg l = 100 cm. Nach Formel (a) ergibt sich:

$$q = \frac{+500+700+200-3000+500}{100} = -11 \text{ kg/cm} .$$

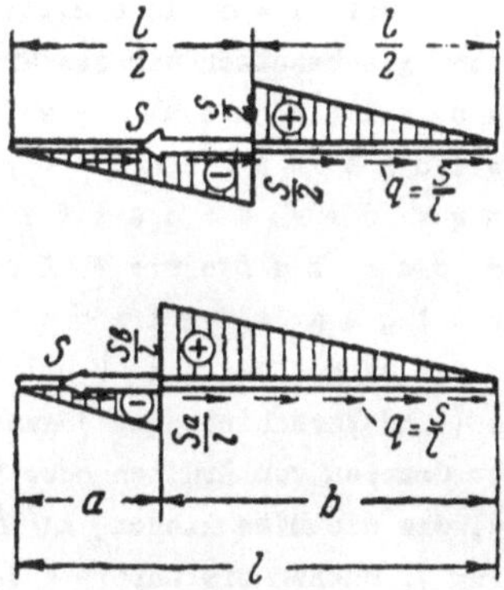

Bild 19

Nach Gleichung (b) zeichnen wir das Schaubild für N_x (Bild 16), dessen Unterschrift "Verlauf der Längs- oder Achsialkräfte" lauten würde.

In Abb. 17 , 18 und 19 sind andere Beispiele für den Verlauf der Längskräfte gezeigt.

Kapitel II

Bestimmung der Verschiebungen

§4 Das Prinzip der virtuellen Verschiebungen

Bringt man an einer elastischen Konstruktion äußere Kräfte an, so verschiebt sich natürlich ein jeder ihrer Punkte. So mag sich z.B. ein Punkt 1 mit den Koordinaten x, y, z der Konstruktion, die in Bild 20 dargestellt ist, nach dem Aufbringen der Kraft P auf den Punkt $1'$ mit den Koordinaten x', y', z' hin verschieben.

Die Koordinatenänderung, die wir mit "Verschiebung" bezeichnen wollen, ist in den Grenzen der elastischen Verformung klein. Das erlaubt, *sie als vernachlässigbar klein gegenüber den Abmessungen der Konstruktion* anzusehen. Zur Bestimmung der Größe und Richtung der Verschiebung insgesamt muß man ihre Projektion auf die drei Koordinatenachsen kennen. Jedoch genügt es meist, die Projektion der Gesamtverschiebung auf nur eine angegebene Richtung, z.B. auf $i - i$ zu ermitteln.

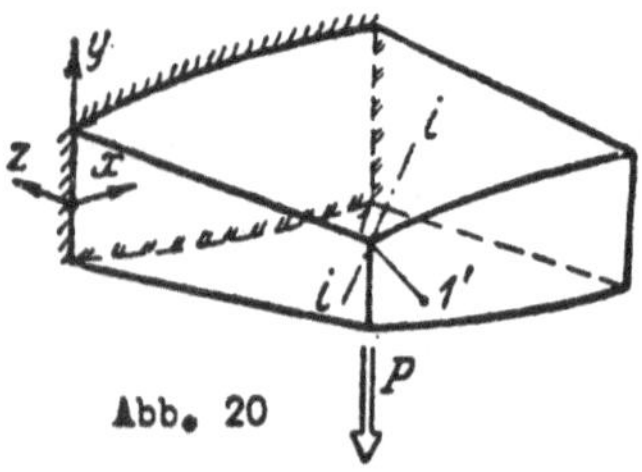

Abb. 20

Zur Bestimmung der Verschiebungen benutzen wir das Prinzip der virtuellen Verschiebungen: *Wenn sich ein System im Gleichgewicht befindet, so ist die Summe der Arbeiten der inneren und der äußeren Kräfte bei beliebigen möglichen Verschiebungen gleich Null.*

Hierbei muß man die Kräfte (und Verschiebungen) ganz allgemein in Rechnung setzen, d.h. es können auch Gruppen von Kräften oder Momenten vorhanden sein. Für ganz allgemeine Kräfte, die die Dimensionen [kg] [cmkg] [kg/cm] haben (Kräfte, Momente, Schubfluß), müssen die auftretenden Verschiebungen die Dimensionen [cm] [Bogenmaß] [cm^2] (Durchbiegung, Verdrehwinkel, Fläche) haben.

§5 Bestimmung der Verschiebungen

Die Arbeit ΔA_P einer allgemeinen äußeren Kraft P mal der entsprechenden Verschiebung Δ_P läßt sich wie folgt ausdrücken:

$$\Delta A_P = P\Delta_P \; [\text{cmkg}].$$

Sind mehrere äußere Kräfte da, so drückt die Summe $\sum_{1}^{k} \Delta A_P$ ihre Arbeit aus. Dabei ist k die Anzahl der äußeren Kräfte.

Mit $\sum_{1}^{c} \Delta A_R$; $\sum_{1}^{n} \Delta A_N$; $\sum_{1}^{m} \Delta A_q$ bezeichnen wir jeweilig die Arbeiten der Reaktionen der elastischen Auflager und der inneren Kräfte N und q. Dabei ist c, n und m die Anzahl der Auflager, der Stäbe und der Stegwände. Wir müssen hierbei im Auge behalten, daß die Arbeit der inneren Kräfte stets negativ ist. Denn sie streben danach, gegen die Verschiebungen, die durch die äußeren Kräfte hervorgerufen sind, Widerstand zu leisten.

Nach dem Prinzip der virtuellen Verschiebungen erhalten wir:

$$\sum_{1}^{k} \Delta A_P - \sum_{1}^{c} \Delta A_R - \sum_{1}^{n} \Delta A_N - \sum_{1}^{m} \Delta A_q = 0. \qquad \text{(II.1)}$$

Weil die Verschiebungen des Systems willkürlich und nur durch die Bindungen des Systems begrenzt sind, kann die Formel (II,1) die Summe der Arbeiten der Kräfte des Gleichgewichtszustandes des Systems in den Verschiebungen

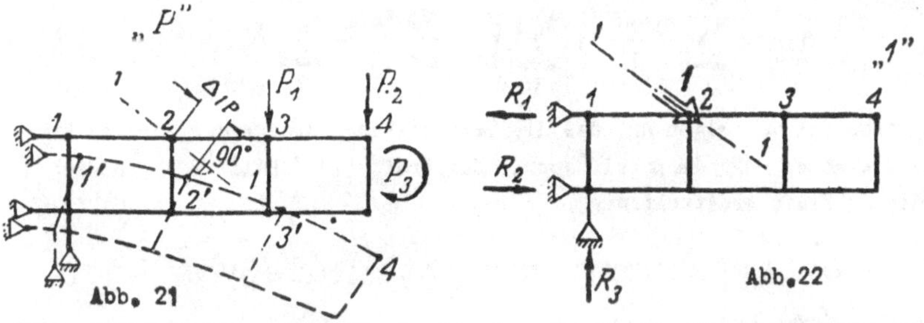

Abb. 21 Abb. 22

eines willkürlichen anderen Zustandes des elastischen Gleichgewichts ausdrücken.

Es sei einer der Zustände des gegebenen Konstruktion ein tatsächlicher Gleichgewichtszustand unter der Wirkung der allgemeinen äußeren Kräfte P_1, P_2 . . P_k (Bild 21) und der von ihnen erzeugten inneren Kräfte q_P N_P und R_P. Für sie müssen wir die Verschiebungen Δ_{1P} irgend eines Punktes z.B. des Punktes 2 in Richtung 1 - 1 ermitteln. Diesen Zustand wollen wir den Zustand "P" oder "Lastzustand" nennen.

Als anderen Zustand der gegeben Konstruktion nehmen wir den Gleichgewichtszustand (Bild 22) unter der Wirkung einer äußeren Kraft, die gleich 1 ist (und in Lage und Richtung mit der gesuchten allgemeinen Verschiebung Δ_{1P} zusammenfällt), und den entsprechenden inneren Kräften N, q, R. Der Index "1" deutet an, daß die innere Kraft aus der Wirksamkeit der Kraft "1" herrührt. Diesen Zustand nennen wir "Zustand 1" oder "Zustand der Einheitsbelastung".

Drücken wir die Arbeit der Kräfte des zweiten Zustandes in den Verschiebungen des ersten aus, so erhalten wir (nach der Formel II,1) :

$$1 \cdot \Delta_{1P} - \sum_{1}^{c} R_1 \beta_P - \sum_{1}^{n} \int_{0}^{l} \frac{N_1 N_P dx}{Ef} - \sum_{1}^{m} \frac{q_1 q_P F}{G\delta} = 0, \qquad \text{(a)}$$

Dabei bedeuten: β_P verschiebbare Auflager
f Stabquerschnitt

Erläutern wir das letzte Glied der Gleichung (a). Es entspricht einem rechteckigen Steg. Seine Abmessungen mögen a mal b sein. Die Arbeit wird ausgedrückt durch das Produkt der Schubkraft $q_1 a$ des zweiten Zustandes mal dem absoluten Wandschub $q_p \cdot b / G\delta$ (im Zustand "1").

Dieses Produkt gibt auch den Ausdruck unter dem Summenzeichen:

$$q_1 a \frac{q_P b}{G\delta} = \frac{q_1 q_P F}{G\delta},$$

Im Falle einer nicht rechtwinkligen Stegwand werden die Größen q_1 und q_p durch die angenäherten Mittelwerte des Schubflusses $\overline{q_1}$ und $\overline{q_p}$ ersetzt (s. Kapitel I).

Aus (a) erhält man:

$$\Delta_{1P} = \sum_1^m \frac{q_1 q_P F}{G\delta} + \sum_1^n \int_0^l \frac{N_1 N_P\, dx}{Ef} + \sum_1^c R_1 \beta_P. \qquad \text{(II. 2)}$$

Die Indices bei Δ zeigen an, daß die Verschiebung infolge der äußeren Kräfte des Zustandes "P" im Angriffspunkt der Kraft "1" (Bild 22) in Richtung eben dieser Kraft ermittelt war.

§ 6 Berechnung der Integrale von Mohr

Das Integral $\int_0^l \frac{N_1 \cdot N_P \cdot dx}{E \cdot f}$ heißt allgemein Mohr'sches Integral. Wir berechnen die Größe der Mohr'schen Integrale für die am häufigsten anzutreffenden Fälle.

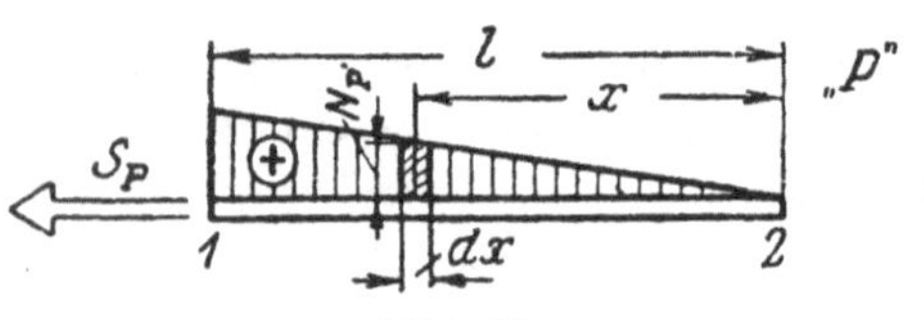

Bild 23

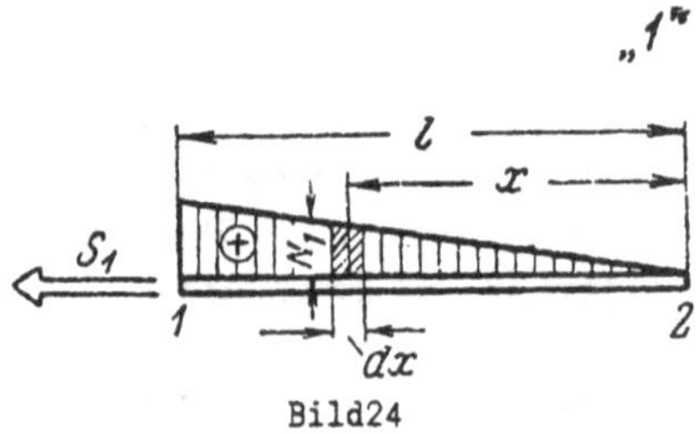

Bild24

Wir setzen voraus, daß an dem Stabe (Bild 23), der mit der Haut verbunden ist, eine Kraft S_P angreift, die durch die äußeren Kräfte des Zustandes "P" hervorgerufen ist.

Am gleichen Stabe ist eine Kraft S_1 aus der Einheitsbelastung angebracht (Bild 24).

Bei $E f$ = const. geht die Aufgabe auf die Errechnung des Integrals $\int_0^l N_1 N_P\, dx$ zurück.

Wir drücken N_P und N_1 als Funktion von x aus (s. Bild 24 und 23):

$$N_P = S_P \frac{x}{l} \quad \text{und} \quad N_1 = S_1 \frac{x}{l}.$$

Wir erhalten:

$$\int_0^l N_1 N_P\,dx = \frac{S_1 S_P \int_0^l x^2}{l^2}\,dx = \frac{1}{3}\,S_1 S_P\,l. \qquad \text{(II. 3)}$$

Beim Einheitszustand (entspr. Bild 25) erhalten wir:

$$\int_0^l N_1 N_P\,dx = \frac{1}{6}\,S_1 S_P\,l. \qquad \text{(II. 4)}$$

Kennen wir die Integrale (II,3) und (II,4), können wir auch andere Integrale für Stäbe ausrechnen, die mit der Haut verbunden sind, wobei q = Const

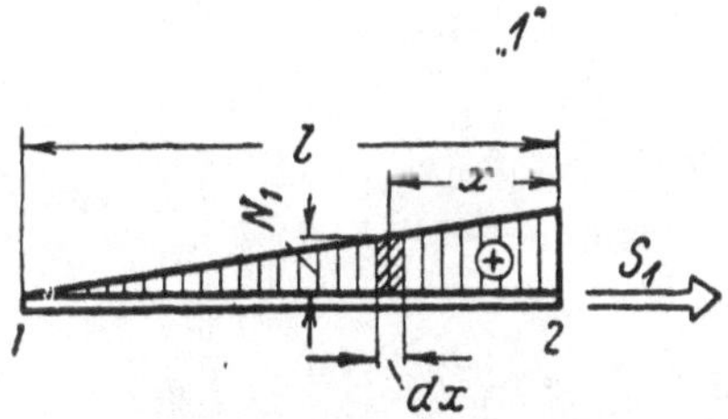

Bild 25

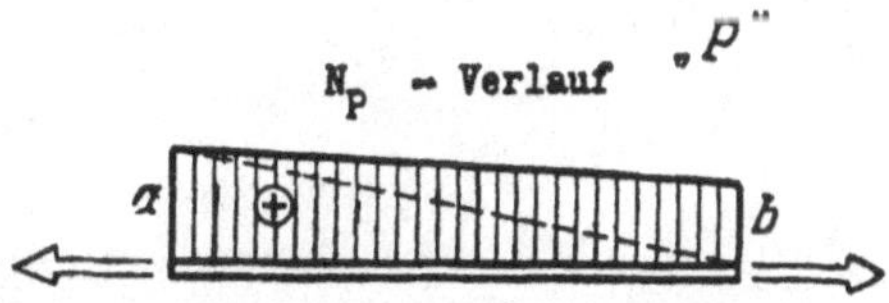

Bild 26

wirksam ist. Z.B. haben wir in Bild 26 den Verlauf der Kräfte N_p und in Bild 27 den der Achsialkräfte N_1.
Wir teilen den Verlauf N_p in zwei Dreiecke auf und erhalten:

$$N_1 N_P\,dx = \frac{1}{3}\,ca\,l + \frac{1}{6}\,cb\,l = \frac{c}{6}\,(2a+b)\,l.$$

Bild 27

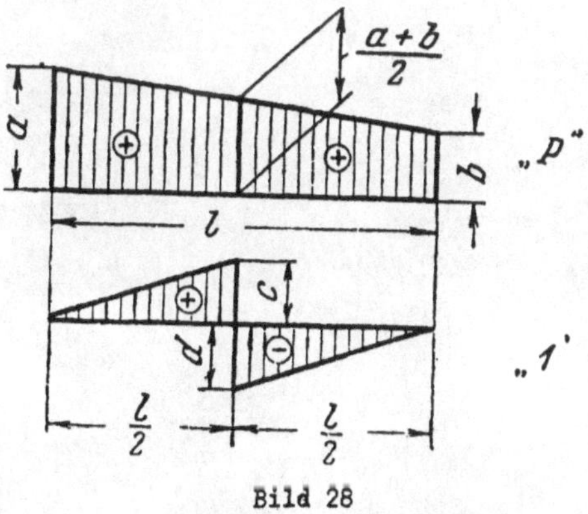

Bild 28

Wenn die Funktion der Achsialkräfte längs der Länge ℓ eine Unstetigkeit hat, muß man die Länge ℓ in zwei Teilstücke teilen, auf deren jedem die Funktion stetig verläuft, und muß dann in jedem Teilstück einzeln integrieren.

z.B. läßt sich für den Fall, der in Bild 28 dargestellt ist, das Mohr'sche Integral wie folgt bestimmen: [1])

$$\int_0^l N_1 N_P dx = \frac{1}{6} c \left[2 \frac{a+b}{2} + a \right] \frac{l}{2} - \frac{1}{6} d \left[2 \frac{a+b}{2} + b \right] \frac{l}{2} = \frac{l}{12} \times$$

$$\times [c(2a+b) - d(a+2b)].$$

In Tabelle 1 sind die am häufigsten anzutreffenden Integrale zusammengestellt.

$$\int_0^l N_1 N_P \, dx.$$

---

[1]) In verzwickteren Fällen erfolgt die Errechnung der Mohr'schen Integrale besser nach der Methode von Wereschtschagin.

Verlauf N_p \ Verlauf N_i	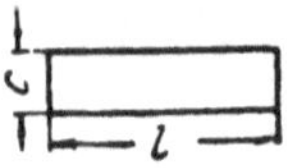		
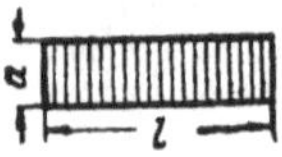	acl	$\frac{1}{2}\,acl$	
	$\frac{1}{2}\,acl$	$\frac{1}{3}\,acl$	
	$\frac{1}{2}\,acl$	$\frac{1}{6}\,acl$	
	$\frac{1}{2}\,acl$	$\frac{1}{6}\,acl\left(1+\frac{x'}{l}\right)$	
	$\frac{1}{2}\,acl$	$\frac{1}{4}\,acl$	$\frac{1}{2}$
	$\frac{1}{2}\,c\,(a+b)\,l$	$\frac{1}{6}\,c\,(2a+b)\,l$	$\frac{1}{6}\,c\,[a\,($
	$\frac{1}{2}\,c\,(a-b)\,l$	$\frac{1}{6}\,c\,(2a-b)\,l$	$\frac{1}{6}\,c\,[a\,($
	0	$\frac{1}{6}\,acl$	

	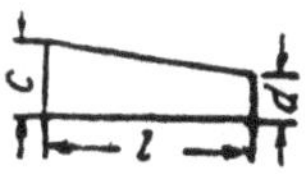	
	$\frac{1}{2}\, a\,(c + d)\, l$	$\frac{1}{2}\, a\,(c - d)\, l$
$-)$	$\frac{1}{6}\, a\,(2c + d)\, l$	$\frac{1}{6}\, a\,(2c - d)\, l$
$-)$	$\frac{1}{6}\, a\,(c + 2d)\, l$	$\frac{1}{6}\, a\,(c - 2d)\, l$
	$\frac{1}{6}\, a\left[c\left(1 + \frac{x'}{l}\right) + d\left(1 + \frac{x}{l}\right)\right] l$	$\frac{1}{6}\, a\left[c\left(1 + \frac{x'}{l}\right) - d\left(1 + \frac{x}{l}\right)\right] l$
$\frac{2x^2}{3l}\Big)$	$\frac{1}{4}\, a\,(c + d)\, l$	$\frac{1}{4}\, a\,(c - d)\, l$
$1 + \frac{x}{l}\Big)\Big]\, l$	$\frac{1}{6}\,[c\,(2a + b) + d\,(2b + a)]\, l$	$\frac{1}{6}\,[c\,(2a + b) - d\,(2b + a)]\, l$
$1 + \frac{x}{l}\Big)\Big]\, l$	$\frac{1}{6}\,[c\,(2a - b) - d\,(2b - a)]\, l$	$\frac{1}{6}\,[c\,(2a - b) + d\,(2b - a)]\, l$
	$\frac{1}{6}\, a\,(c - d)\, l$	$\frac{1}{6}\, a\,(c + d)\, l$
$-\ acl$		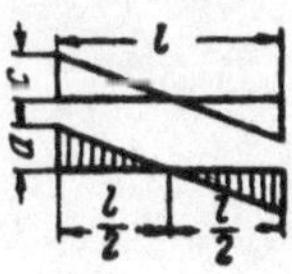 $\int_0^l N_1 N_p\, dx = \frac{1}{3}\, acl$

Зак. 966

Kapitel III

Berechnung statisch bestimmter Systeme

§ 7 Rechenschemata

In Kapitel I waren einzelne Elemente aus dünnwandigen ausgesteiften Konstruktionen betrachtet. Wenden wir uns nun der Berechnung der Konstruktion als Ganzem zu.

Die Annahme, daß die Knoten Gelenke seien, machen wir auch für räumliche Sy-

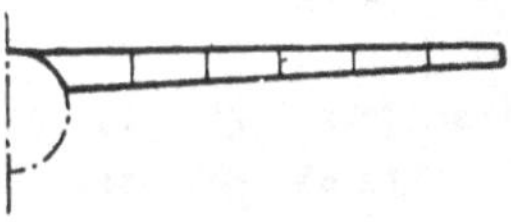

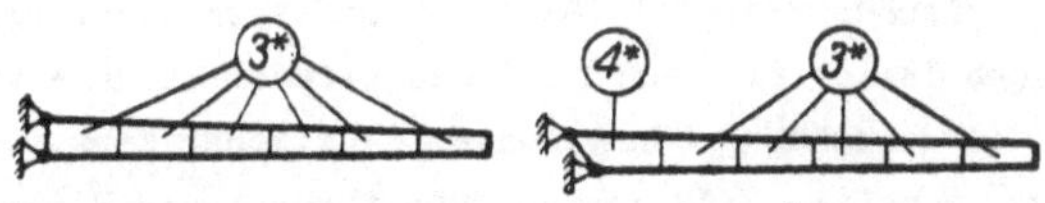

a б

Bild 29 Bild 30

steme. Sie bringt keine großen Fehler - weder in die Rechnung der Achsialkräfte in den Streben und Schubkräfte in Stegen, noch in die Ermittelung der linearen Verschiebungen der Knoten - und sie erleichtert damit ganz wesentlich die Rechnung. Das Rechnungsschema wird dem des Fachwerks ähnlich; die Theorie des Fachwerks aber ist ein gut durchentwickelter Abschnitt aus der Festigkeitslehre.

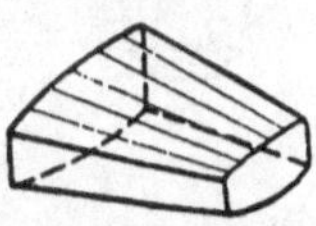

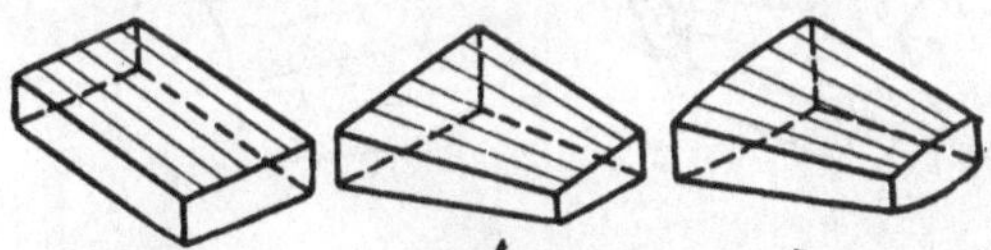

a б c

Bild 31 Bild 32

Betrachten wir Beispiele für die Arten der Berechnung.

In Bild 29 ist eine Holmkonstruktion gezeigt. Je nach der gewünschten Genauigkeit der Rechnung kann man die tatsächliche Konstruktion durch dieses oder jene Bauweise ersetzen, die aus den in den vorigen Kapiteln behandelten Feldern besteht (Bild 30 a , b) .

Die räumliche Konstruktion eines Stücks aus einem geraden Flügel ist Bild 31 dargestellt, die stufenweise Annäherung an sie in Bild 32 a , b und c. *)

*) Die unteren Stringer sind nicht gezeigt.

Die stufenweise Annäherung für das Berechnungsverfahren für einen Pfeilflügel (Bild 33) ist in Bild 34 a , b , c und d deutlich gemacht. Das Berechnungsverfahren für die dritte und vierte Annäherung besteht nun wieder aus zwei weiteren Unterabschnitten (Bild 35). Weil die Stäbe des oberen und des unteren Feldes des Abschnittes I miteinander steife Dreiecke bilden, ist die von ihnen umschlossene Beplankung nicht Käfte führend, sondern ein Bauelement, das sich rein aus der Flügelform ergibt. Daher kann man die Rechnung so ansetzen, daß die obere und die untere Beplankung nicht auf Schub tra-

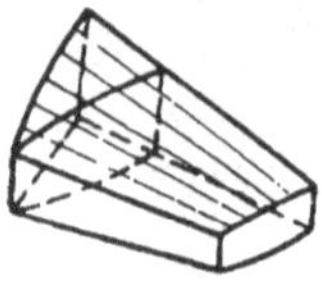

Bild 33

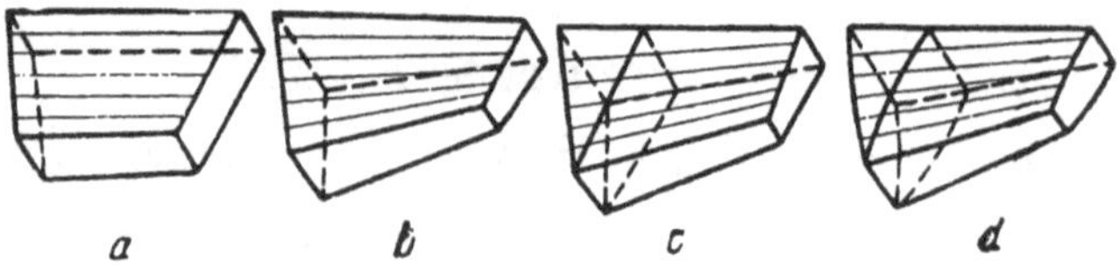

Bild 34

gen, d.h. $q_o = q_u = 0$. Die übrigen Felder des Abschnittes I gehören zum Typ 3^* . Der Abschnitt II ist demjenigen Abschnitt analog, der in Bild 32 b gezeigt ist.

Ein typisches Beispiel für ein Rumpfstück sehen wir in Bild 36. Rechnerisch gesehen ist es dem Abschnitt des geraden Flügels analog.

Daß die Berechnung dünnwandiger räumlicher Konstruktionen so verzwickt ist, hängt in weitem Maße von der Steifigkeit der Rippen und Spanten ab. Bei steifen Rippen vereinfacht sich die Rechnung beträchtlich, wie wir im weiteren sehen werden.

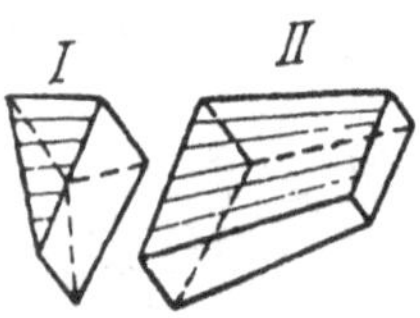

Bild 35

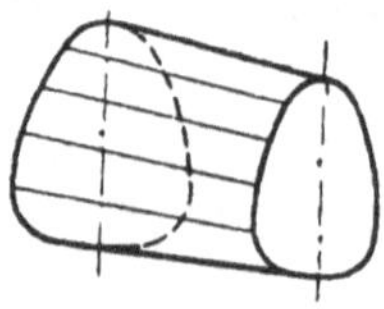

Bild 36

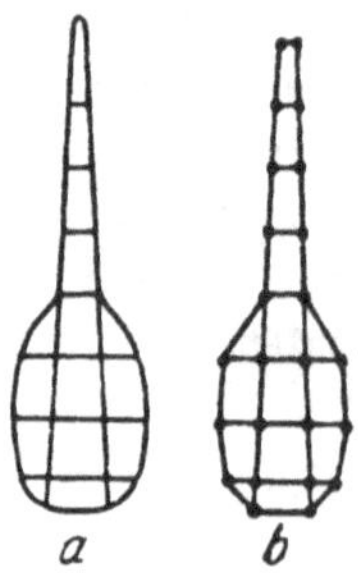

Bild 37

Rippen und Spante, die nicht nur unter der Wirkung v e r t e i l t e r Kräfte aus Rumpf oder Flügel stehen, sondern auch noch E i n z e l l a s t e n unmittelbar aufzunehmen haben, sind oft von verwickelter Konstruktion.

In Bild 37 ist ein Rumpfspant gezeigt, der mit dem Holm des Seitenleitwerks ein zusammenhängendes Stück bildet. Für die Berechnung kann man ihn sich als aus Feldern des Typs 3^* und aus Stabfachwerken zusammengesetzt denken (Bild 37 b).

§ 8 Rechenbeispiele für ebene, statisch bestimmte, dünnwandige Systeme [1]

Wir wollen einige Beispielefür die Ermittelung von Kräften und Verschiebungen betrachten

Beispiel 1 : Zu bestimmen sind die Kräfte N_p und q_p in einem Holm, der durch Einzellasten belastet ist (Bild 38), und die Durchbiegung im Punkt 6.

Wir wollen nicht alle Rechnungsgänge bei der gestellten einfachen Aufgabe anführen und zeigen nur den Hergang der Rechnung.

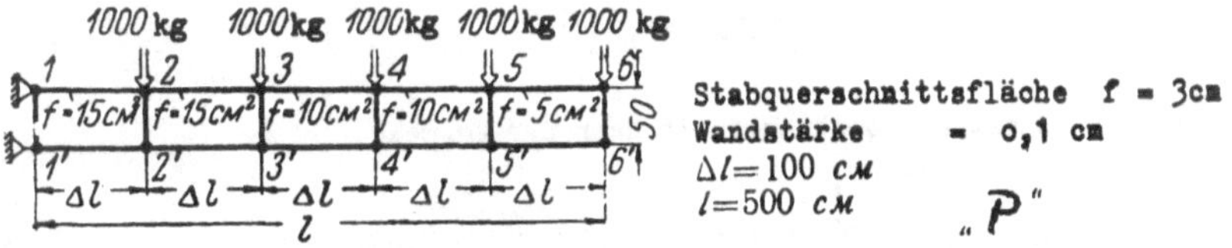

Bild 38

Von der Gleichgewichtsbedingung der Streben her beginnend (angefangen bei 6 – 6') ermitteln wir den Schubfluß in den Stegen. In Bild 39 sind die erhaltenen Werte für diesen Schubfluß q_p aufgetragen [2].

Kennen wir den Schubfluß q_p der Stege, ermitteln wir nacheinander vom Ab-

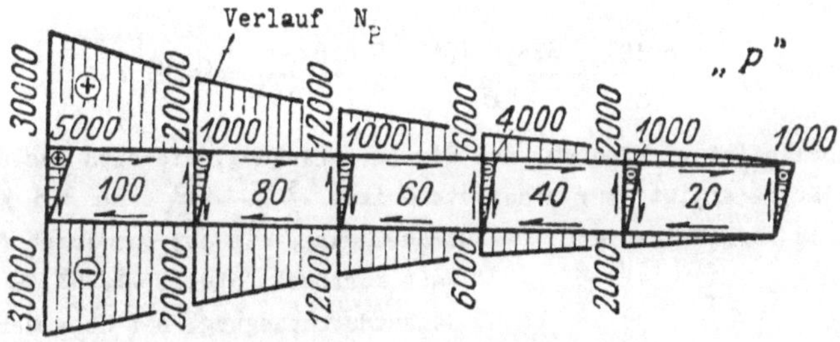

Bild 39

schnitt 5 – 6 – 6'– 5' beginnend die achsialen Kräfte $N_P = q_P \cdot \Delta \ell$ des oberen und des unteren Gurtes. In Bild 39 ist der Verlauf dieser Achsialkräfte dargestellt

---

[1]) Für alle Rechnungen ist eingesetzt: Dural als Material; Dimensionen in kg und cm; sin x = x bis ±14°; cos x = x bis ±8°; tg x = x bis ±10°;E/G =2,6.

[2]) Durch die Pfeile sind die Tangentialkräfte (Schubkräfte) angegeben, die an den Stegen auf die Vertikalstäbe abgesetzt sind. (Schubkräfte durch einseitige Pfeile zu kennzeichnen ist dem Buch von A.A. Umanskij "Räumliche Systeme" – Moskau 1948 entlehnt).

Am Knotenpunkt 6 wird eine senkrechte Kraft gleich 1 kg angesetzt, wie in Bild 40 dargestellt. Analog zu q_p bezw. N_p bestimmen wir jetzt q_1 und N_1.

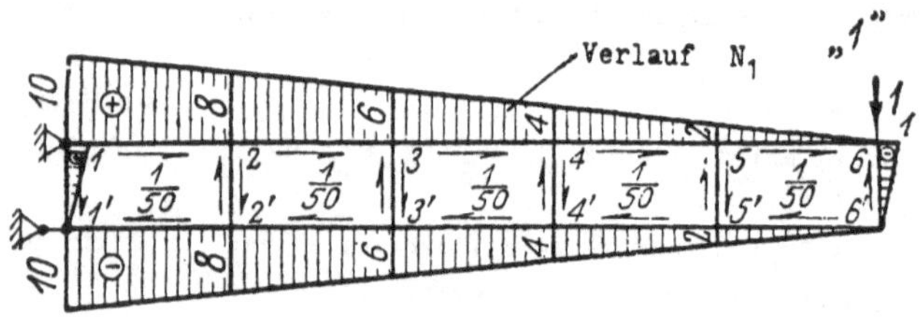

Bild 40

Die gesuchte Durchbiegung bestimmen wir nach der Formel:

$$y = \Delta_{1P} = \sum_{1}^{5} \frac{q_1 q_P F}{G\delta} + \sum_{1}^{16} \int_{0}^{l} \frac{N_1 N_P\, dx}{Ef}.$$

Die Zahlenwerte für die Durchbiegung sind in Tabelle 2 angegeben. Durch "k" ist in der Tabelle das Verhältnis l/f für einen Stab und der Wert $\frac{E \cdot F}{G \cdot \delta} = 2{,}6\ \frac{F}{\delta}$ für die Haut angegeben. (In den Spalten 3 und 4 bedeuten die doppelten Eintragungen die Anfangs- und Endwerte der Stabkräfte) .

Wir erhalten:

$$y = \Delta_{1P} = \frac{78 \cdot 10^4}{E} + \frac{578{,}6 \cdot 10^4}{E} = \frac{656{,}6 \cdot 10^4}{7 \cdot 10^5} = 9{,}36\ \text{см.}$$

Aus der Tabelle ist zu ersehen, daß die Durchbiegung, die sich aus der Deformation der Stäbe ergibt, nur unbedeutend ist: $\frac{3{,}3 \cdot 10^4 \cdot 100}{656{,}6 \cdot 10^4} \approx 0{,}5\ \%$. Das erlaubt, sie zu vernachlässigen. Die Durchbiegung, die aus der Formänderung der Haut herrührt, stellt $\frac{78 \cdot 100}{656{,}6} = 12\ \%$ der Gesamtdurchbiegung. Die Höhe des Anteils der Hautverformung in den Ausdrücken für die Durchbiegung ist in Spalte 12 der Tabelle angegeben.

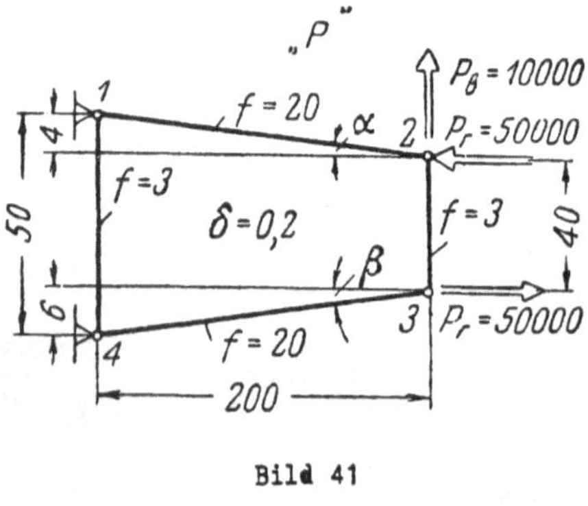

Bild 41

Beispiel 2: Die senkrechte Verschiebung des Punktes 2 und der Verdrehwinkel des Vertikalstabes 2 - 3 der Holmwurzel sind zu bestimmen (Bild 41).

a) Wir nehmen die Zerlegung der Kräfte und Lasten in Richtung der Stäbe vor, die in den Punkten 2 und 3 zusammenstoßen.

Tabelle 2

	1	2	3	4	5	6	7	8	9	10	11	12
	Stab	k	N_P	N_1	$E\Delta_{1P}$	Hautfeld	k	q_P	q_1	$E\Delta_{1P}$	(5) + (10)	$\frac{(10)\cdot 100}{(5)+(10)}$
Gurte	6,6′ / 5,5′	20	0 / ±2000	0 / ±2	$5{,}33\cdot 10^4$	5–6–6′–5′	$13\cdot 10^4$	20	$\frac{1}{50}$	$5{,}2\cdot 10^4$	$10{,}53\cdot 10^4$	49,5%
	5,5′ / 4,4′	10	±2000 / ±6000	±2 / ±4	$25{,}43\cdot 10^4$	4–5–5′–4′	$13\cdot 10^4$	40	$\frac{1}{50}$	$10{,}4\cdot 10^4$	$35{,}83\cdot 10^4$	29%
	4,4′ / 3,3′	10	±6000 / ±12000	±4 / ±6	$92{,}0\cdot 10^4$	3–4–4′–3′	$13\cdot 10^4$	60	$\frac{1}{50}$	$15{,}6\cdot 10^4$	$107{,}6\cdot 10^4$	14,5%
	3,3′ / 2,2′	6,67	±12000 / ±20000	±6 / ±8	$151{,}0\cdot 10^4$	2–3–3′–2′	$13\cdot 10^4$	80	$\frac{1}{50}$	$20{,}8\cdot 10^4$	$171{,}8\cdot 10^4$	12,1%
	2,2′ / 1,1′	6,67	±20000 / ±30000	±8 / ±10	$301{,}5\cdot 10^4$	1–2–2′–1′	$13\cdot 10^4$	100	$\frac{1}{50}$	$26{,}0\cdot 10^4$	$327{,}5\cdot 10^4$	8%
Streben	6–6′	16,65	−1000 / 0	−1 / 0	$0{,}55\cdot 10^4$					$78\cdot 10^4$		
	1–1′	16,65	5000 / 0	1 / 0	$2{,}75\cdot 10^4$							
				Σ	$578{,}6\cdot 10^4$							

b) Wir bestimmen q_{2-3} aus den Gleichgewichtsbedingungen des Stabes 2–3

c) Kennen wir q_{2-3}, so bestimmen wir nach Formel (I,5) und (I,8) $\bar{q}$ und q_{1-4}.

d) Kennen wir den Schubfluß, so bestimmen wir die Längskräfte in den Stäben.

Die dargelegte Reihenfolge der Rechnung bezieht sich in gleicher Weise auf den Lastzustand "P" (Bild 41 und 42) wie auf die Zustände der Einheitslasten ("1" und "2"). Der Bestimmung der Durchbiegung entspricht der Zustand der Einheitslast, der in Bild 43 gezeigt ist.

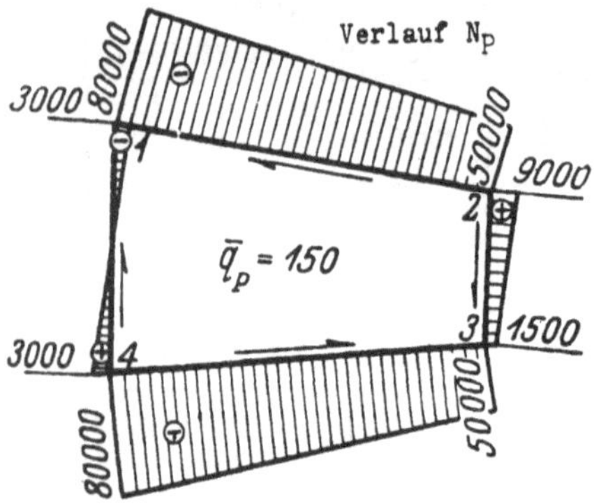

Bild 42

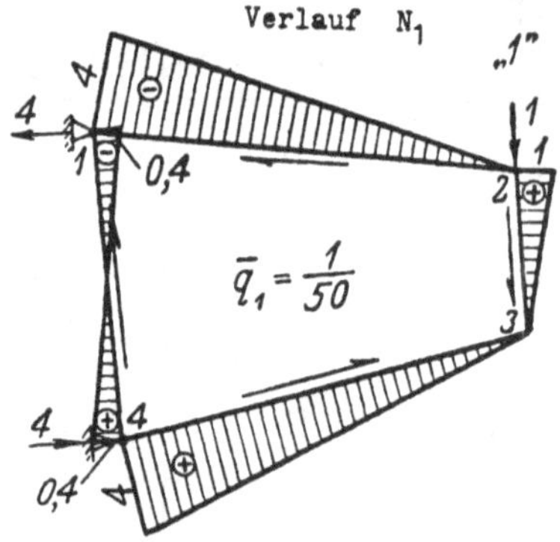

Bild 43

Zur Bestimmung des Verdrehungswinkels φ der Stäbe 2–3 im Zustand der Einheitslast muß man an ihren Enden Kräfte von je 1/40 anbringen (die für den "Einheitszustand" angreifende Kraftwirkung ist ein Moment im Betrage 1) wie in Bild 44 dargestellt.

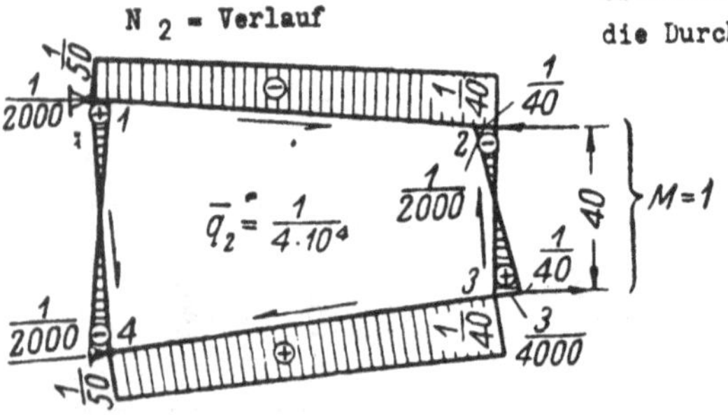

Bild 44

Indem wir die Zustände "P" und "1" mit einander "multiplizieren, bestimmen wir die Durchbiegung wie oben nach der Formel

$$y = \Delta_{1P} = \frac{q_1 q_P F}{G\delta} + \sum_{1}^{4} \int_{0}^{l} \frac{N_1 N_P \, dx}{Ef} .$$

Den Verdrehungswinkel

$$\varphi = \Delta_{2P} = \frac{q_2 q_P F}{G\delta} + \sum_{1}^{4} \int_{0}^{l} \frac{N_2 N_P \, dx}{Ef}$$

bestimmen wir durch "Muktiplizieren" der Zustände "P" und "2" (Bild 44). Die Rechenergebnisse nach dieser Formel sind in Tabelle 3 angegeben.

Man erhält:

$$y = \frac{320,1\cdot 10^4}{7\cdot 10^5} = 4,57 \text{ см}; \quad \varphi = \frac{2,85\cdot 10^4}{7\cdot 10^4} = 0,0408^{\text{Bog.m.}} = 2°20'.$$

Tabelle 3

Stab Hautfeld	$k=\frac{l}{f}$ $k=2{,}6\frac{F}{\delta}$	N_1 q_1	N_2 q_2	N_P q_P	$E\Delta_{1P}$	$E\Delta_{2P}$
1	2	3	4	5	6	7
1–2	10	−4 0	−1/50 −1/40	−80000 −5000	$140{,}0\cdot10^4$	$1{,}45\cdot10^4$
3–4	10	0 4	1/40 1/50	5000 80000	$140{,}0\cdot10^4$	$1{,}45\cdot10^4$
2–3	13,3	1 0	−1/2000 3/4000	9000 1500	$4{,}33\cdot10^4$	−1,62
1–4	16,7	−0,4 0,4	1/2000 −1/2000	−3000 3000	$0{,}668\cdot10^4$	−8,35
1–2–3–4	$11{,}7\cdot10^4$	1/50	$-\frac{1}{4\cdot10^4}$	150	$35{,}1\cdot10^4$	−439
					$320{,}1\cdot10^4$	$2{,}85\cdot10^4$

Aus Tabelle 3 ist ersichtlich, daß wir den Anteil der Pfosten an der Deformation vernachlässigen können.

Beispiel 3: Die Verschiebung des Punktes 3 in Richtung der Kraft P = 1000 kg (Bild 45) ist zu bestimmen.

Gegeben ist : $l_1=121$ *см*; $l_2=81$ *см*; $h_2=32{,}5$ *см*; $H=73{,}5$ *см*; $\delta=0{,}08$ *см*; $\theta=33{,}5°$; $\varphi=6°$; $\gamma=12°$; $f_{1-2}=2$ *см*²; $f_{3-4}=3$ *см*²; $f_{2-3}=f_{1-4}=1$ *см*².

Nach den Formeln (I,15) und (I,16) bestimmen wir:

$$h_0=h_2+l_1(\operatorname{tg}\varphi+\operatorname{tg}\gamma)=32{,}5+121\,(0{,}105+0{,}213)=71 \text{ см}$$

und

$$h_{cp}=h_2+\frac{l_1+l_2}{2}(\operatorname{tg}\varphi+\operatorname{tg}\gamma)=32{,}5+\frac{121+81}{2}(0{,}105+0{,}213)=64{,}6 \text{ см}.$$

und erhalten als Auflagerreaktionen:

$$R_1=\frac{81\cdot1000}{73{,}5}=1100 \text{ кg};\quad R_3=\frac{121\cdot1000}{73{,}5}=1650 \text{ kg};$$

$$R_2=1000\cos\theta=1000\cdot0{,}834=834 \text{ kg}$$

Aus den Gleichgewichtsbedingungen des Stabes erhalten wir : $q_{2-3} = \frac{1000}{32,5} = 30,8$ kg/cm und weiterhin auf Grund der Abhängigkeiten (I,12), (I,14) und (I,11) :

$$\bar{q} = 30{,}8 \frac{32{,}5}{64{,}6} = 15{,}5 \text{ kg/cm} ; \quad q_{3-4} = 15{,}5 \frac{121 \cdot 64{,}6}{81 \cdot 71} = 21{,}0 \text{ kg/cm},$$

$$q_{1-2} = 15{,}5 \frac{81 \cdot 71}{121 \cdot 64{,}6} = 11{,}4 \text{ kg/cm}, \quad q_{1-4} = 15{,}5 \frac{32{,}5}{64{,}6} = 7{,}8 \text{ kg/cm}$$

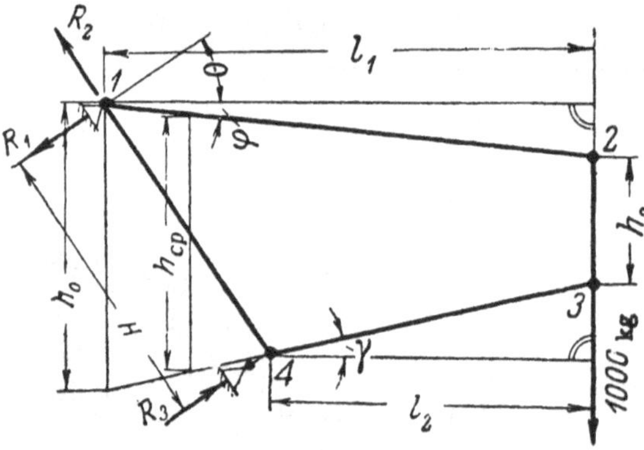

Bild 45

Kennen wir den Schubfluß, so bestimmen wir die Stabkräfte und zeichnen den Verlauf der Stabkräfte (Bild 46). Zur Probe der erhaltenen Werte stellen wir die Gleichgewichtsgleichung auf:

$$-1390 \sin(\theta + \varphi) - 575 + 1740 \sin(\theta - \gamma) + 1000 \cdot \cos\theta =$$
$$= -885 - 575 + 637 + 834 \approx 0.$$

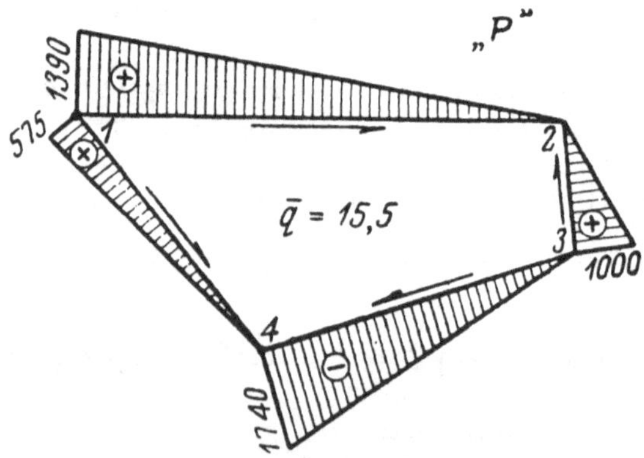

Bild 46

Im "Einheitszustand" wird die Rechnung ebenso durchgeführt. Die ganzen Kräfte betragen nur den tausendsten Teil.

Die gesuchte Verschiebung beträgt (Tabelle 4) :

$$y = \frac{124\,230}{7 \cdot 10^5} = 0{,}178 \text{ см.}$$

Tabelle 4

Stab / Hautfeld	$k = \frac{l}{f}$ / $k = 2{,}6 \frac{F}{\delta}$	N_1 / q_1	N_P / q_P	$E\Delta_{1P}$
1–2	60,8	1,39 / 0	1390 / 0	39200
4–3	27,7	−1,74 / 0	−1740 / 0	27900
2–3	32,5	0 / 1,00	0 / 1000	10850
1–4	73,5	0,575 / 0	575 / 0	8080
1–2–3–4	15,9·10⁴	$-15{,}5 \cdot 10^{-3}$	15,5	38200
				124230

Wie stellen fest, wie schwer der Fehler wiegt, der dadurch entstanden ist, daß die Normalspannungen in der Beplankung mittragen. Die Korrektur A der Formel (I,17) für ein Flächenstück des gegebenen Typs bei der Berechnung der potentiellen Energie der Beplankung war in unserem Falle gleich o,0465. Ziehen wir diese Korrektur in Betracht, so finden wir in der Tabelle den Wert 40 ooo statt 38 ooo und eine Durchbiegung y = o,181 cm. Das würde das vorher gefundene Ergebnis um 1,6 % genauer machen. Wie man sieht, ist der unterlaufenen Fehler unbedeutend. Und der Fehler wird noch um einiges kleiner, wenn ein Flächenstück des Typs 4 gegeben ist, das in an dere Felder und Stäbe eingegliedert ist, wie es bei Spanten, Holmen und anderen Teilen einer Flugzeugfläche der Fall ist.

§ 9 Berechnung statisch bestimmter räumlicher Systeme

Wir wenden uns jetzt der Betrachtung räumlicher Systeme zu. In diesem Paragraphen wird in konkreten Beispielen die Bestimmung der inneren Kräfte in einigen einfachen, räumlichen statisch bestimmten dünnwandigen Systemen gezeigt. Als Vorbereitung zur Berechnung statisch unbestimmter Systeme werden meistens Gleichgewichtsgruppen als Belastung eingesetzt, wie sie in statisch unbestimmten Systemen als überzählige Unbekannte auftreten.

Beispiel 1 : Am Stirnquerschnitt eines Bauteils (Bild 47), das eine Haut konstanter Dicke hat (δ = 0,08 cm), ist als konstanter Schubfluß ein Drehmoment $\mathfrak{M}$ = 1000 mkg angebracht. Gesucht wird der Winkel γ der Verwölbung des Querschnitts 1 – 2 – 3 – 4, wenn man zu Grunde legt, daß die Rippen eine Verschiebung in Längsrichtung des Bauteils nicht hindern.

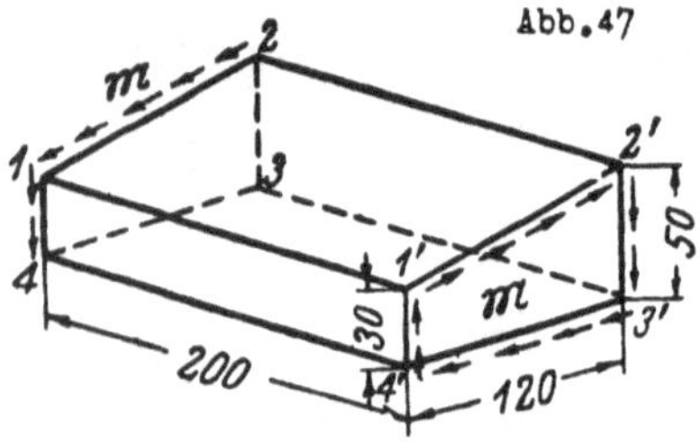

Abb.47

Bei der gegebenen Belastung verziehen sich die Querschnitte ungehindert oder – wie man sagt,– sie verwölben sich. Verwölbungs- oder Verwerfungswinkel des Querschnittes 1-2-3-4 nennt man den Winkel γ der Verdrehung der Stäbe 1–4 und 2–3 gegeneinander. Er kann nach Formel(II,2) bestimmt werden. Dazu müssen wir die Beanspruchungen N_P und q_P kennen, die durch die vorgegebene Belastung $\mathfrak{M}$ = 1000 mkg (Zustand "P") hervorgerufen sind, und die Beanspruchungen N_1 und q_1 vom verallgemeinerten Wölbkraftmoment her, d.h. von zwei gegensinnig wirkenden Momenten im Betrage 1, die als Kräftepaar in den Ecken der parallelen Stäbe 1–4 und 2–3 angreifen (Zustand 1). Die so aufgebaute, im Gleichgewicht befindliche Gruppe von Einzelkräften nennt man Wölbkraftgruppe.

Im Zustand "P" (Bild 48) ist N_P = 0 und $q_P = \frac{\mathfrak{M}}{2F_H} = \frac{100000}{2\cdot 40\cdot 120} = 10{,}4$ kg/cm. Die Rippen tragen in diesem Zustand nicht mit.

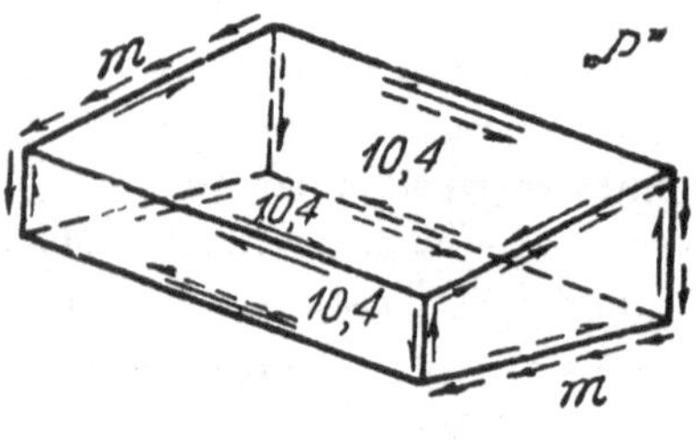

Bild 48

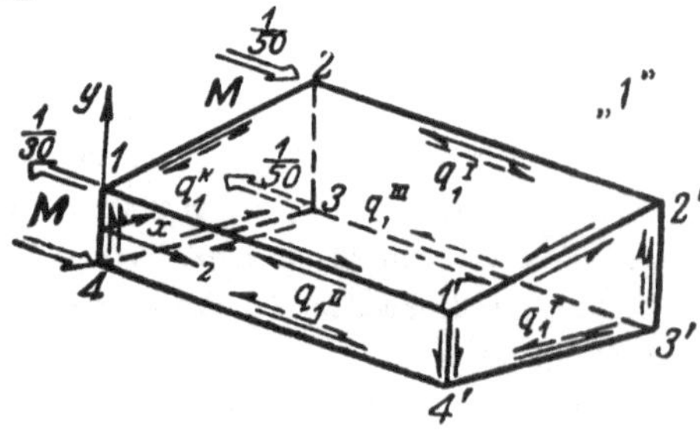

Bild 49

Die Wölbkraftgruppe des Einheitszustandes (Bild 49) für den Querschnitt 1-2-3-4 unseres Abschnitts ist durch Kräfte der Größe 1/30 , 1/30 , 1/50 und 1/50 kg gebildet, die paarweise ein Moment gleich 1 abgeben.

Wir wollen folgende Bezeichnungen für den Schubfluß aus der Einheitsbelastung verwenden:

$q_1^{\overline{ob}}$ ist der Schubfluß der oberen Beplankung

$q_1^{\overline{u}}$ " " " " " unteren " "

$q_1^{\overline{v}}$ " " " " des Vorderholms

q_1^{II} " " " " " Hinterholms

$\overline{q}_1^{K}$ " " " " der Wurzelrippe 1-2-3-4

$\overline{q}_1^{T}$ " " " " " Stirnrippe 1'- 2'- 3'- 4'

Zur Bestimmung der Schubflüsse q_1^{I}, q_1^{II}, q_1^{III}, q_1^{IV} schreiben wir die Gleichungen des Gleichgewichts der Rippe 1 - 2 - 3 - 4 und der Längskräfte [1]) auf. Die Summe der Momente aller Kräfte im Querschnitt in Bezug auf den Knotenpunkt 4 (Bild 50) ist :

$$\sum M_4 = q_1^{I}\cdot 50\cdot 120 + q_1^{III}\cdot 120\cdot 30 = 0 \quad \text{oder} \quad q_1^{I}\cdot 5 + q_1^{III}\cdot 3 = 0. \qquad \text{(a)}$$

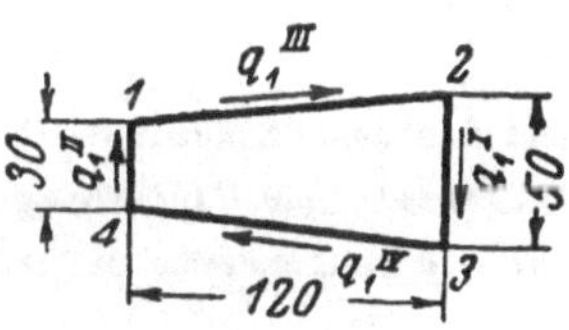

Bild 50

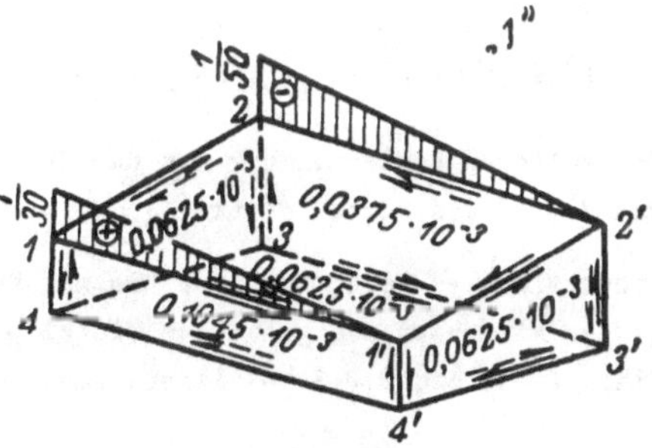

Bild 51

Noch drei Gleichungen können wir aus der Gleichgewichtsbedingung der Stäbe 1 - 1' , 2 - 2' , 3 - 3' herleiten:

$$-q_1^{II}\cdot 200 + q_1^{III}\cdot 200 - \frac{1}{30} = 0, \qquad \text{(b)}$$

$$-q_1^{III}\cdot 200 + q_1^{I}\cdot 200 + \frac{1}{50} = 0, \qquad \text{(c)}$$

$$-q_1^{I}\cdot 200 + q_1^{IV}\cdot 200 - \frac{1}{50} = 0. \qquad \text{(d)}$$

Lösen wir die erhaltenen vier Gleichungen zugleich, so erhalten wir:

$$q_1^{I} = -3{,}75\cdot 10^{-5}, \quad q_1^{II} = -10{,}45\cdot 10^{-5}, \quad q_1^{III} = q_1^{IV} = 6{,}25\cdot 10^{-5} \text{ kg/cm}.$$

Aus der Gleichgewichtsbedingung der Stäbe 1 - 2 und 1'-2' finden wir den mittleren Schubfluß in den Stegen der Rippen $\overline{q}_1^{K}$ und $\overline{q}_1^{T}$

$$\overline{q}_1^{K} = \overline{q}_1^{T} = q_1^{III} = 6{,}25\cdot 10^{-5} \text{ kg/cm}$$

In Bild 51 sind die Werte für Schubfluß und Längskräfte [2]) für den Einheitszustand mit Angabe des Vorzeichens dargestellt.

[1]) Beim Aufstellen der Gleichungen setzen wir die Richtung für den Schubfluß und die Koordinatenachse wie in Bild 49 gezeigt an. Wenn wir nach dem Lösen der Gleichungen in einigen Bauteilen ein q mit dem Vorzeichen minus erhalten, so soll das anzeigen, daß die Richtung in Wirklichkeit derjenigen entgegengesetzt ist, die wir beim Ansatz der Gleichungen festlegten .

[2]) Hier und weiterhin wollen wir den Verlauf der Längskräfte für die unteren Stäbe nicht besonders anzeigen.

Wir prüfen, ob sich ein Stab, z.B. 2'–3' im Gleichgewicht befindet:

$$\overline{q}^{\text{т}}\frac{30}{50}-q_1^{\text{I}}=0;\quad 6{,}25\cdot10^{-5}\cdot\frac{30}{50}-3{,}75\cdot10^{-5}=0.$$

Zum gleichen Ergebnis kann man im gegebenen Falle auch auf kürzerem Wege kommen. Wenn man bedenkt, daß die Einheitsmomente 1/30 ·30 und 1/50 · 50 das Verdrehmoment für die senkrechten Längsschnitte sind, kann man nach der bekannten Formel für das Rohr (im Mittellängsschnitt) erhalten:

$$\overline{q}_1^{\text{к}}=\overline{q}_1^{\text{т}}=q_1^{\text{III}}=q_1^{\text{IV}}=\frac{1}{2F}=\frac{1}{2\cdot200\cdot40}=6{,}25\cdot10^{-5}\ \text{kg/cm.}$$

Des weiteren bestimmen wir aus der Gleichgewichtsbedingung der Stäbe 1 – 1' und 2 – 2' die Werte $\overline{q}_1^{II}$ und $\overline{q}_1^{I}$.

Haben wir die Bedingungen des "Belastungs-" und die des "Einheitszustandes", können wir jetzt den gesuchten Winkel γ der gegenseitigen Verdrehung der Stäbe 1 – 4 und 2 – 3 bestimmen. Tabelle 5 gibt die Zahlenwerte dafür.

Tabelle 5

Hautfeld	1 $k=2{,}6\frac{F}{\delta}$	2 q_1	3 q_P	4 $E\Delta_{1P}$
obere Beplankung *1–2–2'–1'*	$78\cdot10^4$	$6{,}25\cdot10^{-5}$	10,4	506
untere Beplankung *4–3–3'–4'*	$78\cdot10^4$	$6{,}25\cdot10^{-5}$	10,4	506
Steg *1–1'–4'–4*	$19{,}5\cdot10^4$	$-10{,}45\cdot10^{-5}$	10,4	–212
Steg *2–2'–3'–4'*	$32{,}5\cdot10^4$	$-3{,}75\cdot10^{-5}$	10,4	–127
				673

Man erhält

$$\gamma=\Delta_{1P}=\frac{673}{7\cdot10^5}=96{,}1\cdot10^{-5}\ \text{Bogenmaß}$$

Das positive Vorzeichen des Ergebnisses zeigt an , daß die Richtung des gesuchten Winkels γ der gegenseitigen Verdrehung der Stäbe 1 – 4 und 2 – 3 mit der angenommenen Richtung Wölbkraftgruppe des Einheitsmoments zusammenfällt.

Aus der letzten Spalte der Tabelle 5 ist zu ersehen, daß der Einfluß der Vermung der Beplankung auf die Größe des gesuchten Winkels γ von entgegengesetztem Vorzeichen ist wie der Einfluß der Verformung der Holmstege. Folglich kann der Fall $\gamma = 0$ vorkommen; dann tritt eben keine Querschnittsverwölbung ein. Z.B. ist das der Fall, wenn es sich um einen Bauteil mit quadratischem Querschnitt handelt und die Wandstärken in Steg und Beplankung gleich sind). Wir erhalten $\gamma = 96{,}1 \cdot 10^{-5}$ unter der Bedingung, daß das äußere Verdrehmoment als über den ganzen Abschnitt gleichmäßiger Schubfluß angreift. Aber es ist interessant, festzustellen, wie γ sich ändert, wenn das äußere Verdrehmoment als Kräftepaar

$$P = \frac{100\,000}{120} = 833 \text{ kg} \quad (\text{Abb. } 52).$$

angreift. In diesem Falle sind außer Haut und Stegen mit dem Schubfluß $q_p = \mathfrak{M}/2F$ auch die Rippen am Tragen beteiligt. Wir bestimmen den mittleren Schubfluß $\bar{q}_p^K$ und $\bar{q}_p^T$ in den Rippen Offenbar ist $\bar{q}_p^K = q_p^T$

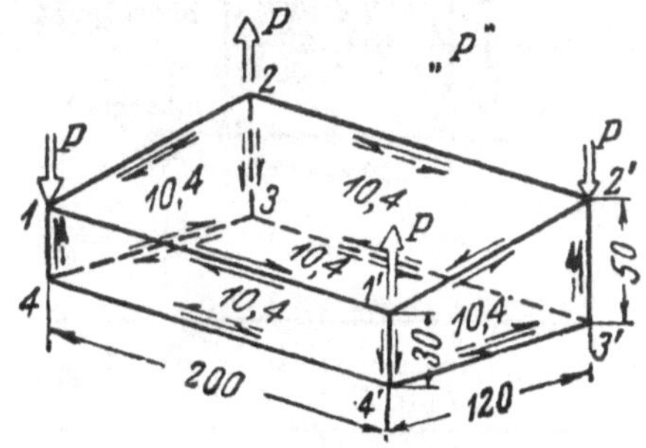

Bild 52

Aus der Gleichgewichtsbedingung z.B. des Stabes 1'–4' finden wir:

$$\bar{q}_P^{\mathrm{T}} \frac{50}{30} \cdot 30 + 10{,}4 \cdot 30 = 833 \text{ kg}, \quad \text{daraus} \quad \bar{q}_P^{\mathrm{T}} = 10{,}4 \text{ kg/cm}.$$

Folglich ergibt sich als neuer Wert für den Winkel

$$\gamma' = \gamma + 2\frac{q_P^{\mathrm{T}} q_1 F}{G\delta} = 96{,}1 \cdot 10^{-5} + 2\,\frac{10{,}4 \cdot 6{,}25 \cdot 10^{-5} \cdot 120 \cdot 40}{2{,}8 \cdot 10^{5} \cdot 0{,}08} =$$

$$= 96{,}1 \cdot 10^{-5} + 28 \cdot 10^{-5} = 124 \cdot 10^{-5} \text{ Bogenmaß}$$

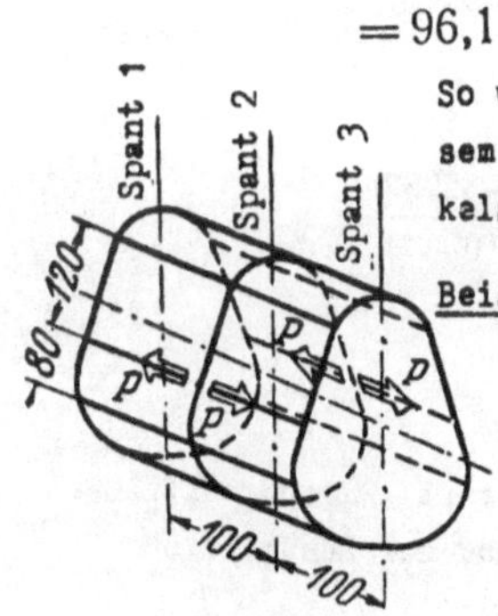

Bild 53

So würde sich, wollten wir die Stege starr machen, in diesem Falle der Fehler in der Bestimmung des Verwölbungswinkels auf $\frac{28 \cdot 100}{124} = 22{,}4\ \%$ stellen.

Beispiel 2: In Bild 53 ist ein Rumpfstück abgebildet, das aus zwei Abschnitten besteht. Konstruktiv baut es sich auf 6 Längsgurte (Stringer) auf. Die Mittelgurte sind an der mittleren Rippe unterbrochen.

Zu bestimmen ist die Verschiebung (d.h. die Vergrößerung des Spiels in den Schnitten) unter der Wirkung der Kräfte P = 100 kg, die am Mittelgurt an der Trennstelle angreifen.

Das Schema für die Rechnung - wir nehmen die Knotenpunkte wie immer als gelenkig an - ist in seiner seitlichen Projektion in Abb. 54 dargestellt. Im Hinblick auf die Symmetrie der Konstruktion und der Belastung in Bezug auf den mittleren Querschnitt sind die inneren Kräfte auch symmetrisch.

[1]) Der allgemeine Fall für den viergurtigen Bauteil ist in § 10 behandelt.

Im Bild 55 ist der Verlauf von N_P aufgezeichnet, die Werte N_P und q_P sind in Tabelle 6 aufgeführt.

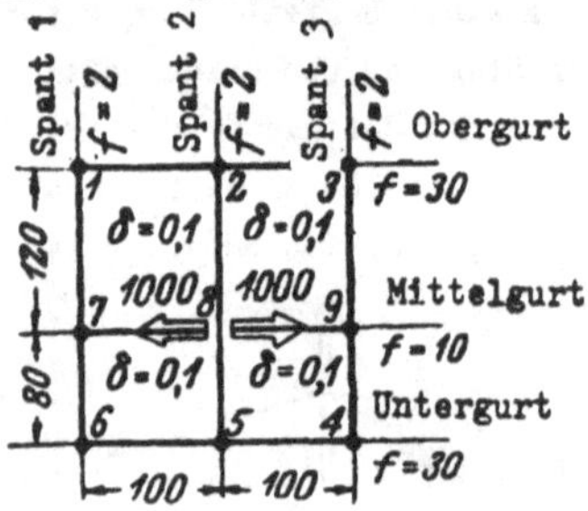

Bild 54

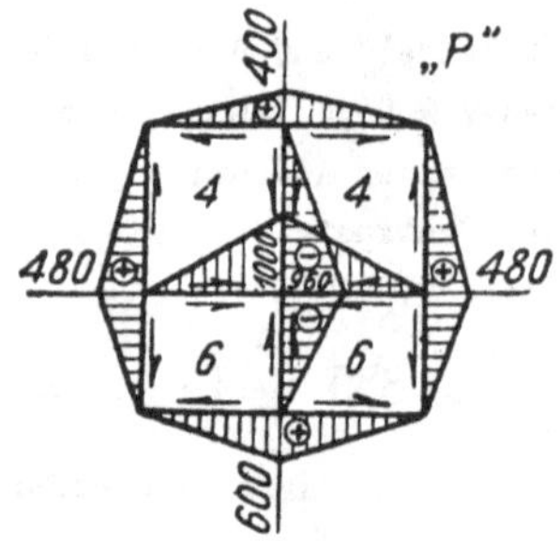

Bild 55

Tabelle 6

Stäbe	$k=\frac{l}{f}$	N_1	N_P	$E\Delta_{1P}$	Hautfeld	$k=2,6\frac{F}{\delta}$	q_1	q_P	$E\Delta_{1P}$
1–2–3	6,67	0,4	400	350	1–2–8–7 2–3–9–8	$2\cdot 31,2\cdot 10^4$	$\pm 0,004$	± 4	10000
7–8–9	20,0	–1	–1000	6560	7–8–5–6 8–9–4–5	$2\cdot 20,8\cdot 10^4$	$\mp 0,006$	∓ 6	15000
6–5–4	6,67	0,6	600	787					25000
1–7–6	100	0,48	480	7560					
2–8–5	100	–0,96	960	30150					
3–9–4	100	0,48	480	7560					
				52967					

$$\Delta_{1P} = \frac{25000+52967}{7\cdot 10^5} = 0,111 \text{ см}$$

Von der Einheitsbelastung her, die in Richtung der Kraft P angreift, betragen die Werte für die Längskräfte N_1 der Stäbe und des Schubes q_1

$$N_1 = \frac{N_P}{1000} \quad \text{und} \quad q_1 = \frac{q_P}{1000}.$$

Die Ermittelung der Verschiebung

$$\Delta_{1P} = \sum_1^4 \frac{q_1 q_P F}{G\delta} + \sum_1^{12} \int \frac{N_1 N_P}{Ef} dx$$

ergibt sich aus Tabelle 6

Beispiel 3: Zu ermitteln sind die Auflagerreaktionen R_H und R_B und die Kräfte in der Haut für ein Bauteil (Bild 56), der auf der Unterseite einen Ausschnitt hat, unter der Wirkung der Kräfte P = 1000 kg die am Mittelgurt angreifen.

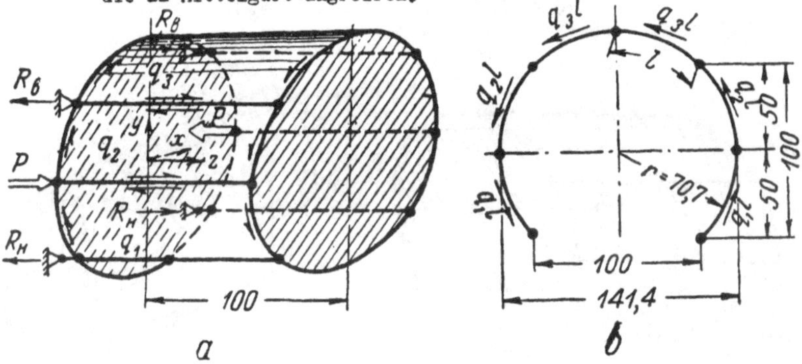

Bild 56

Wir nehmen den Schubfluß gemäß Bild 56 a und 56 b als richtig an und stellen die Gleichgewichtsgleichung für die Längsstäbe auf:

$$q_1 - \frac{R_H}{100} = 0; \quad q_2 + \frac{1000}{100} - q_1 = 0, \quad q_3 - \frac{R_B}{100} - q_2 = 0,$$

oder

$$q_1 = \frac{R_H}{100}, \quad q_2 = \frac{R_H}{100} - 10, \quad q_3 = \frac{R_H}{100} + \frac{R_B}{100} - 10.$$

Aus der Gleichung der Summe der Momente bezüglich der y-Achse (Bild 56 a) für den Bauteil als Ganzen erhalten wir:

$$R_H + R_B = 1414 \text{ kg}.$$

folglich ist :

$$q_3 = \frac{1414}{100} - 10 = 4{,}14 \text{ kg/cm} .$$

Ferner erhalten wir aus der Summe der Momente für die Wurzelrippe bezogen auf die z - Achse (Bild 56 b):

$$2\,(q_1 lr + q_2 lr + 4{,}14 lr) = 0$$

oder

$$q_1 + q_2 + 4{,}14 = 0.$$

Wir ersetzen hier die Werte q_1 und q_2 durch R_H und erhalten

$$\frac{R_H}{100} + \frac{R_H}{100} - 10 + 4{,}14 = 0,$$

und daraus R_H = 293 kg

folglich ist

$$q_1 = \frac{R_н}{100} = \frac{293}{100} = 2{,}93 \text{ kg/cm}; \quad q_2 = 2{,}93 - 10 = -7{,}07 \text{ kg/cm}$$

und
$$R_в = 1414 - 293 = 1121 \text{ kg}.$$

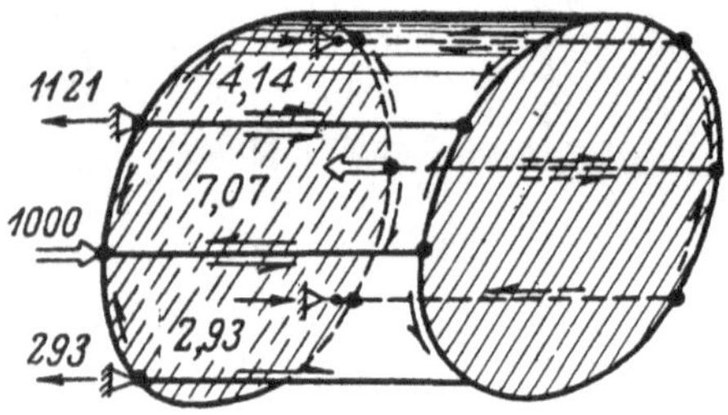

Bild 57

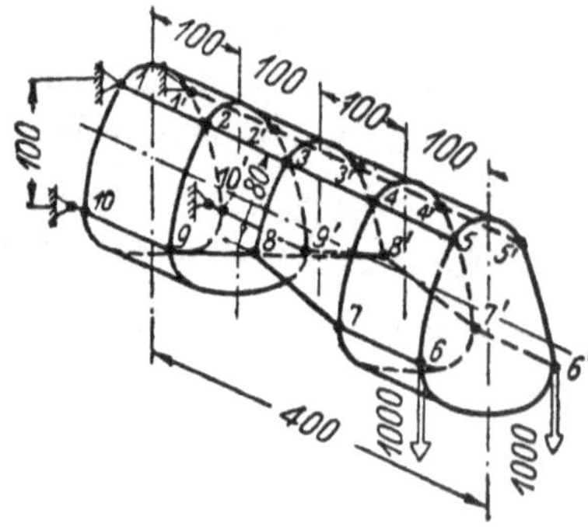

Bild 58

Die Rechenergebnisse sind in Bild 57 angetragen.

Dieses Beispiel ist dadurch charakteristisch, daß die Kräfte, obwohl sie am oberen wie am unteren Auflager angreifen, dennoch bei weitem nicht einander gleich sind.

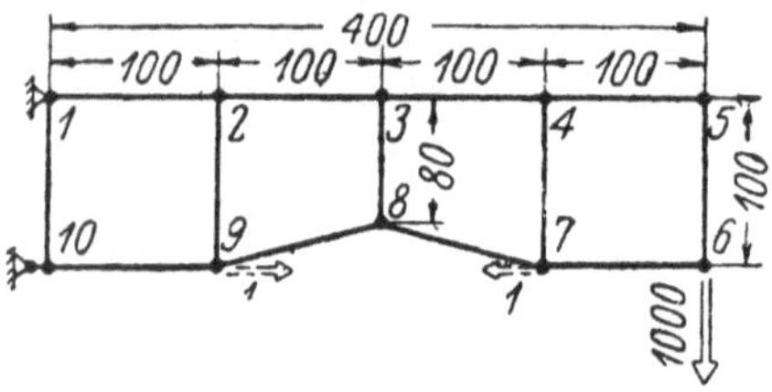

Bild 59

Beispiel 4: Es ist zu ermitteln, um wieviel sich Punkt 7 und 9 des Rumpfes (Bild 58 und 59) unter den Kräften von P = 1000 kg einander nähern, die am Rumpf in den Punkten 6 und 6' angreifen. Die Querschnittsfläche der Gurte ist f = 5 cm^2, die der Spanten f = 2 cm^2, die Blechstärke der Beplankung δ = 0,08 cm

Wir benutzen wie auch früher schon die Gleichgewichtsgleichungen und bestim-

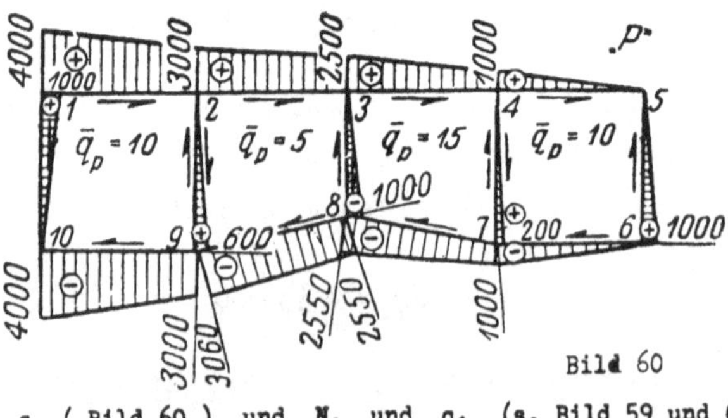

Bild 60

men N_p und q_p (Bild 60) und N_1 und q_1 (s. Bild 59 und 61).
Führen wir die Zahlenrechnung durch, so finden wir die gesuchte Annäherung der Punkte 7 und 9 . $\Delta_{1P} \frac{13,4 \cdot 10^4}{7 \cdot 10^5} = 0{,}192$ см.

Tabelle 7

Stab Hautfeld	$k=\frac{l}{f}$ $k=2{,}6\,\frac{F}{\delta}$	N_1 q_1	N_P q_P	$E\Delta_{1P}$
Obergurt 2–3	20	0 0,25	3000 2500	0,67·10⁴
Obergurt 3–4	20	0,25 0	2500 1000	0,50·10⁴
Untergurt 7–8	20	−1,02 −1,275	−1000 −2550	4,14·10⁴
Untergurt 8–9	20	−1,275 −1,02	−2550 −3060	6,42·10⁴
Spant 2–9	50	0 0,2	0 600	0,20·10⁴
Spant 3–8	40	0 −0,5	0 −1000	0,67·10⁴
Spant 4–7	50	0 0,2	0 200	0,07·10⁴
Beplankung 2–3–8–9	29,2·10⁴	$0{,}25\cdot10^{-2}$	−5	−0,36·10⁴
Beplankung 3–4–7–8	29,2·10⁴	$-0{,}25\cdot10^{-2}$	−15	1,09·10⁴
				13,4·10⁴

Beispiel 5: In der Konstruktion eines Pfeilflügels (Bild 62) trifft man ein dreieckiges Stück an. Wir bet~achten dieses Stück unter der Wir-

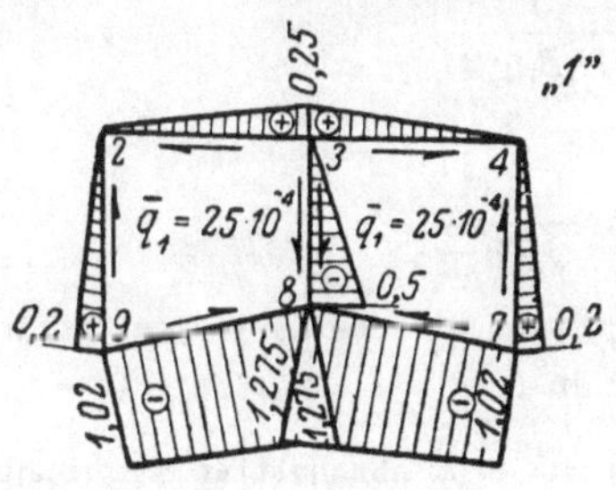

Bild 61

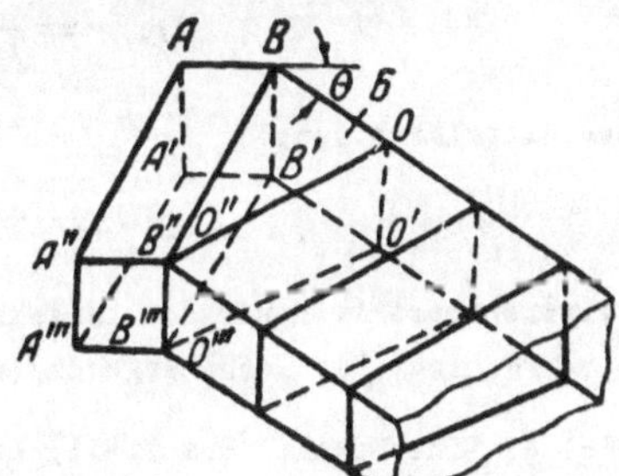

Bild 62

kung von zwei Momenten, die gleich der Einheitsbelastung sind, angreifend am Schnitt 0 – 0' – 0'' – 0'''. Man muß die Kräfte in den Stäben und in der Beplankung ermitteln. Weil die Beplankung des oberen und des unteren Feldes in ein starres Stabdreieck eingeschlossen ist, ist angenähert der Schubfluß $q^{\overline{III}} = q^{\overline{IV}} = 0$

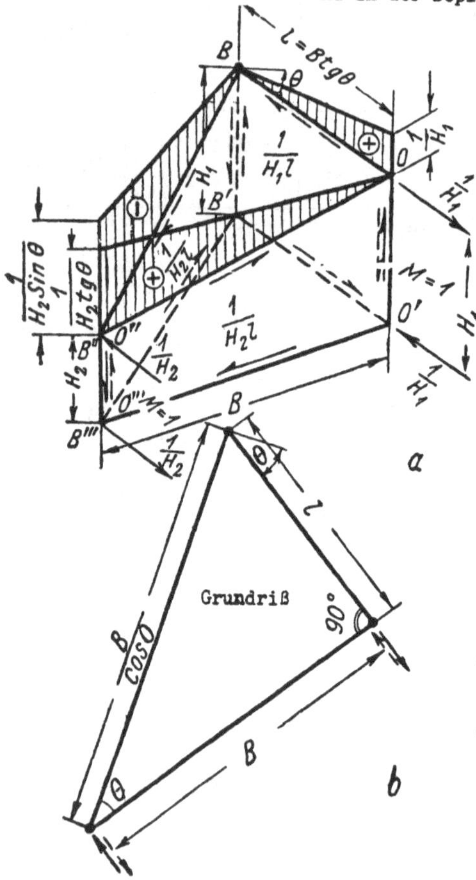

Bild 63

Aus der Gleichgewichtsbedingung des Stabes B – 0 (Bild 63 a) ermitteln wir:

$$q_{B-O-O'-B'} = \frac{1}{H_1 l} = \frac{1}{H_1 B \operatorname{tg} \theta}$$

und aus der Gleichgewichtsbedingung der Vertikalen 0 – 0' längs der Kante des Bauteils 0 – 0' finden wir von der Stegwand 0 – 0'–0''–0''' her den gleichen Schubfluß:

$$q_{OO'} = q_{B-O-O'-B'} = \frac{1}{H_1 l}.$$

Daher ist der Mittelwert des Schubflusses in der Beplankung der Rippe 0 – 0' – 0''' – 0''

$$\bar{q}_{O-O'-O'''-O''} = \frac{1}{H_1 l}\frac{H_1}{H_2} =$$

$$= \frac{1}{H_2 l} = \frac{1}{H_2 B \operatorname{tg} \theta}.$$

Betrachten wir das Gleichgewicht des Vertikalstabes B – B', so finden wir analog im Stegblech B – B' – B''' – B''

$$q_{B-B'} = \frac{1}{H_1 l} = \frac{1}{H_1 B \operatorname{tg} \theta}$$

und der Mittelwert ist:

$$\bar{q}_{B-\bar{B}-B'''-B''} = \frac{1}{H_2 l} = \frac{1}{H_2 B \operatorname{tg} \theta}.$$

Des weiteren bestimmen wir die Längskräfte, indem wir das Gleichgewicht der Stäbe betrachten. Die Rechenergebnisse sind in Bild 63a eingetragen.

Beispiel 6: Eine Schale (Rumpfteil) bestehe aus drei Abschnitten mit rundem Querschnitt (Bild 64). Im Mittel- und im Endabschnitt befinde sich ein Ausschnitt in der Haut. Zu bestimmen ist der ganze Verdrehungswinkel der Schale unter der Wirkung eines Verdrehmoments von $\mathfrak{M}$ = 1000 mkg, das an den Enden der Schale als gleichmäßig verteilter Schubfluß angreift. Die Spanten mögen als starr gelten. Die Querschnittsfläche der Gurte 1–2–3 und 1'–2'–3' sei $f = 3\ cm^2$, die der Gurte 3–4 , 3'–4', 9–10–11 und 9'–10'–11' sei $f = 2\ cm^2$ und die der Gurte 11–12 und 11'–12' sei $f = 1\ cm^2$.

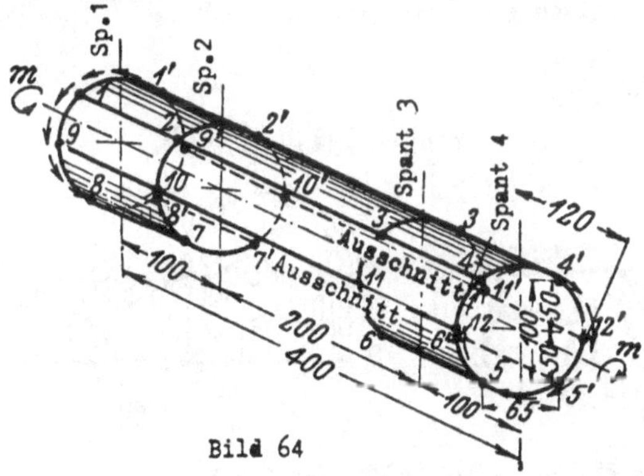

Bild 64

Wir wollen den dritten Abschnitt betrachten, es ist der zwischen Spant 3 und Spant 4. Die Stäbe 6 – 5 und 6'–5' tragen keine Belastung, daher kann man behaupten, daß

$$q_{12-5} = q_{5-5'} = q_{5'-12'}$$

und folglich, daß der resultierende Schubfluß Q des Stücks 12 – 5 – 5'–12' der Beplankung (Bild 65) im Querschnitt des Abschnitts horizontal gerichtet ist.

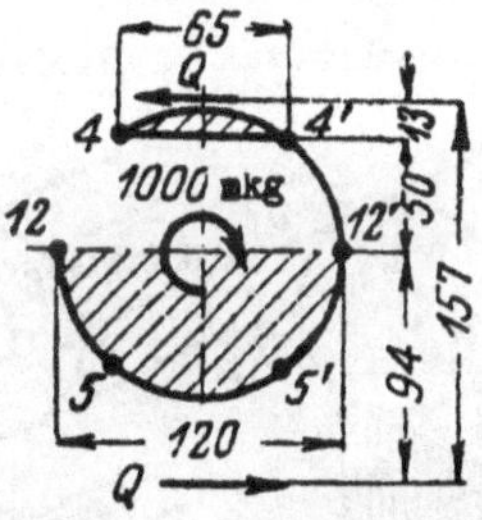

Bild 65

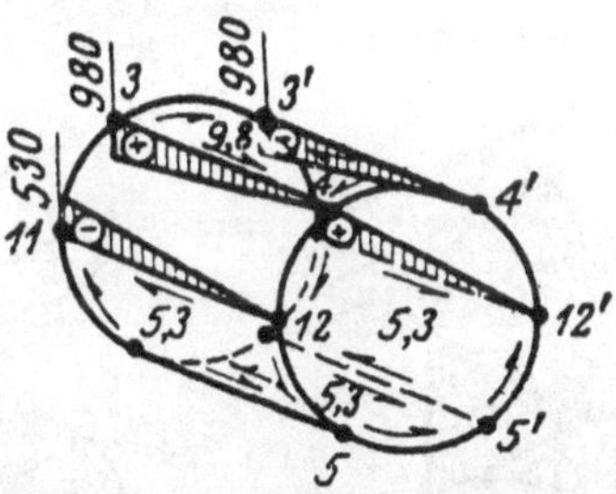

Bild 66

Nun ist aber der resultierende Schubfluß des Stückes 4 – 4' der Beplankung ebenfalls horizontal gerichtet. Daher ist (auf Grund der Gleichheit der Projektionen auf die Vertikalachse) $q_{4'-12'} = 0$

Dann ist:

$$Q = \frac{100\,000}{157} = 636{,}5\ \text{kg}, \quad q_{4-4'} = \frac{636{,}5}{65} = 9{,}8\ \text{kg/cm},$$

$$q_{12-12'} = \frac{636{,}5}{120} = 5{,}3\ \text{kg/cm}.$$

In Bild 66 sind die gefundenen Werte für den Schubfluß dargestellt und ebenfalls der Verlauf der Längskräfte in der Haut.

Gehen wir jetzt zum Mittelabschnitt über (zwischen Spant 2 und 3): Wir stellen die Gleichung der Momente für alle Tangentialkräfte in den Querschnitten des Abschnitts bezogen auf den Schnittpunkt der Richtungen Q mit der Symmetrieachse auf. (Bild 67)

$$-2Q_1 \frac{27,5}{57,5} \cdot 67 + 100\,000 = 0.$$

Aus dieser Gleichung erhalten wir $Q_1 = 1560$ kg .

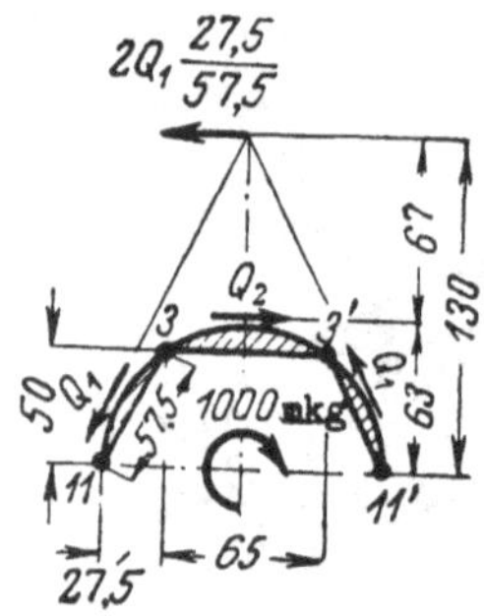

Bild 67

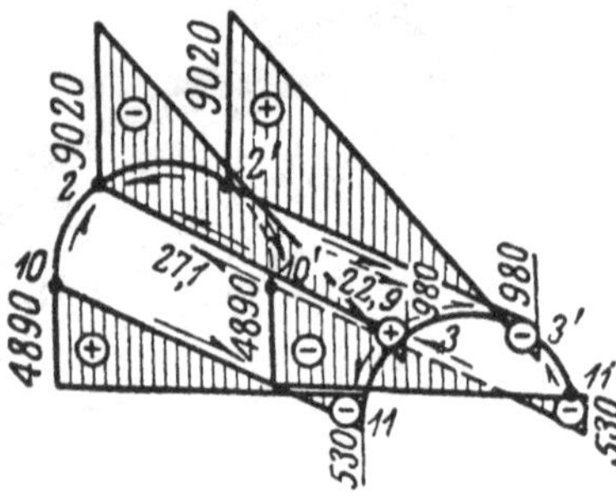

Bild 68

Kennen wir Q_1 , so können wir leicht den Schubfluß bestimmen.

$$q_{11-3} = q_{11'-3'} = \frac{Q_1}{57,5} = \frac{1560}{57,5} = 27,1 \text{ kg/cm}$$

und ferner:

$$2Q_1 \frac{27,5}{57,5} = Q_2 = q_{3-3'} \cdot 65, \quad q_{3-3'} = \frac{2 \cdot 1560.27,5}{57,5 \cdot 65} = 22,9 \text{ kg/cm} .$$

Weiterhin ermitteln wir die Gurtlängskräfte (Bild 68)

Belastung auf Abschnitt 1 - 2 Gruppe der Gegenkräfte Verdrehmoment

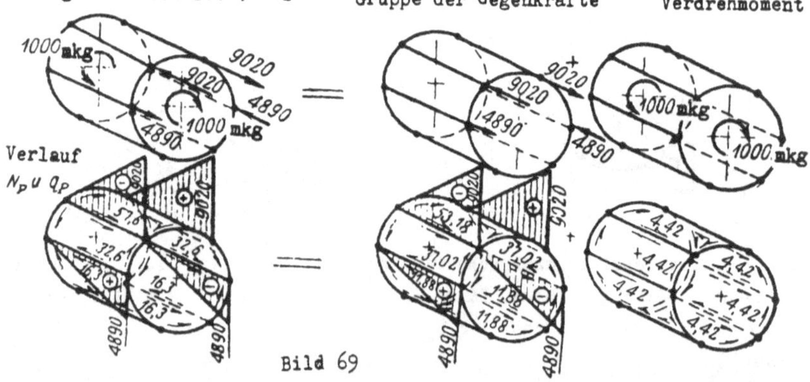

Bild 69

Der erste Abschnitt (zwischen Spant 1 und Spant 2) ist - wie in Bild 69 gezeigt - durch das Verdrehmoment $\mathfrak{M}$ belastet und durch eine Gruppe mit einander im Gleichgewicht stehender Kräfte vom zweiten Abschnitt her. Die benötigten Werte q_p und N_p sind in Bild 69 unten angegeben. In Bild 70 ist das gesamte Rechenergebnis für die Kräfte aus dem Belastungszustand q_p und N_p für alle drei Abschnitte angegeben.

Die Kräfte q_1 und N_1 des Einheitszustandes sind 1000 mal kleiner. Zahlenwerte für den Verdrehwinkel stehen in Tabelle 8

$$\varphi = \frac{(653,6+216,7)\cdot 10^2}{7\cdot 10^5} = \frac{870,3\cdot 10^2}{7.10^5} = 0,1245^{\text{Bog.m.}} = 7°13'.$$

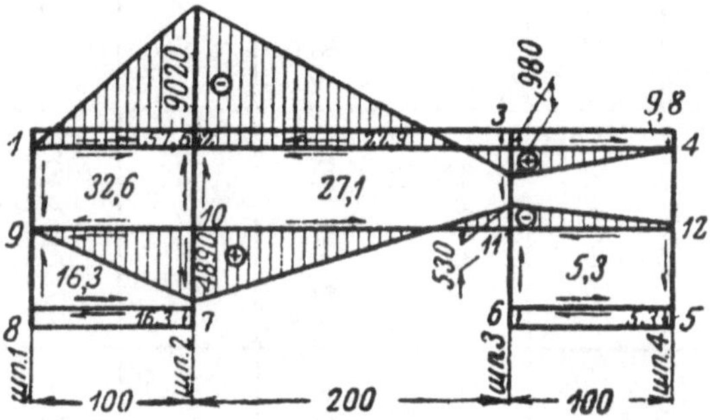

Bild 70

Um klarzustellen, wie groß der Einfluß des Ausschnittes auf die Größe der Verformung ist, suchen wir den Verdrehungswinkel für das gleiche Rohr, jedoch ohne Ausschnitt (s. auch Formel III,1)

$$\varphi = \frac{\mathfrak{M} l}{2\pi r^3 G\delta} = \frac{100\,000\cdot 400}{2\cdot 3,14\cdot 60^3\cdot 2,7\cdot 10^5\cdot 0,08} = 1,185\cdot 10^{-3}\,\text{Bog.m.} = 0,068°,$$

d.h. im gegebenen Falle vergrößert der Ausschnitt den Verdrehwinkel φ um $\frac{0,1245}{1,185\cdot 10^{-3}} \approx 100$ mal .

§ 10 Verformung des einzelnen Abschnitts

Allgemeine Formeln

Im vorhergehenden Paragraphen sind Zahlenbeispiele für die Bestimmung der Verschiebungen angeführt. In einfachen Fällen ist die Lösung auch in buchstäblicher Form möglich. Wir wollen einige solcher Beispiele anführen. Die gewonnenen Formeln sind im weiteren auch für verwickeltere Bausysteme angewandt.

A. Bestimmung des Verdrehwinkels

Wir bestimmen den Winkel φ der gegenseitigen Verdrehung der Stirnquerschnitte bei den weiter unten angeführten Formen unter der Wirkung von Verdrehmomenten $\mathfrak{M}$, die an den Stirnrippen angreifen, die in ihrer Ebene starr sind

1) Dünnwandiges Rohr

Der Schubfluß für die Zustände "P" und "1" (Bild 71 a,b) ist:

$$q_P = \frac{\mathfrak{M}}{2F_H} \quad \text{und} \quad q_1 = \frac{1}{2F_H},$$

Tabelle 8

Stab	$k=\frac{l}{f}$	N_1	N_P	$E\Delta_{1P}$	Hautfeld	$k=2,6\,\frac{F}{\delta}$	q_1	q_P	$E\Delta_{1P}$
1–2	33,3	0 −0,0902	0 −9020	$2 \cdot 90,2 \cdot 10^2$	*1–1′–2′–2*	$22,4 \cdot 10^4$	$0,0576 \cdot 10^{-2}$	57,6	$74,4 \cdot 10^2$
2–3	66,7	−0,0902 0,0098	−9020 980	$2 \cdot 163 \cdot 10^2$	*2–2′–3′–3*	$44,8 \cdot 10^4$	$-0,0229 \cdot 10^{-2}$	−22,9	$23,5 \cdot 10^2$
3–4	50	0,0098 0	980 0	$2 \cdot 1,6 \cdot 10^2$	*3–3′–4′–4*	$22,4 \cdot 10^4$	$0,0098 \cdot 10^{-2}$	9,8	$2,2 \cdot 10^2$
9–10	50	0 0,0489	0 4890	$2 \cdot 39,8 \cdot 10^2$	*1–2–10–9*	$19,5 \cdot 10^4$	$-0,0326 \cdot 10^{-2}$	−32,6	$2 \cdot 20,7 \cdot 10^2$
10–11	100	0,0489 −0,0053	4890 −530	$2 \cdot 76,3 \cdot 10^2$	*2–3–11–10*	$39,0 \cdot 10^4$	$0,0271 \cdot 10^{-2}$	27,1	$2 \cdot 28,6 \cdot 10^2$
11–12	100	−0,0053 0	−530 0	$2 \cdot 0,9 \cdot 10^2$	*9–9′–10′–10*	$61,4 \cdot 10^4$	$0,0163 \cdot 10^{-2}$	16,3	$16,3 \cdot 10^2$
			Σ	$653,6 \cdot 10^2$	*11–11′–12′–12*	$61,4 \cdot 10^4$	$0,0053 \cdot 10^{-2}$	5,3	$1,7 \cdot 10^2$
									$216,7 \cdot 10^2$

Dabei ist im Falle des runden Rohres

$$F_{\text{н}}=\pi r^2.$$

Der Verdrehwinkel nach Formel (II,2) ist:

$$\varphi=\Delta_{1P}=\frac{q_1 q_P F}{G\delta}=\frac{\mathfrak{M}F}{4F_{\text{н}}^2 G\delta},$$

dabei ist

$$F=2\pi r l,$$

d.h.

$$\varphi=\frac{\mathfrak{M}l}{2\pi r^3 G\delta}. \tag{III.1}$$

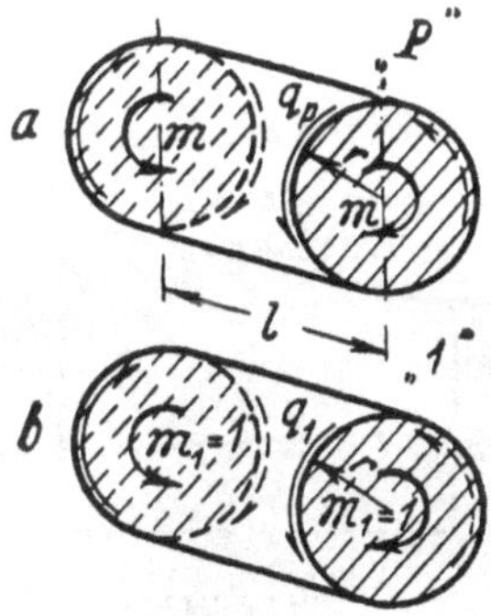

Bild 71

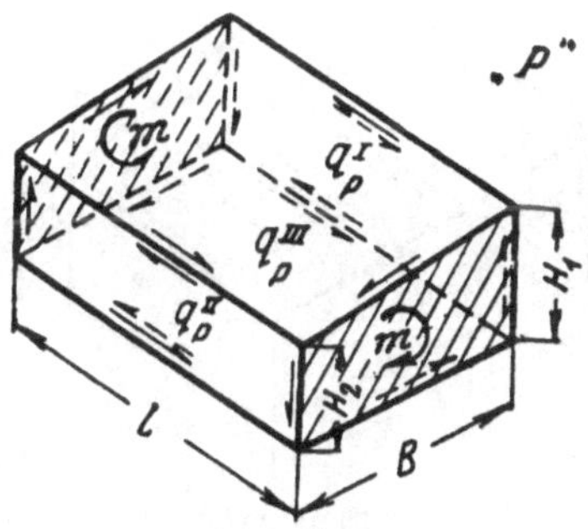

Bild 72

2) Viergurtiger prismatischer Querschnitt

Im Zustand "P" (Bild 72) ist:

$$q_P^{\text{I}}=q_P^{\text{II}}=q_P^{\text{III}}=q_P^{\text{IV}}=\frac{\mathfrak{M}}{2F_{\text{н}}},$$

dabei ist:

$$F_{\text{н}}=B\frac{H_1+H_2}{2}.$$

Die Indices I, II, III und IV beziehen sich auf die Stege des Vorder- und Hinterholms und auf Ober- und Unterseite der Flügelbeplankung.

Im Zustand "1" ist:

$$q_1^{\text{I}}=q_1^{\text{II}}=q_1^{\text{III}}=q_1^{\text{IV}}=\frac{1}{2F_{\text{н}}}.$$

Der Verdrehwinkel beträgt

$$\varphi=\Delta_{1P}=\sum_{\text{I}}^{\text{IV}}\frac{q_1 q_P F}{G\delta}.$$

Bei $\delta^{\text{III}}=\delta^{\text{IV}}=\delta^{\circ}$ und $G^{\text{I}}=G^{\text{II}}=G^{\text{III}}=G^{\text{IV}}=G$ erhalten wir

$$\varphi=\frac{\mathfrak{M}l}{4F_{\text{н}}^2 G}\left(\frac{2B}{\delta^{\circ}}+\frac{H_1}{\delta^{\text{I}}}+\frac{H_2}{\delta^{\text{II}}}\right). \tag{III. 2}$$

3) Vierholmiges Trapezstück

Aus der Gleichgewichtsbedingung der Gurte ergibt sich (Bild 73) :

$$\bar{q}_P^{I} = \bar{q}_P^{II} = \bar{q}_P^{III} = \bar{q}_P^{IV} = \bar{q}_P.$$

gemäß Formel (I,8) ist

$$q_P^{I} = \bar{q}_P \frac{H_1'}{H_1}; \quad q_P^{II} = \bar{q}_P \frac{H_2'}{H_2}; \quad q_P^{III} = q_P^{IV} = \bar{q}_P \frac{B'}{B}.$$

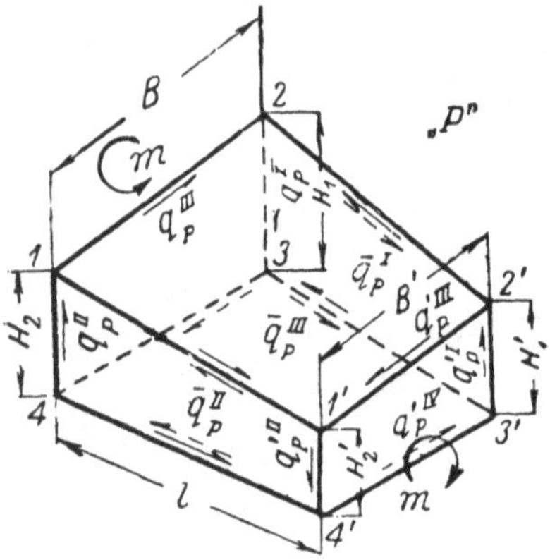

Bild 73

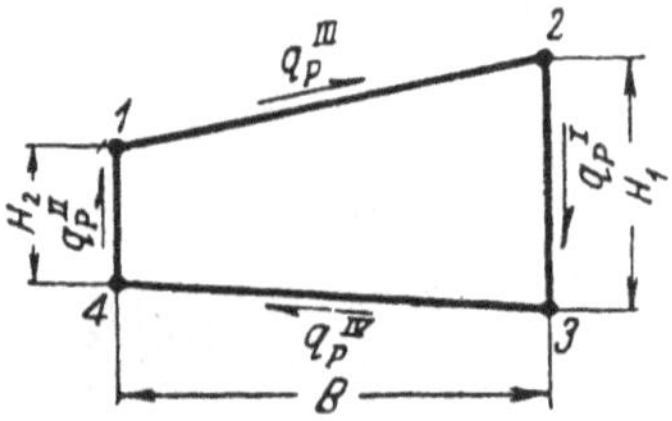

Bild 74

Aus der Gleichgewichtsbedingung der Rippe 1 - 2 - 3 - 4 bestimmen wir $\bar{q}_P$ (Bild 74)

$$\sum M_4 = \bar{q}_P \frac{B'}{B} B H_2 + \bar{q}_P \frac{H_1'}{H_1} H_1 B = \mathfrak{M}.$$

Folglich ist

$$\bar{q}_P = \frac{\mathfrak{M}}{B' H_2 + B H_1'}$$

oder

$$\bar{q}_P = \frac{\mathfrak{M}}{2T}, \qquad \text{(III. 3)[1]}$$

dabei ist

$$T = \frac{B' H_2 + B H_1'}{2}. \qquad \text{(III. 4)}$$

Für Zustand "1" ist $\bar{q}_1 = \frac{1}{2T}$, daher

$$\varphi = \sum_1^4 \frac{\bar{q}_1 \bar{q}_P F}{G\delta} = \frac{\mathfrak{M} l}{4T^2} \left[\bar{B} \left(\frac{1}{G^{III}\delta^{III}} + \frac{1}{G^{IV}\delta^{IV}} \right) + \frac{\bar{H}_1}{G^{I}\delta^{I}} + \frac{\bar{H}_2}{G^{II}\delta^{II}} \right],$$

---

[1]) Die Formel III,3 verallgemeinert die bekannte Formel für die freie Verdrehung eines zylindrischen oder trapezförmigen Rohres (Bredt).

dabei ist:

$$\overline{H}_1=\frac{H_1+H_1'}{2},\quad \overline{H}_2=\frac{H_2+H_2'}{2},\quad \overline{B}=\frac{B+B'}{2}.$$

Wenn $\delta^{III}=\delta^{IV}=\delta^\circ$ und $G^I=G^{II}=G^{III}=G^{IV}=G$, dann ist

$$\varphi=\frac{\mathfrak{M}l}{4T^2G}\left(\frac{2\overline{B}}{\delta^\circ}+\frac{\overline{H}_1}{\delta^I}+\frac{\overline{H}_2}{\delta^{II}}\right). \qquad \text{(III.5)}$$

B. Bestimmung des Verwölbungswinkels eines Querschnitts bei Verdrehung.

1) Vierholmiges Prismastück

Der Zustand "P" wurde von uns schon öfter ins Auge gefaßt (s.Bild 72). Wir erhielten $q_P = \mathfrak{M}/2F_H$. Den Zustand "1", der zur Bestimmung des Verwölbungswinkels des Querschnitts 1 - 2 - 3 - 4 gehört (des Winkels der gegenseitigen Verdrehung der Stäbe 1 - 4 und 2 - 3), erhalten wir, indem wir an den Stäben 1-4 und 2-3 ein Wölbmoment M = 1 (Bild 75) anlegen, d.h. ein Momentenpaar gleich 1. Wir bestimmen den Schubfluß im Zustand "1". Wir führen den Längsschnitt durch die Mitte und erhalten $q_1^{III}=q_1^{IV}=q_1^{K}=q_1^{T}=$

$$=\frac{1}{2\dfrac{H_1+H_2}{2}\,l}=\frac{B}{2F_H l}.$$

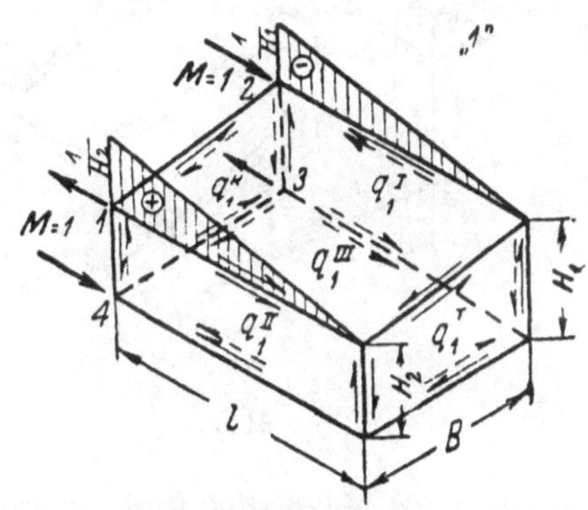

Bild 75

Aus der Gleichgewichtsbedingung für die Gurte erhalten wir:

$$q_1^I+q_1^{III}=\frac{1}{H_1 l}\quad \text{oder}\quad q_1^I=\frac{1}{H_1 l}-q_1^{III}=\frac{1}{H_1 l}-\frac{B}{2F_H l}=\frac{BH_2}{2F_H l H_1}$$

und

$$q_1^{II}+q_1^{III}=\frac{1}{H_2 l}\quad \text{oder}\quad q_1^{II}=\frac{1}{H_2 l}-q_1^{III}=\frac{1}{H_2 l}-\frac{B}{2F_H l}=\frac{BH_1}{2F_H l H_2}.$$

Der gesuchte Verwölbungswinkel des Schnittes 1 - 2 - 3 - 4 beträgt:

$$\gamma=\sum_{I}^{IV}\frac{q_1 q_P}{G\delta}=\frac{\mathfrak{M}B}{4F_H^2}\left[B\left(\frac{1}{G^{III}\delta^{III}}+\frac{1}{G^{IV}\delta^{IV}}\right)-\frac{H_2}{G^I\delta^I}-\frac{H_1}{G^{II}\delta^{II}}\right].$$

Bei $G^I=G^{II}=G^{III}=G^{IV}$ und $\delta^{III}=\delta^{IV}=\delta^\circ$ erhält man

$$\gamma=\frac{\mathfrak{M}B}{4F_H^2G}\left(\frac{2B}{\delta^\circ}-\frac{H_2}{\delta^I}-\frac{H_1}{\delta^{II}}\right). \qquad \text{(III.6)}$$

2) Viergurtiges Trapezstück

Zustand "P" ist in Bild 73 gezeigt. Wir erhalten:

$$\bar{q}_P^{I} = \bar{q}_P^{II} = \bar{q}_P^{III} = \bar{q}_P^{IV} = \bar{q}_P, \quad \bar{q}_P = \frac{\mathfrak{M}}{2T},$$

dabei ist

$$T = \frac{B'H_2 + BH_1'}{2}.$$

Den Zustand "1" erhalten wir, indem wir an den Punkten 1 - 4 und 2 - 3 das Wölbmoment M = 1 anlegen, das in der Ebene senkrecht zur Rippenebene 1-2-3-4 wirkt (Bild 76), d.h. in der Richtung der gesuchten Verschiebung.

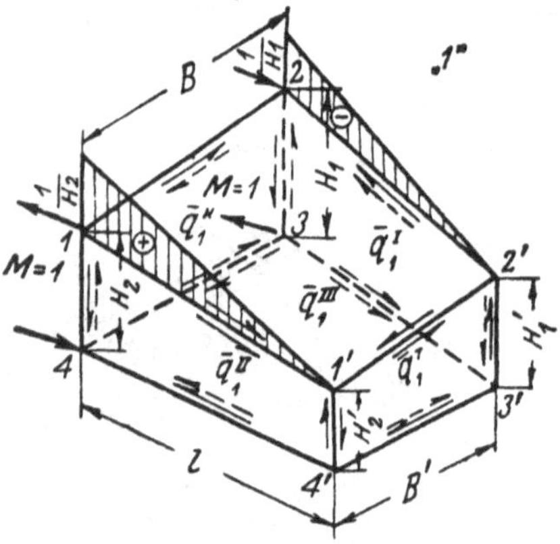

Bild 76

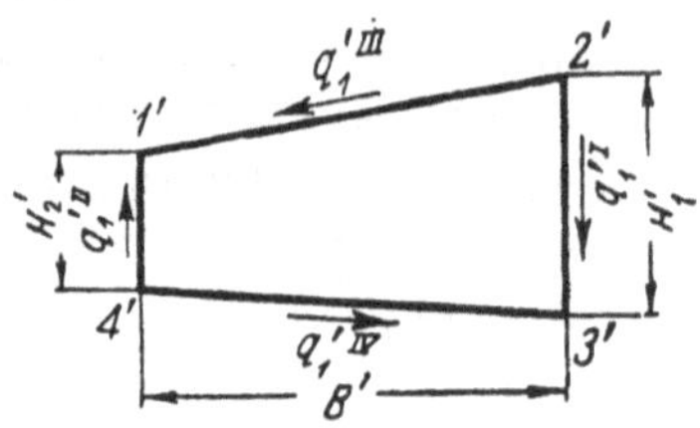

Bild 77

Aus der Gleichgewichtsbedingung der Gurte 2 - 2' und 1 - 1' ergibt sich:

$$\bar{q}_1^{I} + \bar{q}_1^{III} = \frac{1}{H_1 l} \quad \text{oder} \quad \bar{q}_1^{I} = \frac{1}{H_1 l} - \bar{q}_1^{III}$$

und

$$\bar{q}_1^{II} + \bar{q}_1^{III} = \frac{1}{H_2 l} \quad \text{oder} \quad \bar{q}^{II} = \frac{1}{H_2 l} - \bar{q}_1^{III}.$$

Die Größe $\bar{q}_1^{III}$ bestimmen wir aus der Gleichgewichtsbedingung der Rippe 1'-2'-3'-4'. Wir stelen die Gleichung der Momente bezüglich Punkt 4 auf (Bild 77)

$$\sum M_{4'} = q_1'^{I} H_1' B' - q_1'^{III} B' H_2' = \bar{q}_1^{I} H_1 B' - \bar{q}_1^{III} B H_2' =$$
$$= \frac{B'}{l} - \bar{q}_1^{III} H_1 B' - \bar{q}_1^{III} B H_2' = 0,$$

daher ist:

$$\bar{q}_1^{III} = \frac{B'}{(B' H_1 + B H_2') l}.$$

Bei ebenen Hautfeldern muß die geometrische Bedingung $\frac{H_1 - H_2}{H_1' - H_2'} = \frac{B}{B'}$ erfüllt sein, aus der wir herleiten:

$$B'H_1 + BH_2' = B'H_2 + BH_1'.$$

auf diese Art wird

$$\bar{q}_1^{III} = \frac{B'}{(B'H_2 + BH_1')\,l}$$

oder

$$\bar{q}_1^{III} = \frac{B'}{2Tl}. \qquad \text{(III.7)}$$

Die Summe der Projektionen aller Kräfte auf die horizontale Achse (Bild 77) ergibt:

$$\bar{q}_1^{III} = \bar{q}_1^{IV}.$$

folglich ist: ,

$$\bar{q}_1^{I} = \frac{1}{H_1 l} - \bar{q}_1^{III} = \frac{1}{2T}\left(\frac{2T}{H_1 l} - \frac{B'}{l}\right) = \frac{1}{2T}\,\frac{BH_2'}{lH_1}, \qquad \text{(III.8)}$$

$$\bar{q}_1^{II} = \frac{1}{H_2 l} - \bar{q}_1^{III} = \frac{1}{2T}\left(\frac{2T}{H_2 l} - \frac{B'}{l}\right) = \frac{1}{2T}\,\frac{BH_1'}{lH_2}. \qquad \text{(III.9)}$$

Aus der allgemeinen Gleichgewichtsbedingung des Stabes 1 - 2 ergibt sich:

$$\bar{q}_l^{T} = \frac{1}{2T}\,\frac{B}{l}. \qquad \text{(III.10)}$$

Aus dem Gleichgewicht an Stab 1 - 2 ergibt sich:

$$\bar{q}_1^{K} = \frac{1}{2lB}\left[\frac{B'B'}{T} + \left(\frac{1}{H_2} + \frac{1}{H_1}\right)(B - B')\right]. \qquad \text{(III.11)}$$

bei $\delta^{III} = \delta^{IV} = \delta^{\circ}$ und $G^{I} = G^{II} = G^{III} = G^{IV} = G$

erhalten wir für den Verwölbungswinkel des Querschnitts den Ausdruck:

$$\gamma = \frac{\mathfrak{M}B}{4T^2G}\left(\frac{2B'\bar{B}}{\delta^{\circ}B} - \frac{H_2'\bar{H}_1}{\delta^{I}H_1} - \frac{H_1'\bar{H}_2}{\delta^{II}H_2}\right). \qquad \text{(III.12)}$$

3) Vierholmiger Bauteil mit krummlinigem Querschnittsumriß

Im Zustand "P" ist wie oben : $q_P^{I} = q_P^{II} = q_P^{III} = q_P^{IV} = \frac{\mathfrak{M}}{2F_H}$.

Im Zustand "1" können wir aus dem Gleichgewichtsbedingungen herleiten:

$$q_1^{III} + q_1^{II} = \frac{1}{H_2 l}, \quad q_1^{II} = \frac{1}{H_2 l} - q_1^{III},$$

$$q_1^{III} + q_1^{I} = \frac{1}{H_1 l}, \quad q_1^{I} = \frac{1}{H_1 l} - q_1^{III}.$$

Die Summe der Projektionen aller Kräfte auf die Horizontalachse ergibt:

$$q_1^{IV} = q_1^{III}.$$

Die Größe q_1^{III} bestimmen wir aus der Gleichheit der Summe der Momente aller Kräfte im Querschnitt beogen auf den Punkt 4 (Bild 79). Wir teilen die Umriß-

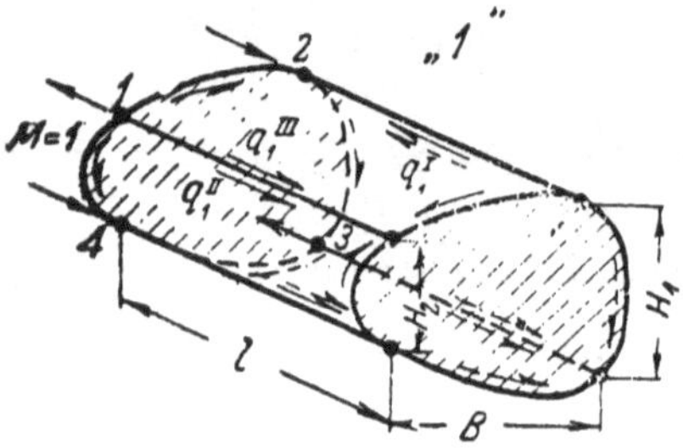

Bild 78

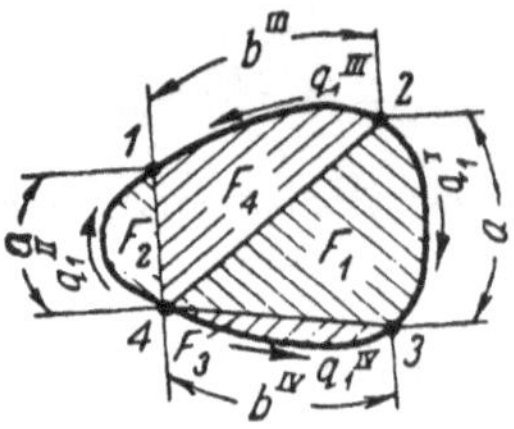

Bild 79

fläche in vier Flächen, wie in der Abbildung gezeigt. Die Gleichung der Momente erhält die Form:

$$-2F_4q_1^{III} + 2F_1q_1^{I} - 2F_3q_1^{IV} + 2F_2q_1^{II} = 0$$

oder

$$-2F_4q_1^{III} + 2F_1\left(\frac{1}{H_1 l} - q_1^{III}\right) - 2F_3q_1^{III} + 2F_2\left(\frac{1}{H_2 l} - q_1^{III}\right) = 0,$$

woraus folgt

$$q_1^{III} = \frac{1}{2F_н}\left(\frac{2F_1}{H_1 l} + \frac{2F_2}{H_2 l}\right). \qquad (III.13)$$

Bei $G^{III} = G^{IV} = G^\circ$, $\delta^{III} = \delta^{IV} = \delta^\circ$ und $b^{III} = b^{IV} = b$ erhalten wir:

$$\gamma = \frac{\mathfrak{M}}{2F_н^2}\left[\left(\frac{F_1}{H_1} + \frac{F_2}{H_2}\right)\left(\frac{2b}{G^\circ\delta^\circ} + \frac{a}{G^I\delta^I} + \frac{c}{G^{II}\delta^{II}}\right) - F_н\left(\frac{a}{G^I\delta^I H_1} + \frac{c}{G^{II}\delta^{II} H_2}\right)\right]. \qquad (III.14)$$

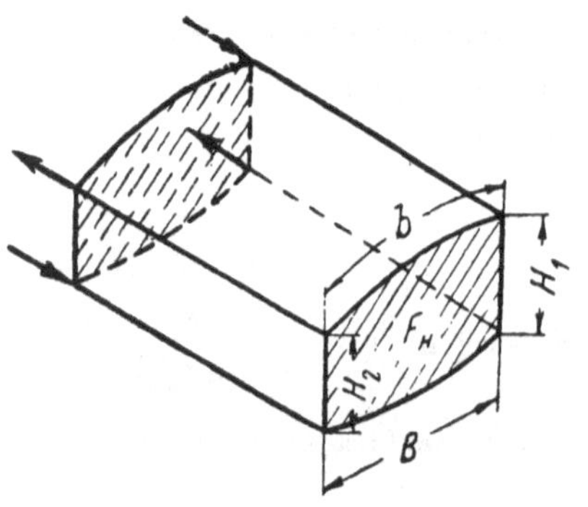

Bild 80

Wenn $G^I = G^{II} = G^{III} = G^{IV} = G$ und $\delta^I = \delta^{II} = \delta^{III} = \delta^{IV} = \delta$, so ist

$$\gamma = \frac{\mathfrak{M}}{2F_н^2 G\delta}\left[\left(\frac{F_1}{H_1} + \frac{F_2}{H_2}\right)\Pi - F_н\left(\frac{a}{H_1} + \frac{c}{H_2}\right)\right], \qquad (III.15)$$

Dabei ist Π der Umfang

Wenn $a = H_1$ und $c = H_2$, so hat die Kontur die in Abbildung 80 dargestellte Form.

Nehmen wir für diesen Fall $G^{I} = G^{II} = G^{III} = G^{IV} = G$, so erhalten wir nach der Formel (III,14) für den Verwölbungswinkel des Querschnitts

$$\gamma = \frac{\mathfrak{M} B}{4 F_{H}^{2} G} \left[\left(\frac{2b}{\delta^{\circ}} + \frac{H_1}{\delta^{I}} + \frac{H_2}{\delta^{II}} \right) - \frac{2F_{H}}{B} \left(\frac{1}{\delta^{I}} + \frac{1}{\delta^{II}} \right) \right]. \qquad (III.16)$$

C. Bestimmung des Verwölbungswinkels unter der Wirkung eines Bimoments

Das verallgemeinerte Moment, das zur Ermittelung des Verwölbungswinkels des Querschnitts dient, ist uns schon aus dem Vorstehenden bekannt und das aus zwei gleichen Momenten (M in Bild 81 a) gebildete Wölbmoment wollen wir der Kürze halber Bimoment nennen [1].

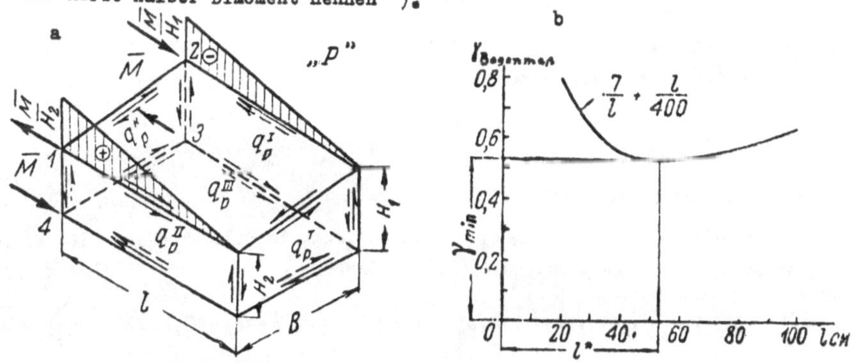

Bild 81

Wir bestimmen die Verwölbungswinkel der Stirnflächen der einzelnen Abschnitte, die durch das Bimoment belastet sind.

1) Viergurtiges Prismastück

Der Zustand "1" ist in Bild 75 gezeigt. Um den Zustand "P" zu erhalten (Bild 81a), genügt es, alle Kraftfaktoren des Zustandes "1" mit $\overline{M}$ zu multiplizieren. Dann erhalten wir:

$$q_{P}^{III} = q_{P}^{IV} = q_{P}^{\kappa} = q_{P}^{T} = \frac{\overline{M} B}{2 F_{H} l}, \quad q_{P}^{I} = \frac{\overline{M} B H_2}{2 F_{H} l H_1}, \quad q^{II} = \frac{\overline{M} B H_1}{2 F_{H} l H_2}.$$

$$\gamma = \sum_{I}^{IV} \frac{\bar{q}_1 \bar{q}_P F}{G\delta} + \sum_{1}^{4} \int_{0}^{l} \frac{N_1 N_P \, dx}{Ef} = \frac{\overline{M} B^2}{4 F_{H}^{2} l} \left(\frac{2B}{G^{\circ} \delta^{\circ}} + \frac{H_2^2}{G^{I} \delta^{I} H_1} + \frac{H_1^2}{G^{II} \delta^{II} H_2} \right) +$$

$$+ \frac{1}{3} \frac{\overline{M} l}{H_1^2 E f_{1B}} + \frac{1}{3} \frac{\overline{M} l}{H_1^2 E f_{1H}} + \frac{1}{3} \frac{\overline{M} l}{H_2^2 E f_{2B}} + \frac{1}{3} \frac{\overline{M} l}{H_2^2 E f_{2H}},$$

---

[1]) Der Begriff "Bimoment" stammt von Prof. W.S. Wlassow aus seiner Arbeit „Dünnwandige elastische Stäbe". Die Größe des Bimoments in unseren Fällen läßt sich durch das Produkt aus der Größe des einen der Momente M mal dem Abstand B zwischen ihren Wirkungslinien bestimmen.

Dabei ist

$$G^{\circ}=G^{\text{III}}=G^{\text{IV}} \text{ und } \delta^{\circ}=\delta^{\text{III}}=\delta^{\text{IV}}.$$

Wenn $G^{\text{I}}=G^{\text{II}}=G^{\text{III}}=G^{\text{IV}}=\frac{E}{2{,}67}$, Damit erhalten wir

$$\gamma=\frac{\overline{M}}{3E}\left\{\frac{2B^2}{F_{\text{H}}^2 l}\left(\frac{2B}{\delta^{\circ}}+\frac{H_2^2}{\delta^{\text{I}}H_1}+\frac{H_1^2}{\delta^{\text{II}}H_2}\right)+l\left[\frac{1}{H_1^2}\left(\frac{1}{f_{1\text{B}}}+\frac{1}{f_{1\text{H}}}\right)+\right.\right.$$

$$\left.\left.+\frac{1}{H_2^2}\left(\frac{1}{f_{2\text{B}}}+\frac{1}{f_{2\text{H}}}\right)\right]\right\}. \qquad \text{(III. 17)}$$

Wir wenden unsere Aufmerksamkeit darauf, zu sehen, wie γ von ℓ abhängig ist. Die Abhängigkeit hat die Form:

$$\gamma=\frac{a}{l}+\frac{l}{b},$$

Dabei sind a und b Konstante.

So bekommt die Funktion $\gamma=\gamma(\ell)$ ein Minimum. In Bild 81 b ist die Kurve $\gamma=\gamma(\ell)$ gezeichnet, die für die Größen gilt: $B=50$ *см*, $H_2=H_1=20$ *см*, $f_{1\text{B}}=f_{1\text{H}}=f_{2\text{B}}=f_{2\text{H}}=4$ *см*^{2}, $\delta_0=\delta_1=\delta_2=0{,}1$ *см*, $\frac{\overline{M}}{3E}=1$.

Der Wert ℓ, der dem Minimum von γ entspricht, kann gefunden werden, wenn man den Differentialquotienten $\frac{d\gamma}{d\ell}$ gleich Null setzt. Wir bezeichnen diesen Wert ℓ mit ℓ^*.

Aus dem Ausdruck (III,17) finden wir:

$$l^*=\sqrt{\frac{\frac{2B^2}{F_{\text{H}}^2}\left(\frac{2B}{\delta_0}+\frac{H_2^2}{\delta^{\text{I}}H_1}+\frac{H_1^2}{\delta^{\text{II}}H_2}\right)}{\frac{1}{H_1^2}\left(\frac{1}{f_{1\text{B}}}+\frac{1}{f_{1\text{H}}}\right)+\frac{1}{H_2^2}\left(\frac{1}{f_{2\text{B}}}+\frac{1}{f_{2\text{H}}}\right)}}. \qquad \text{(III. 17')}$$

2) V i e r g u r t i g e s T r a p e z s t ü c k

Der Einheitszustand ist in Bild 76 gegeben. Um den Zustand "P" zu erhalten, (Bild 82), genügt es, alle Kraftfaktoren des Zustandes "1" mit $\overline{M}$ zu multiplizieren.

Man erhält

$$\bar{q}_P^{\text{II}}=\bar{q}_P^{\text{IV}}=\frac{\overline{M}B'}{2Tl}, \quad \bar{q}_P^{\text{I}}=\frac{\overline{M}BH_2'}{2TlH_1}, \quad \bar{q}_P^{\text{II}}=\frac{\overline{M}BH_1'}{2TlH_2},$$

$$\bar{q}_P^{\text{T}}=\frac{\overline{M}}{2T}\frac{B}{l}, \quad \bar{q}_P^{\text{K}}=\frac{\overline{M}}{2lB}\left[\frac{B'B'}{T}+\left(\frac{1}{H_2}+\frac{1}{H_1}\right)(B-B')\right].$$

Der Verwölbungswinkel des Schnittes 1 - 2 - 3 - 4 im Falle, daß die Rippen in ihrer Ebene starr sind, ist:

$$\gamma = \sum_{I}^{IV} \frac{\bar{q}_1 \bar{q}_P F}{G\delta} + \sum_{1}^{4} \int_{0}^{l} \frac{N_1 N_P \, dx}{Ef} =$$

$$= \frac{\overline{M} B^2}{4T^2 l}\left(\frac{2(B')^2 \overline{B}}{B^2 G^\circ \delta^\circ} + \frac{(H_2')^2 \overline{H}_1}{H_1^2 G^{I} \delta^{I}} + \frac{(H_1')^2 \overline{H}_2}{H_2^2 G^{II} \delta^{II}}\right) +$$

$$+ \frac{1}{3}\,\frac{\overline{M} l}{H_1^2 E f_{1B}} + \frac{1}{3}\,\frac{\overline{M} l}{H_1^2 E f_{1H}} + \frac{1}{3}\,\frac{\overline{M} l}{H_2^2 E f_{2B}} + \frac{1}{3}\,\frac{\overline{M} l}{H_2^2 E f_{2H}},$$

Dabei ist $G^\circ = G^{III} = G^{IV}$ und $\delta^\circ = \delta^{III} = \delta^{IV}$.

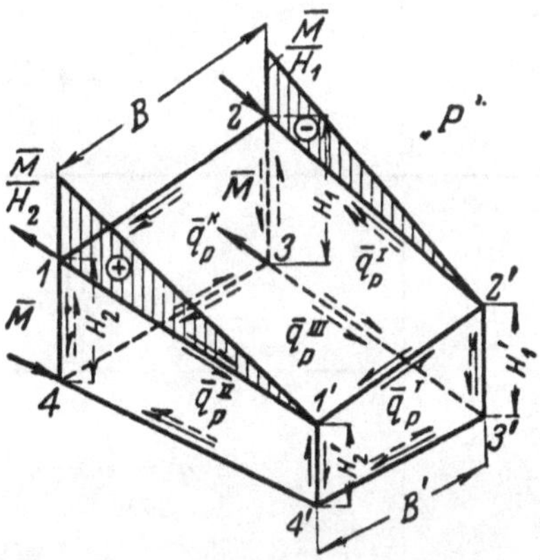

Bild 82

Wenn $G^{I} = G^{II} = G^{III} = G^{IV} = \dfrac{E}{2{,}67}$, so erhält man

$$\gamma = \frac{\overline{M}}{3E}\left\{\frac{2B^2}{T^2 l}\left(\frac{2(B')^2 \overline{B}}{B^2 \delta^\circ} + \frac{(H_2')^2 \overline{H}_1}{H_1^2 \delta^{I}} + \frac{(H_1')^2 \overline{H}_2}{H_2^2 \delta^{II}}\right) + l\left[\frac{1}{H_1^2}\left(\frac{1}{f_{1B}} + \frac{1}{f_{1H}}\right) + \frac{1}{H_2^2}\left(\frac{1}{f_{2B}} + \frac{1}{f_{2H}}\right)\right]\right\}. \qquad \text{(III. 18)}$$

Die Grundformeln dieses Paragraphen sind in Tab. 9 , 10 und 11 enthalten.

Tabelle 9

Formeln zur Ermittelung des Verdrehungswinkels γ und des Schubflusses q bei Torsion des Querschnitts

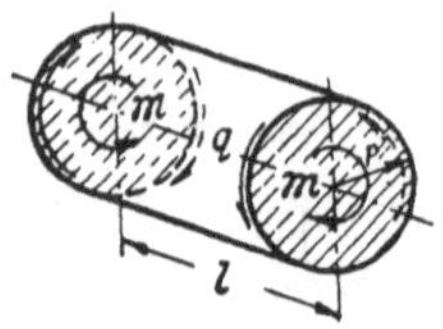	$$\varphi = \frac{\mathfrak{M}\, l}{2\,\pi r^3 G \delta}$$ $$q = \frac{\mathfrak{M}}{2\,\pi r^2}$$
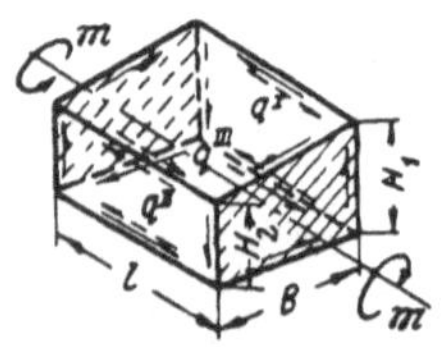	$$\varphi = \frac{\mathfrak{M}\, l}{4\,F_{\text{н}}^2 G}\left(\frac{2\,B}{\delta^0} + \frac{H_1}{\delta^{\text{I}}} + \frac{H_2}{\delta^{\text{II}}}\right)$$ $$q^{\text{I}} = q^{\text{II}} = q^{\text{III}} = q^{\text{IV}} = \frac{\mathfrak{M}}{2\,F_{\text{н}}}$$
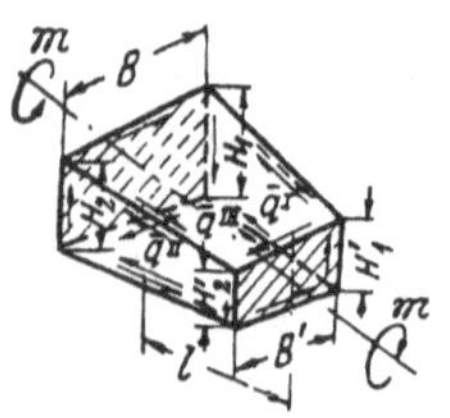	$$\varphi = \frac{\mathfrak{M}\, l}{4\,T^2 G}\left(\frac{2\,\overline{B}}{\delta^0} + \frac{\overline{H_1}}{\delta^{\text{I}}} + \frac{\overline{H_2}}{\delta^{\text{II}}}\right)$$ $$\overline{q}^{\text{I}} = \overline{q}^{\text{II}} = \overline{q}^{\text{III}} = \overline{q}^{\text{IV}} = \frac{\mathfrak{M}}{2\,T}$$

Tabelle 10

Formeln zur Bestimmung des Verwölbungswinkels γ und des Schubflusses bei Belastung des Bauteils durch ein Momentenpaar an der Wurzel

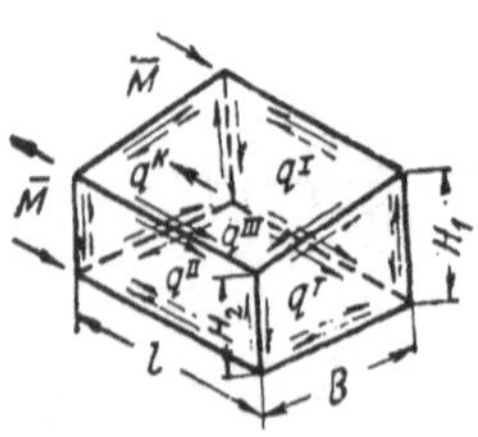	$$\gamma = \frac{\overline{M}}{3E}\left\{\frac{2B^2}{F_{\text{н}}^2 l}\left(\frac{2B}{\delta^0} + \frac{H_2^2}{\delta^{\text{I}} H_1} + \frac{H_1^2}{\delta^{\text{II}} H_2}\right) + l\left[\frac{1}{H_1^2}\left(\frac{1}{f_{1\text{в}}} + \frac{1}{f_{1\text{н}}}\right) + \frac{1}{H_2^2}\left(\frac{1}{f_{2\text{в}}} + \frac{1}{f_{2\text{н}}}\right)\right]\right\}$$ $$q^{\text{I}} = \frac{\overline{M} B H_2}{2 F_{\text{н}} l H_1}; \quad q^{\text{II}} = \frac{\overline{M} B H_1}{2 F_{\text{н}} l H_2};$$ $$q^{\text{III}} = q^{\text{IV}} = q^{\text{к}} = q^{\text{т}} = \frac{\overline{M} B}{2 F_{\text{н}} l};$$

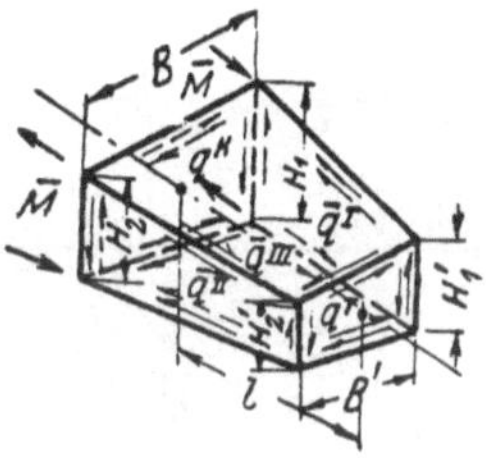

$$\gamma = \frac{\overline{M}}{3E}\left\{\frac{2B^2}{T^2 l}\left(\frac{2(B')^2\overline{B}}{B^2\delta^0} + \frac{(H_2')^2\overline{H}_1}{H_1^2\,\delta^{I}} + \frac{(H_1')^2\overline{H}_2}{H_2^2\,\delta^{II}}\right) + l\left[\frac{1}{H_1^2}\left(\frac{1}{f_{1в}} + \frac{1}{f_{1н}}\right) + \frac{1}{H_2^2}\left(\frac{1}{f_{2в}} + \frac{1}{f_{2н}}\right)\right]\right\}$$

$$\overline{q}^{I} = \frac{\overline{M}BH_2'}{2TlH_1}; \quad \overline{q}^{II} = \frac{\overline{M}BH_1'}{2TlH_2};$$

$$\overline{q}^{III} = \overline{q}^{IV} = \frac{\overline{M}B'}{2Tl}; \quad \overline{q}^{T} = \frac{\overline{M}B}{2Tl};$$

$$\overline{q}^{k} = \frac{\overline{M}}{2lB}\left[\frac{B'B'}{T} + \left(\frac{1}{H_2} + \frac{1}{H_1}\right)(B-B')\right]$$

F_H ist die durch die Umrißlinie bestimmte Querschnittsfläche

$$T = \frac{B'H_2 + BH_1'}{2}; \quad \overline{H}_1 = \frac{H_1 + H_1'}{2}; \quad \overline{H}_2 = \frac{H_2 + H_2'}{2}; \quad \overline{B} = \frac{B + B'}{2};$$

$$\delta^0 = \delta^{III} = \delta^{IV}; \quad E = 2{,}67\,G$$

Die Rippen seien in ihrer Ebene starr

Tabelle 11

Formeln zur Bestimmung des Verwölbungswinkels γ und des Schubflusses unter Torsion.

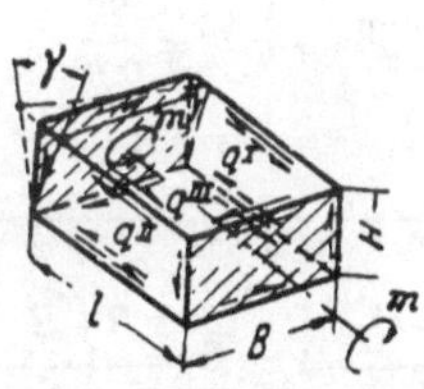

$$\gamma = \frac{\mathfrak{M}B}{4F_{н}^2 G}\left[\frac{2B}{\delta^0} - H\left(\frac{1}{\delta^{I}} + \frac{1}{\delta^{II}}\right)\right]$$

$$q^{I} = q^{II} = q^{III} = q^{IV} = \frac{\mathfrak{M}}{2F_{н}}$$

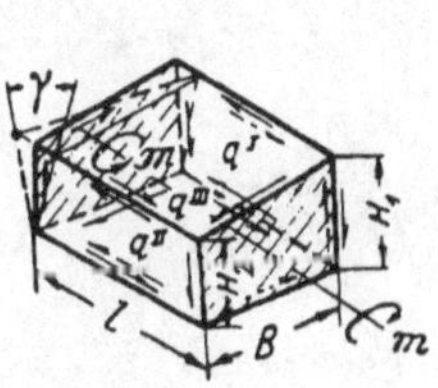

$$\gamma = \frac{\mathfrak{M}B}{4F_{н}^2 G}\left(\frac{2B}{\delta^0} - \frac{H_2}{\delta^{I}} - \frac{H_1}{\delta^{II}}\right)$$

$$q^{I} = q^{II} = q^{III} = q^{IV} = \frac{\mathfrak{M}}{2F_{н}}$$

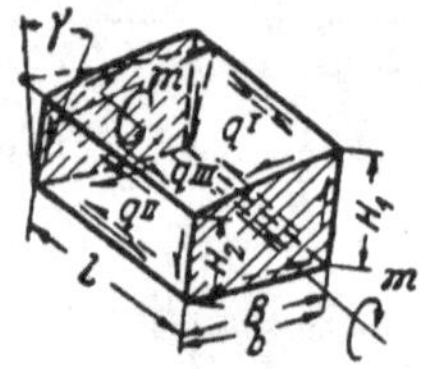	$\gamma = \frac{\mathfrak{M}B}{4F_H^2 G}\left[\left(\frac{2b}{\delta^0}+\frac{H_1}{\delta^I}+\frac{H_2}{\delta^{II}}\right)-\frac{2F_H}{B}\left(\frac{1}{\delta^I}+\frac{1}{\delta^{II}}\right)\right]$ $q^I = q^{II} = q^{III} = q^{IV} = \frac{\mathfrak{M}}{2F_H}$
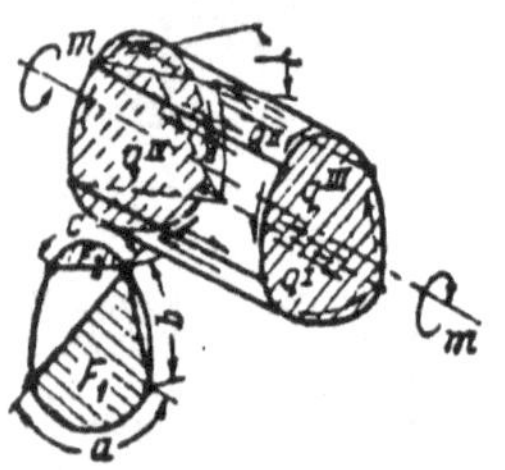	$\gamma = \frac{\mathfrak{M}}{2F_H^2 G}\left[\left(\frac{F_1}{H_1}+\frac{F_2}{H_2}\right)\left(\frac{2b}{\delta^0}+\frac{a}{\delta^I}+\frac{c}{\delta^{II}}\right) - F_H\left(\frac{a}{\delta^I H_1}+\frac{c}{\delta^{II} H_2}\right)\right]$ $q^I = q^{II} = q^{III} = q^{IV} = \frac{\mathfrak{M}}{2F_H}$
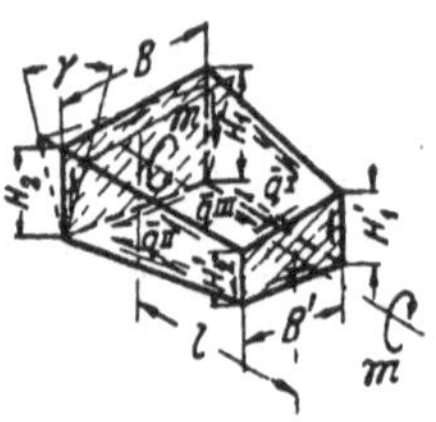	$\gamma = \frac{\mathfrak{M}B}{4T^2 G}\left(\frac{2B'\overline{B}}{\delta^0 B} - \frac{H_2'\overline{H_1}}{\delta^I H_1} - \frac{H_1'\overline{H_2}}{\delta^{II} H_2}\right)$ $\overline{q}^I = \overline{q}^{II} = \overline{q}^{III} = \overline{q}^{IV} = \frac{\mathfrak{M}}{2T}$

F_H ist die durch ihren Umriß bestimmte Querschnittsfläche

$$T = \frac{B'H_2 + BH_1'}{2}; \quad \overline{H_1} = \frac{H_1 + H_1'}{2}; \quad \overline{H_2} = \frac{H_2 + H_2'}{2}; \quad \overline{B} = \frac{B + B'}{2};$$

$$\delta^0 = \delta^{III} = \delta^{IV}$$

Die Rippen seien in ihrer Ebene starr

Kapitel IV

Statisch unbestimmte Systeme

Dünnwandige Konstruktionen der hier vorliegenden Art kann man auch als Fachwerksysteme auffassen, die statt der Diagonalen Stege haben. Im Sinne der Anzahl der Verbindungen ist eine Stegwand einem Stabe gleichwertig, indem auch sie e i n e Verbindung darstellt. Weil wir für die Festigkeitsrechnungen der dünnwandigen Konstruktionen dieselben Annahmen machen, die gewöhnlich für Stabfachwerke gemacht werden (gelenkige Ecken und kleine Deformationen), so kann die ganze Theorie der Stabfachwerke hinsichtlich der Aufstellung der geometrischen Veränderlichkeit und der statischen Bestimmbarkeit oder des Grades der statischen Unbestimmtheit regelrecht auch für die dünnwandigen Konstruktionen übernommen werden. Daher wollen wir für die Festlegung des Grades der statischen Unbestimmtheit eines Systems die Formeln der Baumechanik unter Beachtung der besonderen Eigenheiten der dünnwnandigen Konstruktionen benutzen.

§ 11 Grad der statischen Unbestimmtheit einer Platte mit Rippen

Der Grad k der statischen Unbestimmtheit eines Stabfachwerks bestimmt sich nach der Formel:

für ebene freie Fachwerke $k = S - 2Y + 3$ (IV,1)

für räumliche freie Fachwerke $k = S - 3Y + 6$ (IV,2)

für ebene aufgelagerte Fachwerke $k = S - 2Y$ (IV,3)

für räumliche aufgelagerte Fachwerke $k = S - 3Y$ (IV,4)

Dabei ist S die Anzahl der Stäbe, Y die Zahl der Ecken.

Ist k negativ, so ist das System geometrisch verschiebbar.

Ist k positiv, so ist das System k-mal statisch unbestimmt

Ist k gleich Null, so ist das System statisch bestimmt und nicht verschiebbar, falls die Knotenpunkte richtig angeordnet sind.

Die Festlegung des Grades der statischen Unbestimmtheit bei einer großen Zahl von Verbindungsstäben ist nach den oben angeführten Formeln unpraktisch, z.B. trifft man bei der Berechnung eines Rumpfes oft eine Anordnung bestehend aus drei ebenen Feldern mit einer großen Anzahl von Stringern.

In unserem hier vorliegenden Falle (Bild 83) sind zwei außen liegende, geometrisch nicht veränderliche (und jedes für sich gesondert statisch bestimmte) Feld verbunden durch elf Verbindungen (6 Stäbe und 5 Stege), notwendig aber sind nur drei Verbindungen. Folglich ist die dargestellte Konstruktion $11 - 3 = 8$ mal statisch überbestimmt.
Betrachten wir die allgemeinsten Fälle, ohne uns auf eine bestimmte Anzahl von Abschnitten oder Stringern zu beschränken.

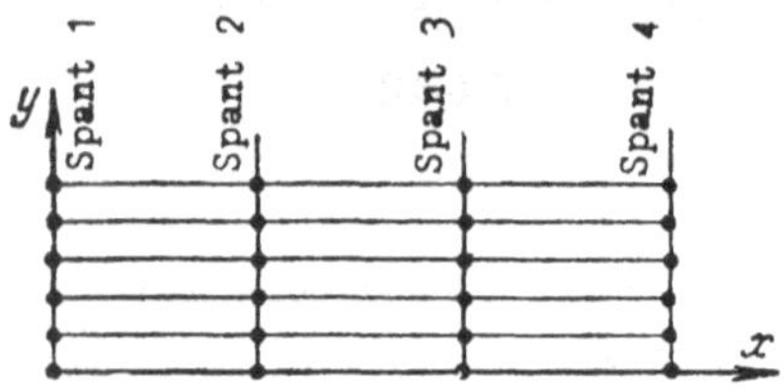

Bild 83

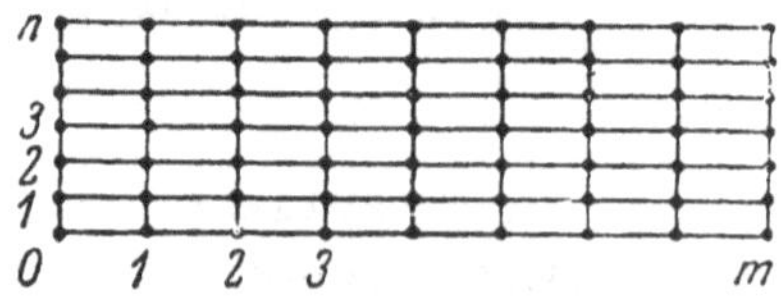

Bild 84

In Bild 84 ist eine versteifte Platte dargestellt. Sie besitzt
$S = (m + 1) \cdot n + (2 n + 1) \cdot m$ Verbindungsstücke
$Y = (m + 1) \cdot (n + 1)$ Ecken.
Nach Formel (IV,1) erhalten wir:
$k = (m + 1) \cdot n + (2 n + 1) m - 2 (m + 1) (n + 1) + 3 = (m - 1) (n - 1$
(IV,5), d.h. die durch Rippen ausgesteifte Platte ist soviel mal statisch überbestimmt, wie sie innere Ecken hat.
Bild 83 ist ein Sonderfall von Bild 84. Es hat acht innere Ecken, folglich ist der Grad der statischen Unbestimmtheit acht, wie wir das oben schon festgestellt haben.
Wenn in einer mit Rippen ausgesteiften Platte ein Ausschnitt vorhanden ist, so bekommt die Formel (IV,5) die Form:

$$k=(m-1)(n-1)-C_{aus}+2Y_{aus}$$

oder

$$k=Y_{BH}-C_{aus}+2Y_{aus} \qquad (IV.6)$$

Dabei ist: Y_{BH} die Zahl der inneren Knoten
Y_{aus} die Zahl der geschnittenen Knoten
C_{aus} die Zahl der geschnittenen Verbindungen

Z.B. eine Platte, wie in Bild 85 dargestellt, enthält einen Ausschnitt in der Form, wie er durch Punkte angegeben ist. Wir haben dann:

$$Y_{BH}=7\cdot 7=49; \quad C_{aus}=5\cdot 3+3\cdot 2=21; \quad Y_{aus}=4.$$

Nach Formel (IV,6) ist $k = 49 - 21 + 2 \cdot 4 = 36$
Hat der Ausschnitt die Form, wie sie durch die Striche angegeben ist (ohne Punkte), so erhalten wir:

$$Y_{BH}=7\cdot 7=49; \quad C_{aus}=11\cdot 6+5\cdot 6=96; \quad Y_{aus}=5\cdot 5=25.$$

Folglich ist $k = 49 - 96 + 2 \cdot 25 = 3$

Ändern wir das Aussehen der Figur noch etwas ab, so kommen wir auf die Form eines typischen Spantes für eine Konstruktion aus dünnen Blechen.

Die Konstruktion, die in Bild 86 dargestellt ist, ist so einfach, daß man, ohne die Formel (IV,6) benutzen zu müssen, feststellen kann, daß sie drei-

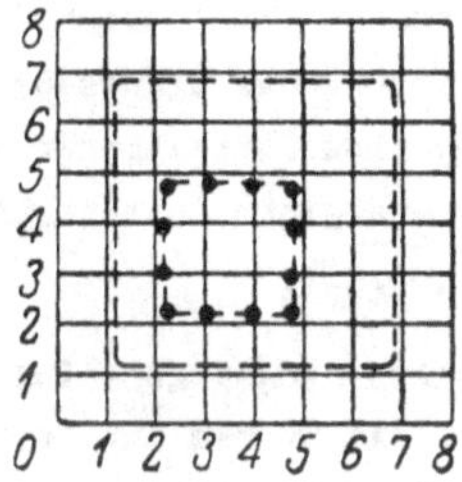

Bild 85

Bild 86

fach statisch unbestimmt ist *). z.B. teilen wir die zwei gestrichelt gezeichneten geometrisch unveränderlichen Teile (Bild 86) ab, so sind die getrennten Teile durch 6 Verbindungen miteinander verbunden. Aber erforderlich

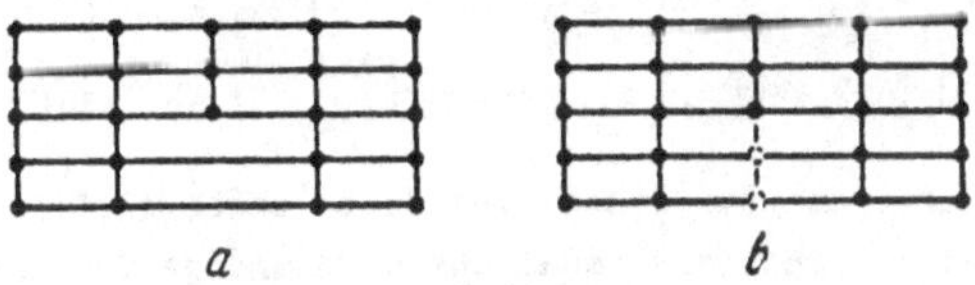

Bild 87

sind für ihre geometrische Unveränderlichkeit nur drei, folglich ist das System 6 - 3 = 3 mal statisch unbestimmt.

Die Formel (IV,6) kann man auch bei unvollständigem Rippensystem benutzen (Bild 87 a). Ergänzen wir das Rippensystem (Bild 87 b), so erhalten wir k = 9. Um zu dem tatsächlichen System überzugehen, das in Bild 87 a gezeigt

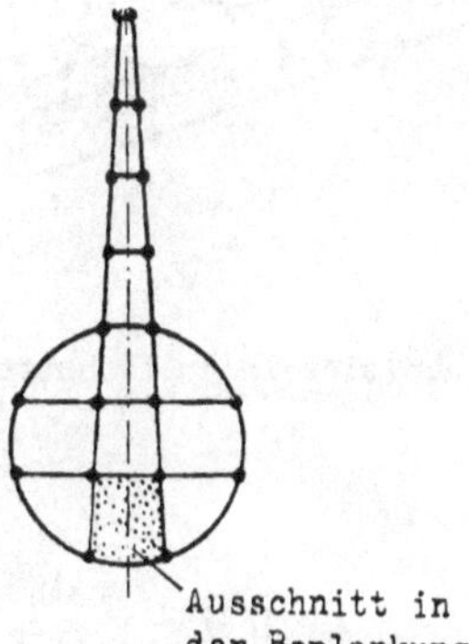

Bild 88

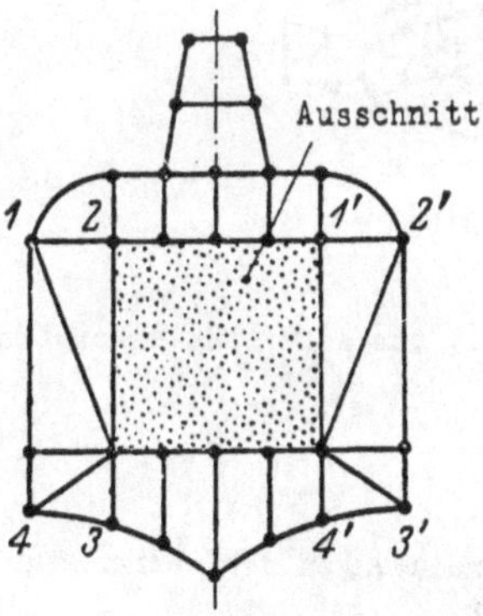

Bild 89

ist, nehmen wir zwei eingefügte Stäbe (punktiert gezeichnet) heraus. Dann ist k = 9 - 2 = 7 , d.h. die in Bild 87 a gezeigte Konstruktion ist siebenfach statisch unbestimmt.

*) Diese Bezeichnung wollen wir weiterhin verwenden

Oft kann man durch einfache Überlegungen, ohne zu der Formel Zuflucht nehmen zu müssen, die Frage klären, wieviel mal ein System statisch unbestimmt ist. Z.B. ist in Bild 88 ein Kielflossenspant gezeigt.
Der Kielflossenteil ist statisch bestimmt und am Spant durch drei Ansclüsse befestigt. Daher kann man ihn bei der Bestimmung des Grades der Statischen Unbestimmtheit weglassen als ein Teil, das keine überzähligen Verbindungen enthält. Der restliche Teil hat vier Ecken und einen Ausschnitt; folglich ist das Gebilde im Ganzen dreimal statisch unbestimmt.

In Bild 89 ist der Kräfte führende Spant eines Flugzeugs (Flugboot) gezeigt, der einen Ausschnitt in der Mitte aufweist. Das System ist dreifach statisch unbestimmt, wenn in den Bereichen 1 - 2 - 3 - 4 und 1'-2'-3'-4' keine Beplankung vorhanden ist. Anderen Falles ist das Gebilde siebenfach statisch unbestimmt.

§ 12 Grad der statischen Unbestimmtheit einer räumlichen dünnwandigen Konstruktion

Es ist bekannt, daß, wenn man einen Raum durch ebene statisch bestimmte Flächen abgrenzt, dann das so erhaltene räumliche dünnwandige Gebilde - der einzelne Bauteil - ebenfalls statisch bestimmt ist (Bild 90)

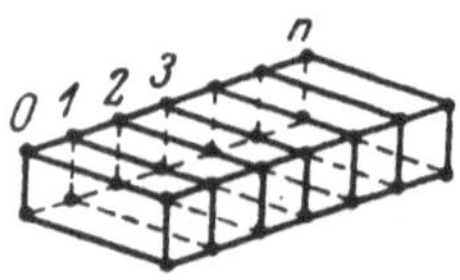

Bild 90

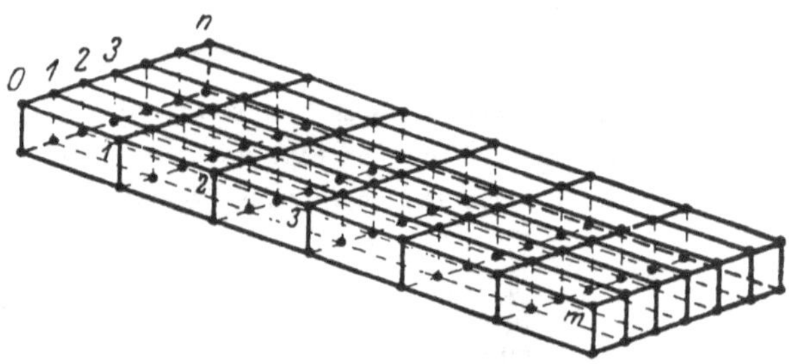

Bild 91

Wenden wir uns einer Kastenkonstruktion aus einzelnen Abschnitten zu (Bild 91)

Wir haben

Anzahl der Verbindungen der oberen und unteren Hautfelder	$C' = 2[(m+1)n + (2n+1)m]$
Zahl der Verbindungen der seitlichen Felder	$C'' = 2(2m+1)$
Zahl der Rippenverbindungen	$C''' = (m+1)(2n-1)$
Summe . . .	$C = 8mn + 4n + 5m + 1$

Anzahl der Knoten $y = 2(m+1)(n+1) = 2mn + 2n + 2m + 2.$

Setzen wir die Werte für C und Y in Gleichung (IV,2) ein, so erhalten wir diese Formel zur Ermittelung des Grades der statischen Unbestimmtheit des Kastens:

$$k=[2(n+1)-3](m-1)=(r-3)s, \qquad (IV.7)$$

Dabei ist : $r = 2(n+1)$ die Zahl der Stäbe, die einen beliebigen Querschnitt des Kastens schneiden

$s = (m-1)$ die Zahl der Zwischen rippen

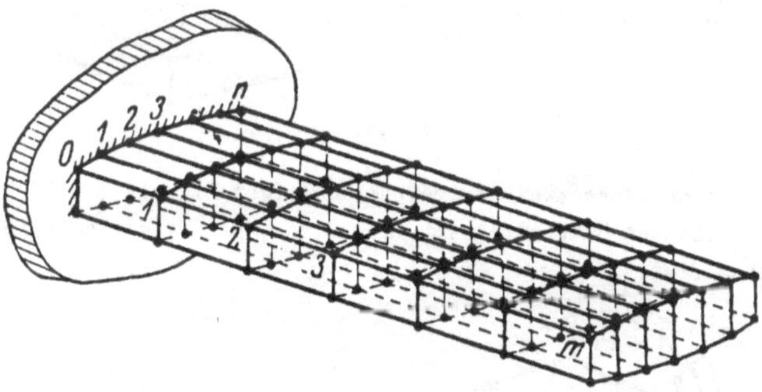

Bild 92

Einen Flügel kann man als solchen Kasten ansehen.

Im Falle einer ausgesteiften dünnwandigen Konstruktion (Bild 92 und 93), die keine interkostalen, längslaufenden Zwischenwände hat, ist analog zur Formel (IV,4)

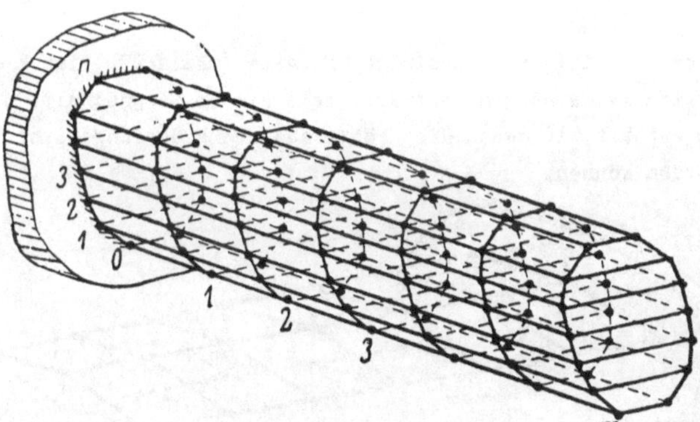

Bild 93

bei starren Auflagern

$$k=[2(n+1)-3]m=(r-3)m, \qquad (IV.8)$$

Dabei ist m die Zahl der Abschnitte

Betrachten wir einige Sonderfälle.

Erhalten wir n = 1 für Abb. 92, so bekommen wir eine zweiholmige Konstruktion für einen Flügel (Bild 94 und 95) . Dabei ist *)

$$k[2(n+1)-3]m=[2(1+1)-3]m=m. \qquad \text{(IV. 9)}$$

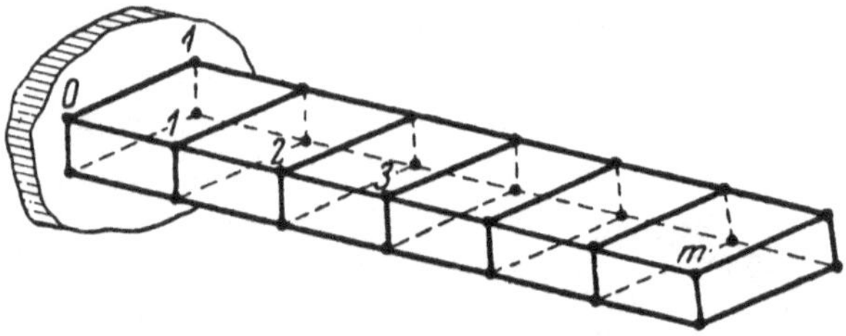

Bild 94

Die Konstruktion eines zweiseitigen, einholmigen Flügels (Bild 96) hat als Grad der statischen Unbestimmtheit k = 2 m , wenn sie zusätzlich m innere Längswände aufweist.

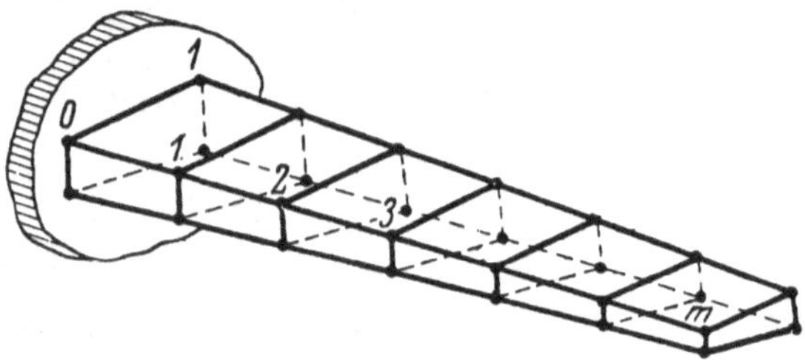

Bild 95

In Falle eines einseitigen, einholmigen Flügels (Bild 97) ist k = 0 , d.h. die Konstruktion ist statisch bestimmt, weil sie im Längsschnitt nur sechs Verbindungen enthält, in denen die Kräfte aus sechs Gleichgewichtsbedingungen ermittelt werden können.

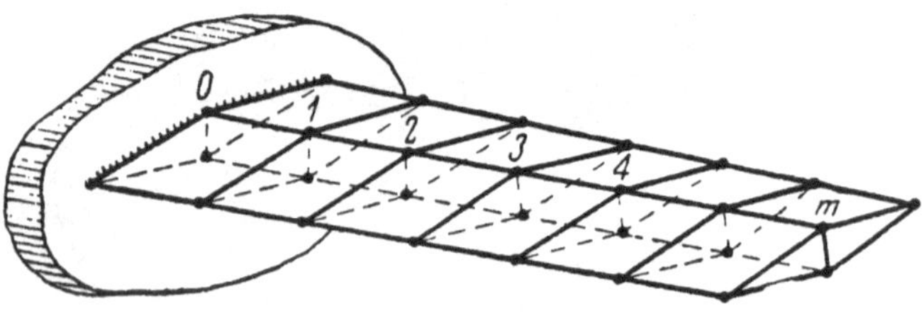

Bild 96

Wenn Bild 95 durch eine Nase ergänzt wird (Bild 98), so kommt zu jedem Abschnitt noch eine Verbindung hinzu. Folglich wird bei m Abschnitten der Grad der statischen Unbestimmtheit gleich

$$k=m+m=2m.$$

*) Ohne Stringer oder auch mit Stringern, die aber dann an den Rippen unterbrochen sind.

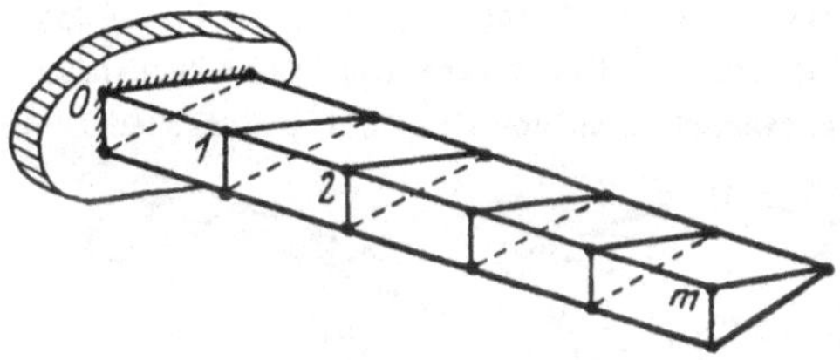

Bild 97

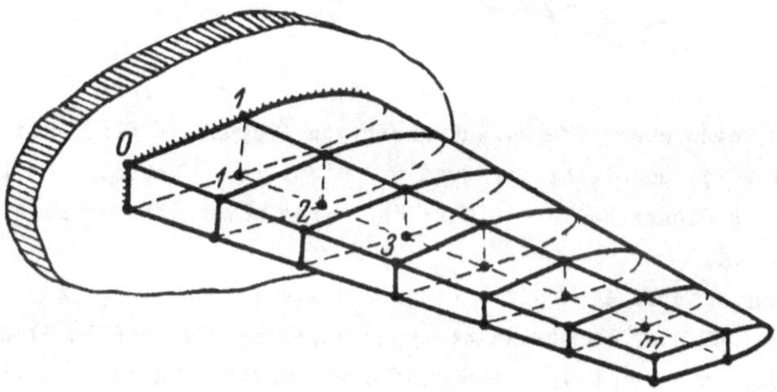

Bild 98

Grad der statischen Unbestimmtheit eines Flügels mit einem Abschnitt					
$k=0$	$k=1$	$k=2$	$k=4$	$k=8$	$k=12$
a	b	c	d	e	f
Grad der statischen Unbestimmtheit eines Flügels mit m Abschnitten					
$k=0$	$k=m$	$k=2m$	$k=4m$	$k=8m$	$k=12m$

Bild 99

In Bild 99 ist gezeigt, wie der Grad der statischen Unbestimmtheit eines ausgesteiften Flügels durch Anfügen eines Stabes, eines Steges oder einer Nase wächst.

Je weniger Bauteile Verbindung zu Auflagern haben, desto mehr nimmt der Grad der statischen Unbestimmtheit ab z.B. wenn der Schnitt gemäß dem Bilde 99 e am Auflager bis zum Bild 99 a durchgeführt wird, beträgt der Grad der statischen Unbestimmtheit für einen Abschnitt k = 8 - 8 = 0 und für m Abschnitte k = 8 m - 8. Befreit man die Nasenrippe von ihrer Verbindung mit dem Auflager, (Bild 99 c), so verringert sich der Grad der statischen Unbestimmtheit um

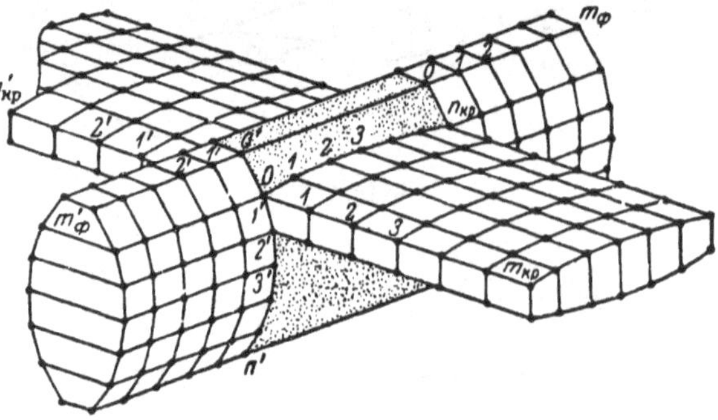

Bild 100

eine Einheit. Wenn aber eine Nasenwurzelrippe eingesetzt wird, wie es gewöhnlich gemacht wird, so bleibt der Grad der statischen Unbestimmtheit der bisherige, weil in diesem Falle die Nase des Wurzelabschnitts ständig Tangentialkräfte übernimmt.

Das Schema der Konstruktion einer Flugzeugzelle (Bild 100) kann man als das Zusammenfügen der vier Konstruktionstypen ansehen, die in Bild 91 dargestellt waren, und die an einem gemeinsamen Auflager angesetzt sind, das wir Tragwerksmittelstück nennen wollen.

Nimmt man eine Nummerierung der Bauteile vor, wie in Bild 100 gezeigt, erhält man als Wert k für die Zelle:

$$k = [2(n_{кр}+1)-3]\, m_{кр} + [2(n'_{кр}+1)-3]\, m'_{кр} + [2(n_\phi+1)-3]\, m_\phi + \\ + [2(n'_\phi+1)-3]\, m'_\phi + k_z \qquad \text{(IV.10)}$$

Dabei ist k_z der K=Wert für das Tragwerksmittelstück.

Kapitel V

Berechnung statisch unbestimmter Systeme

§ 13 Kanonische Gleichungen (Elastizitätsgleichungen)

Ein jedes statisch unbestimmte System kann man auf ein statisch bestimmtes zurückführen. Dazu genügt es, zur Zahl der äußeren Kräfte die inneren Kräfte X in den überzähligen Verbindungen hinzuzuzählen.

Es möge sich z.B. ein Kasten, bestehend aus zwei Abschnitten (Bild 101) im Gleichgewicht unter der Wirkung der äußeren Kräfte P_1, P_2, ... und der gesuchten inneren Kräfte N und q befinden.

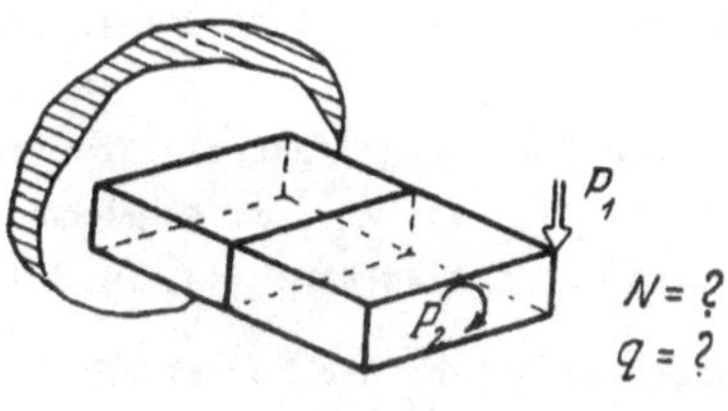

Bild 101

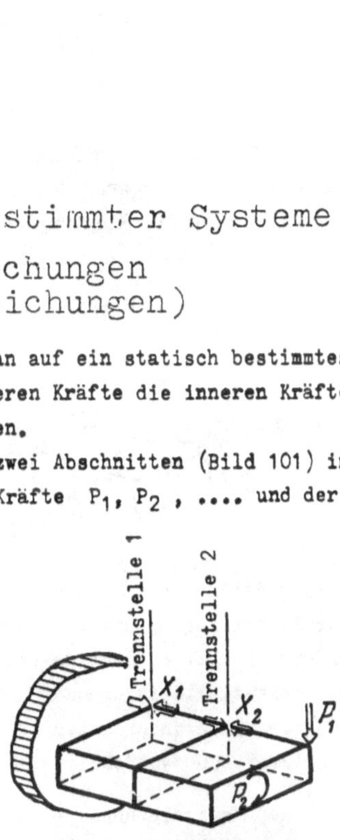

Bild 102

Die vorgegebene Konstruktion ist zwiefach statisch unbestimmt (k = m = 2). Um sie auf ein statisch bestimmtes System zurückzuführen, muß man zwei überzählige Verbindungen herausnehmen. Deshalb führen wir z.B. zwei Schnitte durch den Obergurt des Vorderholms wie in Bild 102 und 103 gezeigt. Das so erhaltene statisch bestimmte System nennen wir das Grundsystem.

Wir lassen an das Grundsystem die vorgegebene Belastung P_1 und P_2 angreifen. Sicherlich entstehen Spalten in den Schnitten, die Schnitte werden sich gegeneinander bewegen. Wir bezeichnen die Wege mit Δ_{1P} und Δ_{2P} (Bild 103). Nunmehr lassen wir in den Schnittflächen an den Gurten die Kräfte X_1 und X_2 (siehe Bild 102) in der Größe angreifen, daß die Spalte wieder verschwinden. Offensichtlich kommen wir so zum Ausgangssystem wieder zurück. Die Bedingungen für das Verschwinden der Spalten lassen sich wie folgt aufschreiben:

Für Trennstelle 1

$$X_1\delta_{11} + X_2\delta_{12} + \Delta_{1P} = 0$$

Für Trennstelle 2

$$X_1\delta_{21} + X_2\delta_{22} + \Delta_{2P} = 0. \qquad \text{(a)}$$

Nunmehr bezeichnen wir mit δ_{11} die Größe der Änderung in Spalt 1, die durch die Kraft X_1 z.B. 1 kg (Bild 104) hervorgerufen wird. Folglich ist das Produkt $X_1 \cdot \delta_{11}$ gleich der Änderung im Spalt 1, die durch die ganze Kraft X_1 bewirkt ist.

Mit δ_{12} bezeichnen wir die Änderung im Spalt 1 , die durch die Kraft $X_2 = 1$ (s. Bild 105) hervorgerufen ist usw. Der erste Index bei δ und Δ bezeichnet immer den Ort (und die Richtung) der Verschiebung, der zweite den Anlaß dafür.

Zustand "p"

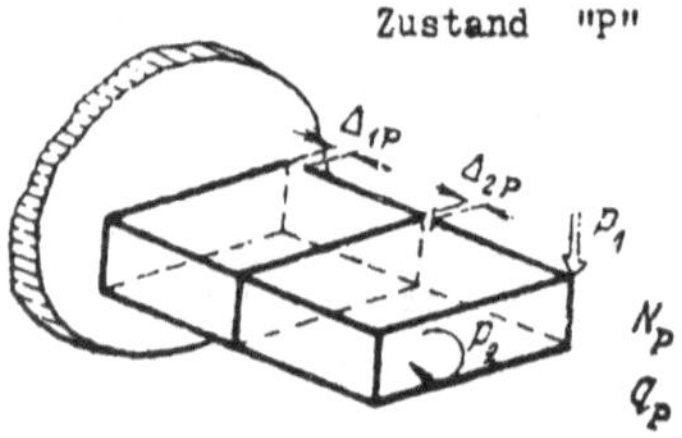

Bild 103

Zustand "1"

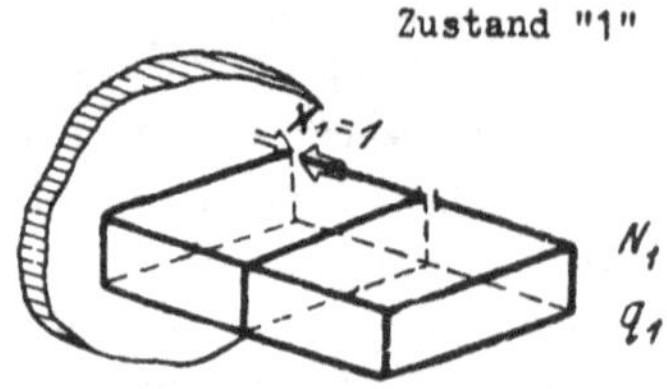

Bild 104

Die Richtung der Kräfte X_1 und X_2 ist beliebig anzunehmen. Ist eine von ihnen im Ergebenis der Lösung negativ, so heißt das, daß die Richtung dieser Kraft in ihrer Wirksamkeit entgegengesetzt anzusetzen ist. Die Gleichung (a) ist die sog. "Elastizitätsgleichung" ("Kanonische Gleichung") für die Kraftmethode, aus der man die unbekannten inneren Kräfte X_1 und X_2 , im gegebenen Falle die Gurtkraft an den Schnittstellen 1 und 2 finden kann (s. Bild 102).

Die Größen der Verschiebungen Δ und δ lassen sich nach der Formel (II,2) bei starren Auflagern wie folgt ermitteln:

$$\Delta_{1P} = \sum \int_0^l \frac{N_1 N_P \, dx}{Ef} + \sum \frac{q_1 q_P F}{G\delta},$$

$$\Delta_{2P} = \sum \int_0^l \frac{N_2 N_P \, dx}{Ef} + \sum \frac{q_2 q_P F}{G\delta},$$

$$\delta_{11} = \sum \int_0^l \frac{N_1^2 \, dx}{Ef} + \sum \frac{q_1^2 F}{G\delta},$$

$$\delta_{22} = \sum \int_0^l \frac{N_2^2 \, dx}{Ef} + \sum \frac{q_2^2 F}{G\delta},$$

$$\delta_{12} = \sum \int_0^l \frac{N_1 N_2 \, dx}{Ef} + \sum \frac{q_1 q_2 F}{G\delta} = \delta_{21}.$$

Dabei sind N_P und q_P Kräfte, die im Grundsystem durch die Kräfte P_1 P_2. . hervorgerufen sind. (Belastungszustand s. Bild 103).

Entsprechend sind N_1 und q_1, N_2 und q_2 die Kräfte im Grundsystem aus dem Einheitszuständen (s. Bild 104 und 105) heraus, die mit den entsprechenden Ziffern "1" und "2" bezeichnet sind.
Summieren wir die inneren Kräfte von dne einzelnen Auswirkungen auf Grund der Unabhängigkeit der Kräfte, so finden wir die gesamte innere Kraft

$$N = N_P + N_1 X_1 + N_2 X_2,$$

$$q = q_P + q_1 X_1 + q_2 X_2.$$

Zustand "2"

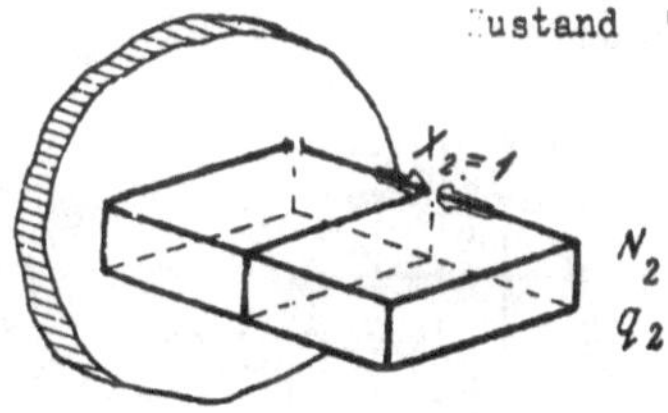

Bild 105

Wir hatten den Fall des statisch zwiefach unbestimmten Systems (k = 2) betrachtet. Im allgemeinen Falle k = n haben die Elastizitätsgleichungen die Form:

$$\left.\begin{array}{l} X_1\delta_{11} + X_2\delta_{12} + X_3\delta_{13} + \ldots + X_n\delta_{1n} + \Delta_{1P} = 0 \\ X_1\delta_{21} + X_2\delta_{22} + X_3\delta_{23} + \ldots + X_n\delta_{2n} + \Delta_{2P} = 0 \\ X_1\delta_{31} + X_2\delta_{32} + X_3\delta_{33} + \ldots + X_n\delta_{3n} + \Delta_{3P} = 0 \\ \ldots\ldots\ldots\ldots\ldots\ldots\ldots\ldots \\ \ldots\ldots\ldots\ldots\ldots\ldots\ldots\ldots \\ X_1\delta_{n1} + X_2\delta_{n2} + X_3\delta_{n3} + \ldots + X_n\delta_{nn} + \Delta_{np} = 0, \\ \text{wobei } \delta_{12} = \delta_{21}, \quad \delta_{13} = \delta_{31}, \quad \delta_{23} = \delta_{32} \text{ u.s.w.} \end{array}\right\} \quad (V.1)$$

Die Kräfte X_1 und X_2 usw. heißen "überzählige Unbekannte", weil sie Reaktionen der überzähligen Verbindungen sind. Sie stellen allgemeine Kräfte dar, d. h. sie können auch Momente oder sogar Kräfte gruppen sein.
Die Zahl der Gleichungen ist immer gleich der Zahl der Unbekannten. Die Mühsal des Rechnens wächst mit der Zahl der Unbekannten schnell an und eine Rechnung mit $k > 10$ wird praktisch unmöglich. Weiter unten werden in großer Zahl Rechenbeispiele statisch unbestimmter Systeme gegeben, die mit Hilfe der "Elastizitäts- (kanonischen) Gleichungen der Kraftmethode zu lösen sind.

§ 14 Vereinfachung der Rechnung im Falle der Symmetrie

Bei geometrischer und elastischer Symmetrie eines Systems kann man durch passende Wahl des Grundsystems die Zahl der Unbekannten in den Elastizitätsgleichungenund weiterhin ganz allgemein die Zahl der Unbekannten ganz beträchtlich verringern. Z.B. ist der Rahmenspant in Bild 106 im allgemeinen Falle vierfach statisch unbestimmt. Jedoch bei der gegebenen, bezüglich der Y-Achse antisymmetrischen Belastung kann man behaupten, daß auch die inneren Kräfte, die an den symmetrisch angeordneten Schnitten 1 , 2 , 3 und 4 angreifen, antisymmetrisch sind:

$$X_1 = -X_2 \quad X_3 = -X_4.$$

Auf diese Weise erhalten wir statt der vier Unbekannten nur noch deren zwei, die wir aus den Elastizitätsgleichungen bestimmen. Diese Gleichungen vereinfachen sich noch, wenn die Nebenkoeffizienten $\delta_{12} = \delta_{21}$ gleich Null werden. Daher zerlegen wir die gegebene Belastung (Bild 106) in die zwei in Bild 107 und 108 gegebenen Belastungsgruppen.

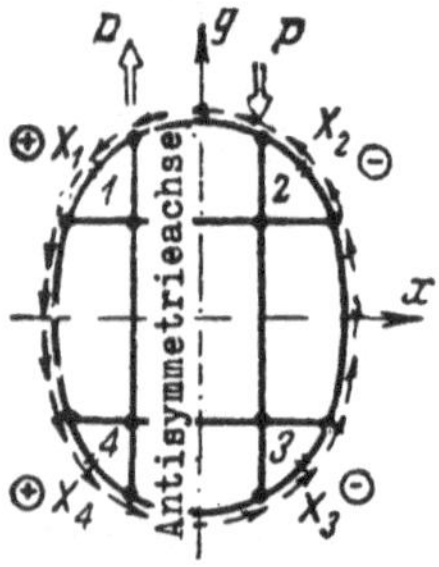

Bild 106

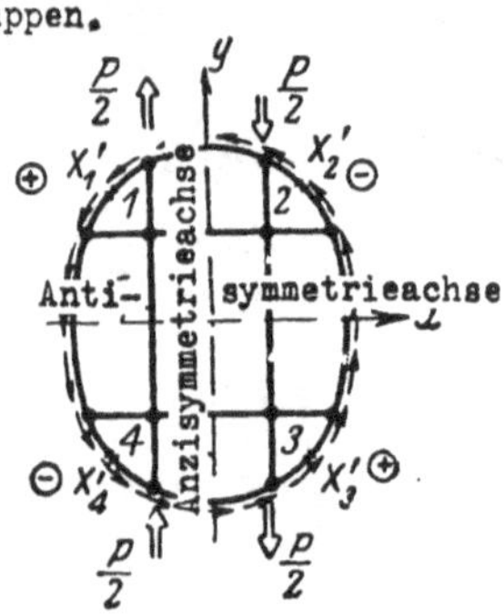

Bild 107

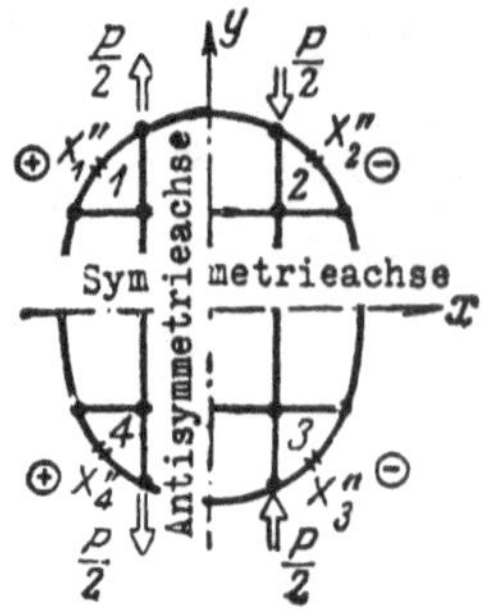

Bild 108

Die erste Belastungsgruppe hat zwei Antisymmetrieachsen (x und y), folglich ist:

$$X_1' = X_3' = -X_2' = -X_4'.$$

Die zweite Gruppe ist symmetrisch bezüglich der x-Achse und antisymetrisch bezüglich der y-Achse und damit wird:

$$X_1'' = X_4'' = -X_2'' = -X_3''.$$

Auf diese Weise haben wir in jedem Falle nur je eine überzählige Unbekannte. Wir bestimmen diese einzeln und finden nach dem Einordnen die Größe der Unbekannten:

$$X_1 = -X_2 = X_1' + X_1''; \quad X_4 = -X_3 = -X_4' + X_4''.$$

§ 15 Beispiele für die Berechnung von Spanten die beplankt sind.

<u>Beispiel 1</u>: Wir bestimmen die inneren Kräfte in einem Spant, dessen statischer Aufbau in Bild 109 gezeigt ist. Zur Wirkung kommt ein Kräftepaar P = 1000 ·50 cmkg, das an den Punkten 1 und 2 angreift. Den Fluß der Schubkräfte, die durch die Haut auf den Spant übertragen werden, rechnen wir als Konstant. Wir berechnen zuerst diesen Schubfluß.

$$q = \frac{M}{2F}, \quad M = 1000 \cdot 50 = 50\,000 \text{ kg/cm};$$

$$F = 50 \cdot 164 + 2 \cdot 100 \cdot 32 + 32 \cdot 32 + 32 \cdot 50 + 100 \cdot 18 = 19\,024 \text{ cm}^2.$$

folglich ist ,

$$q = \frac{50\,000}{2 \cdot 19024} = 1{,}315 \text{ kg/cm}.$$

Weil die äußere Belastung antisymmetrisch bezüglich der Symmetrieachsen des Spantes ist, sind die inneren Kräfte gleichfalls antisymmetrisch bezüglich derselben Achse. Auf Grund dessen kommen wir zu dem Schluß, daß die Längskräfte in don Stäben 1–2, 9–10, 12–11 und 5–6 an den Stellen, wo sie sich mit der Symmetrieachse des Spantes schneiden, den Wert Null haben. Führt man somit einen Schnitt durch den Spant in Richtung der Symmetrieachse von oben nach unten, so erhält man nur 1 Unbekannte: den Schubfluß q in dem betreffenden Steg. Das System ist also einfach statisch unbestimmt unter der gegeben Belastung.

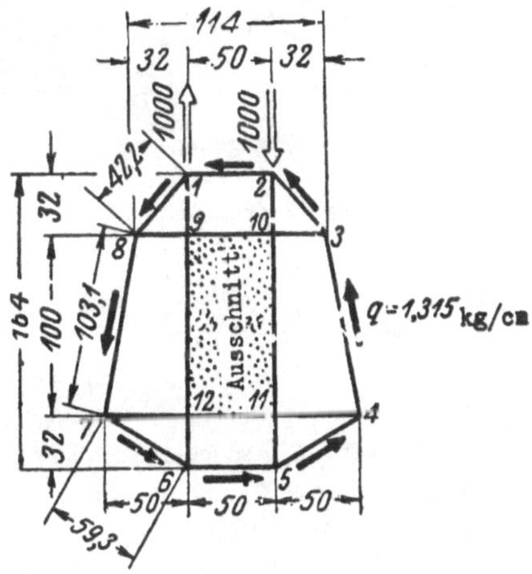

Bild 109

Nehmen wir als Unbekannte den Schubfluß $q_{1-2-9-10}$ im Steg 1–2–9–10, so erhalten wir den Lastzustand "P" und den Einheitszustand "1" für das Grundsystem gemäß Bild 110 und 111. Wirstellen die Elastizitätsgleichung auf:

$$X_1\delta_{11} + \Delta_{1P} = 0.$$

Dabei ist X_1 eine unbekannte abstrakte Zahl in der Größe eines $q_{1-2-9-10}$.

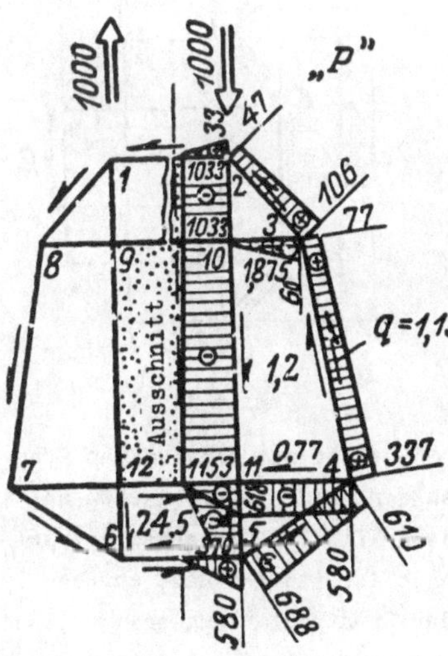

Bild 110

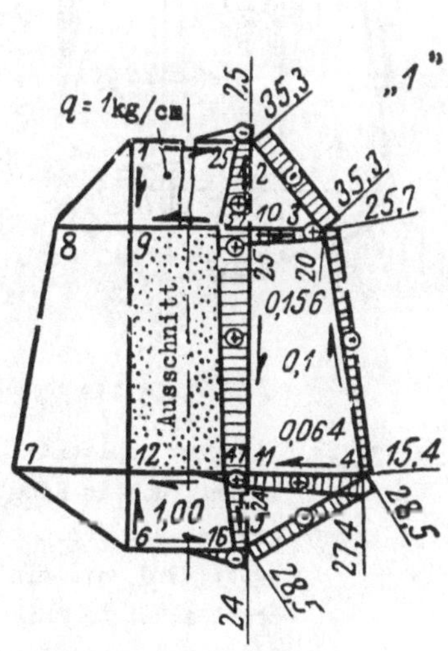

Bild 111

Die Ermittelung von

$$\Delta_{1P}=\sum\frac{q_1 q_P F}{G\delta}+\sum\int_0^l\frac{N_1 N_P\,dx}{Ef}$$

und

$$\delta_{11}=\sum\frac{q_1^2 F}{G\delta}+\sum\int_0^l\frac{N_1^2\,dx}{Ef}$$

ist in Tabelle 12 gegeben

Aus Tabelle 12 erhalten wir

$$E\Delta_{1P}=-748\cdot10^4,\quad E\delta_{11}=41{,}8\cdot10^4.$$

Folglich ist ,

$$X_1=\frac{748\cdot10^4}{41{,}8\cdot10^4}=17{,}9.$$

Kennen wir X_1, so bestimmen wir die wirklichen Größen N und q (s. letzte Reihe in Tab. 12) und zeichnen den Kraftverlauf N (s. Bild 112, wo auch die Werte für q eingetragen sind).

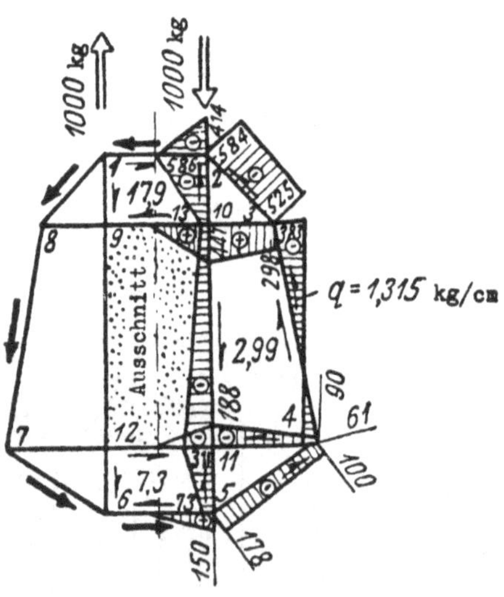

Bild 112

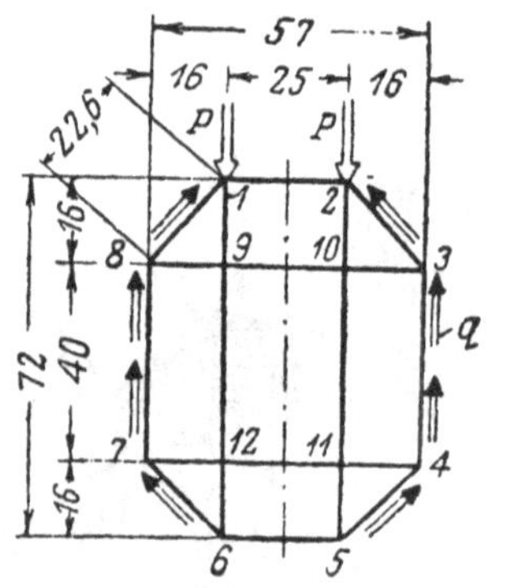

Bild 113

<u>Beispiel 2</u>: Ein ganz beplankter Spant (Bild 113) sei mit den Kräften P belastet, die in Höhe von 1000 kg an den beiden oberen Ecken angreifen und deren Moment durch die Kräfte ins Gleichgewicht gesetzt wird, die ein konstanter Schubfluß aus der Haut auf den Spant absetzt. Die Blechstärke der Spantbeplankung sei δ = o,1 cm Die Querschnittsfläche jedes Spantstabes sei f = 1 cm^2, in den Spantstäben 1 - 9 - 12 - 6 und 2 - 10 - 11 - 5 aber f = 2 cm^2.

Aus den Gleichgewichtsbedingungen der äußeren Kräfte erhalten wir:

$$q = \frac{1000}{72} = 13{,}9 \text{ kg/cm} .$$

Der gegebene Spant hat vier überzählige Verbindungen (s. Formel IV,5). Da er aber zwei Symmetrieachsen hat, kann man die Aufgabe durch Umwandeln der Belastung und passende Wahl des Grundsystems auf eine Lösung mit zwei Systemen A und B überführen mit je einfacher statischer Unbestimmtheit (Bild 114). Das Kräftesystem A (Bild 114 b) ist antisymmetrisch bezüglich der waagerechten Achse und symmetrisch bezüglich der senkrechten. Setzen wir als überzählige Unbekannte eine Gruppe von Längskräften in den Randstäben X_1, so kommen

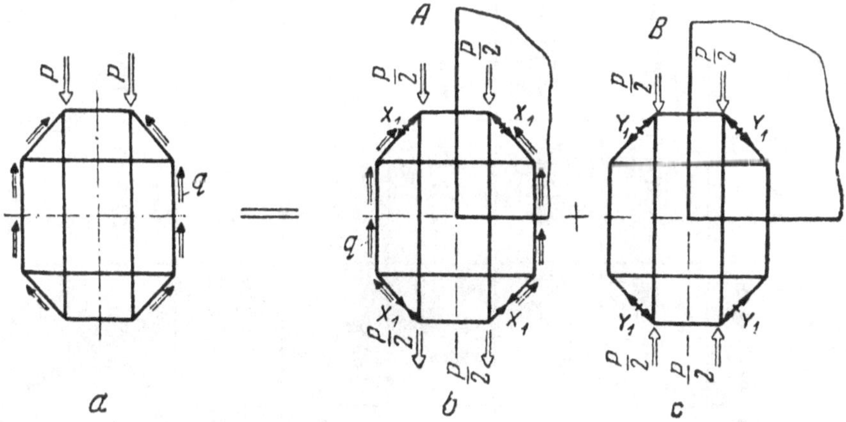

Bild 114

wir zu einem einfach statisch unbestimmten System *).

Das System der Kräfte B (Bild 114 c) ist symmetrisch bezüglich der senkrechten wie der waagerechten Achse. In diesem Falle nehmen wir als überzählige Unbekannte die Kräftegruppe Y_1.

Haben wir die Kräfte N und q für die beiden angezeigten Belastungssysteme A und B bestimmt, so finden wir die Gesamtheit der inneren Kräfte für das gegebene System (Bild 113 und 114 a) nach dem Prinzip der Unabhängigkeit der Wirkung der Kräfte bei additiver Überlagerung.

Betrachten wir eingehender die Fälle A und B :

F a l l A : In Bild 115 sind die Werte für die Kräfte N_p und q_p im Grundsystem angegeben. (Um den Aufwand beim Zeichnen zu verringern, ist in der Abbildung nur ein Viertel des Spantes gezeichnet).

In Bild 116 sind die Werte der Kräfte N_1 und q_1 des Einheitszustandes $X_1 = 1$ gezeichnet. Die Zahlenwerte für die Verschiebungen Δ_{1p} und δ_{11} sind in Tabelle 13 enthalten.

$$E\Delta_{1p} = -32\,820 \text{ und } E\delta_{11} = 89{,}42.$$

---

*) Man könnte den Schnitt auch in der Symmetrieachse - wie im vorigen Beispiel - führen.

Tabelle 12

Stab Hautfeld	l in cm F in cm²	f in cm² δ in cm	$k=\frac{l}{f}$ $k=2{,}6\frac{F}{\delta}$	N_P in kg q_P in kg/cm	N_1 in kg q_1 in kg/cm	$E\Delta_{1P}$	$E\delta_{11}$	N_1X_1 in kg q_1X_1 in kg/cm	$N=N_P+N_1X_1$ in kg $q=q_P+q_1X_1$ in kg/cm
1–2	$\frac{50}{2}$	1,5	16,7	0 33	0 −25	−0,37·10⁴	0,348·10⁴	0 −447	0 −414
2–3	45,2	1,5	30,1	47 106	−35,3 −35,3	−8,12·10⁴	3,76·10⁴	−631 −631	−584 −525
3–4	103,0	1,5	68,7	77 337	−25,7 −15,4	−27,7·10⁴	2,96·10⁴	−460 −276	−383 61
4–5	59,3	1,5	39,5	610 688	−28,5 −28,5	−73,2·10⁴	3,2·10⁴	−510 −510	100 178
5–6	$\frac{50}{2}$	1,5	16,7	580 0	−24 −0	−7,75·10⁴	0,192·10⁴	−430 0	150 0
5–11	32	1,5	21,3	−370 −1153	16 47	−52,2·10⁴	1,64·10⁴	287 842	−73 −311
11–12	$\frac{50}{2}$	1,5	16,7	−618 0	24 0	−8,25·10⁴	0,192·10⁴	430 0	−188 0

11—4	50	1,5	33,3	−618 −580	24 27,4	$-51,1\cdot10^4$	$2,205\cdot10^4$	430 490	−188 −90
11—10	100	1,5	66,7	−1153 −1033	47 57	$-379\cdot10^4$	$18,1\cdot10^4$	841 1020	−311 −13
10—9	$\frac{50}{2}$	1,5	16,7	0 0	25 0	0	$0,348\cdot10^4$	447 0	447 0
10—3	32	1,5	21,3	0 −60	25 20	$-1,37\cdot10^4$	$1,081\cdot10^4$	447 358	447 298
10—2	32	1,5	21,3	−1033 1033	57 25	$-90,4\cdot10^4$	$3,75\cdot10^4$	1020 447	−13 −586
1—2—10—9	800	0,1	20800	0	−1	0	$2,08\cdot10^4$	−17,9	−17,9
10—3—4—11	4100	0,1	10650	−1,2	−0,1	$0,1279\cdot10^4$	$0,01065\cdot10^4$	−1,79	−2,99
12—11—5—6	800	0,1	20800	−24,5	1	$-48,8\cdot10^4$	$1,915\cdot10^4$	17,2	−7,3
						$-748\cdot10^4$	$41,8\cdot10^4$		

Tabelle 13

Stab Hautfeld	l in cm F in cm	f in cm² δ in cm	$k=\frac{l}{f}$ $k=2,6\frac{F}{\delta}$	N_P in kg q_P in kg/cm	N_1 in kg q_1 in kg/cm	$E\Delta_{1P}$	$E\delta_{11}$	N_1X_1 in kg q_1X_1 in kg/cm	$N_P+N_1X_1$ $q_P+q_1X_1$
$a-2$	$\frac{25}{2}$	1	12,5	0 0	−0,707 −0,707	0	6,23	−260 −260	−260 −260
$2-3$	22,6	1	22,6	0 3,14	−1 −1	−3550	22,6	−368 −368	−368 −54
$3-b$	$\frac{40}{2}$	1	20,0	222 0	−707 0	−1045	3,33	−260 0	−38 0
$3-10$	16	1	16,0	−222 −622	0,707 1,273	−6970	20,9	260 469	38 −153
$2-10$	16	2	8,0	−500 −500	0,707 0,707	−2830	4,0	260 260	−240 −240
$10-b$	$\frac{40}{2}$	2	10,0	−500 0	0,707 0	−1175	1,66	260 0	−240 0
$10-a$	$\frac{25}{2}$	1	12,5	−622 −622	1,273 1,273	−9900	20,3	469 469	−153 −153
$a-2-10-a$	$\frac{25\cdot 16}{2}=200$	0,1	5200	0	0	0	0	0	0
$a-10-b-a$	$\frac{25\cdot 40}{4}=250$	0,1	6500	0	0	0	0	0	0
$10-3-b-b$	$\frac{16\cdot 40}{2}=320$	0,1	8320	25	$-3,54\cdot 10^{-2}$	−7350	10,4	−13,0	12,0
						−32820	89,42		

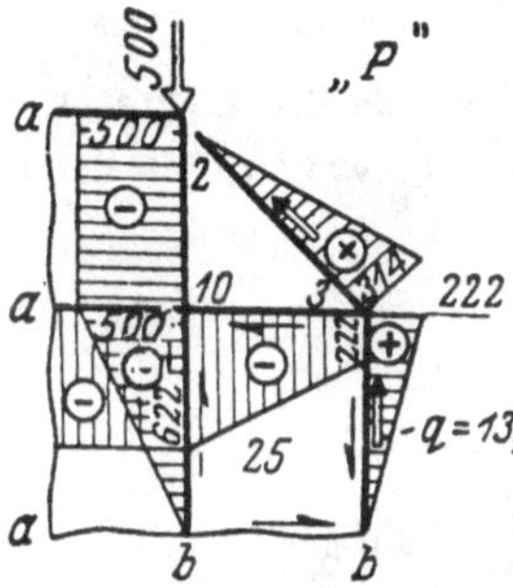

Bild 115

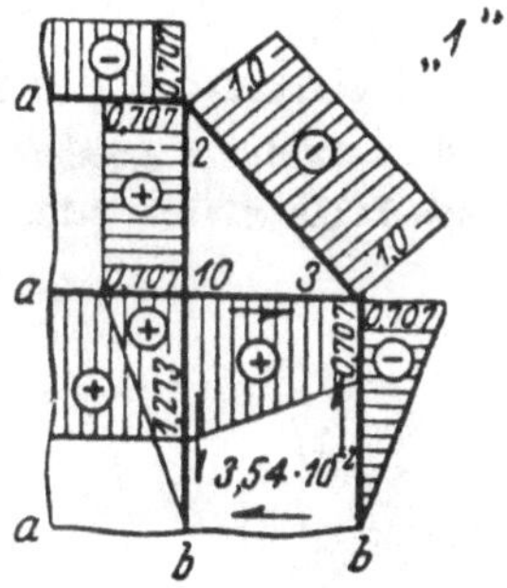

Bild 116

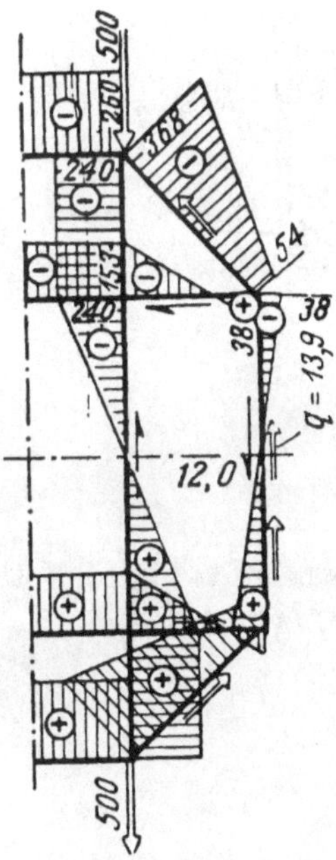

Bild 117

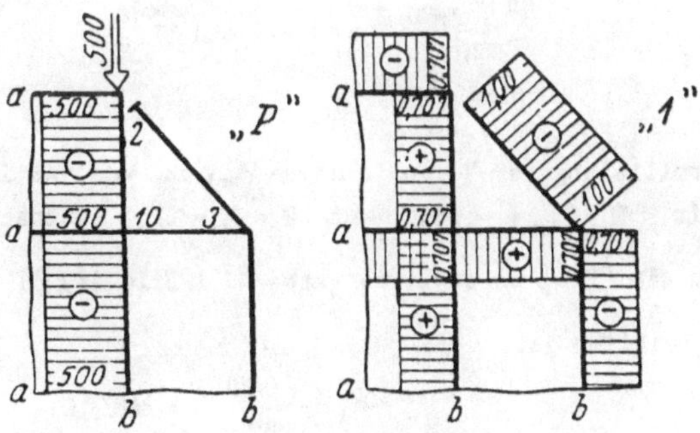

Bild 118

Folglich ist

$$X_1 = \frac{32\,820}{89{,}42} = 368.$$

Kennen wir X_1, so bestimmen wir N und q (s. Bild 117 und die letzte Spalte in Tabelle 13).

F a l l B : Die Kräfte N_p des Zustandes "P" und die Kräfte N_1 des Zustandes "1" sind in Bild 118 gegeben. Die Kräfte q_p und q_1 in der Beplankung sind in diesem Falle gleich Null.

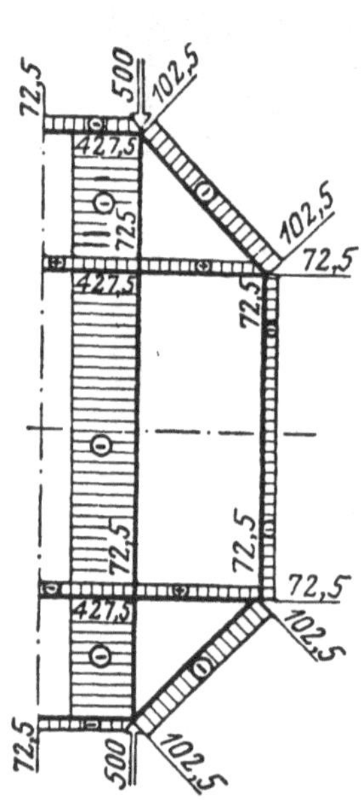

Bild 119

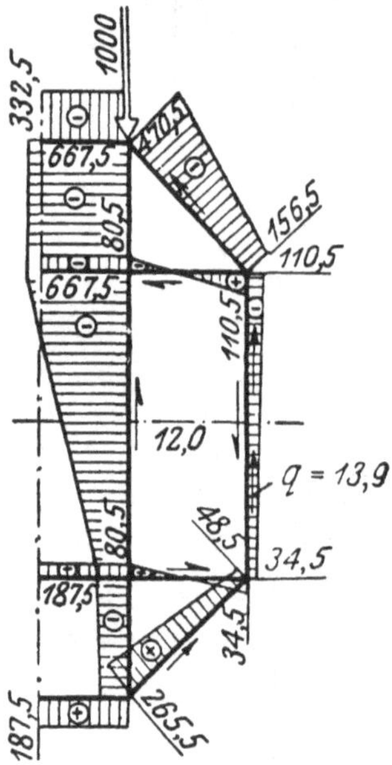

Bild 120

Die Ermittelung der Verschiebungen Δ_{1p} und δ_{11} ist in Tabelle 14 gegeben, aus der wir $E \cdot \Delta_{1p} = -6350$ und $E \cdot \delta_{11} = 62{,}1$ entnehmen.

Kennen wir Y_1, so bestimmen wir N (Bild 119).

Folglich ist

$$Y_1 = \frac{6350}{62{,}1} = 102{,}5.$$

V o l l s t ä n d i g e L ö s u n g : Durch Summieren der Kräfte N und q, die in den Belastungsfällen A und B gefunden wurden (Bild 117 und 119), kommen wir zu den vollständigen Werten N und q für die gegebene Gesamtbelastung (Bild 120).

Beispiel 3 : Die Kräfte im Spant, der im vorigen Beispiel behandelt wurde, sind unter der Belastung zu bestimmen, die in Bild 121 a gezeigt ist.

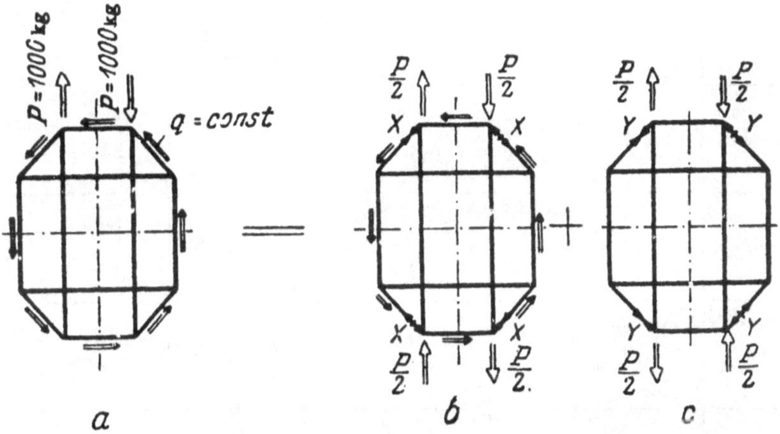

Bild 121

Im vorliegenden Falle ersetzen wir das aufgegebene Kräftesystem durch die Summe zweier Systeme, die in Bild 121 b und 121 c dargestellt sind.
Ohne die Rechnung erst durchzuführen geben wir in Bild 122 das Endergebnis.

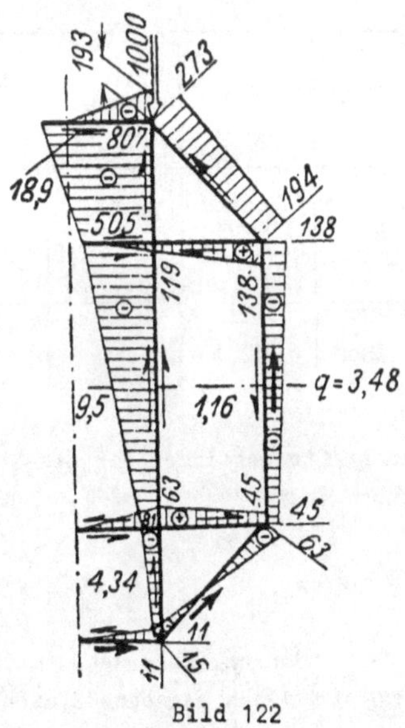

Bild 122

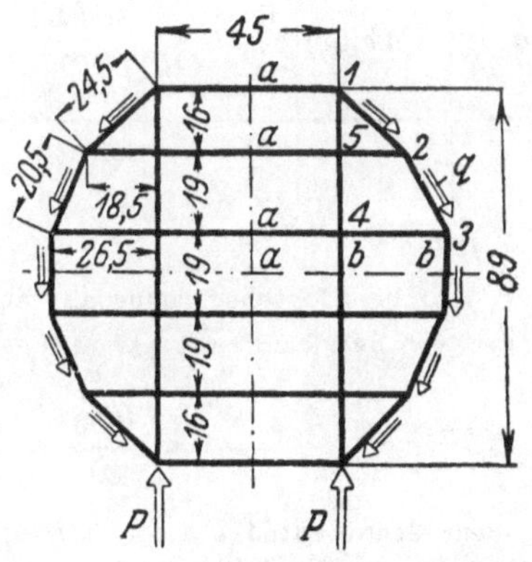

Bild 123

Beispiel 4 : Die Kräfte im Spant (Bild 123) sind zu bestimmen, wenn er durch die Kräfte P = 1000 kg und einen konstanten Schubfluß belastet ist. Die Dicke der Beplankung ist δ = 0,08 cm. Die Querschnittsfläche jedes Stabes beträgt f = 1 cm^2.

Tabelle 14

Stab	$k=\frac{l}{f}$	N_P	N_1	$E\Delta_{1P}$	$E\delta_{11}$	$N_1 Y_1$	N_P+ $+N_1Y_1=$ $=N$
a—2	12,5	0 0	−0,707 −0,707	0	6,25	−72,5 −72,5	−72,5 −72,5
2—3	22,6	0 0	−1 −1	0	22,6	−102,5 −102,5	−102,5 −102,5
3—b	20,0	0 0	−0,707 −0,707	0	10,0	−72,5 −72,5	−72,5 −72,5
3—10	16,0	0 0	0,707 0,707	0	8,0	72,5 72,5	72,5 72,5
2—10	8,0	−500 −500	0,707 0,707	−2820	4,0	72,5 72,5	−427,5 −427,5
10—b	10,0	−500 −500	0,707 0,707	−3530	5,0	72,5 72,5	−427,5 −427,5
10—a	12,5	0 0	0,707 0,707	0	6,25	72,5 72,5	72,5 72,5
				−6350	62,1		

Aus der Gleichgewichtsbedingung der äußeren Kräfte bestimmen wir den Schubfluß, der von der Rumpfhaut her auf den Spant wirkt:

$$q = \frac{1000}{89} = 11{,}22 \text{ kg/cm} .$$

Der gegebene Spant enthält acht überzählige Verbindungen. Aber wenn man die Symmetrie betrachtet, kann man das in Bild 123 und 124 a gegebene System auf die Lösung von zwei Systemen A und B mit je zwei überzähligen Unbekannten (Bild 124 b und c) zurückführen.

F a l l A : als überzählige Unbekannte nehmen wireine Gruppe achsialer Kräfte X_1 und X_2, die in Bild 124 b dargestellt sind. Die Zustände des Grundsystems durch die Belastung und die Einheitslasten sind in Bild 125 - 127 ge-

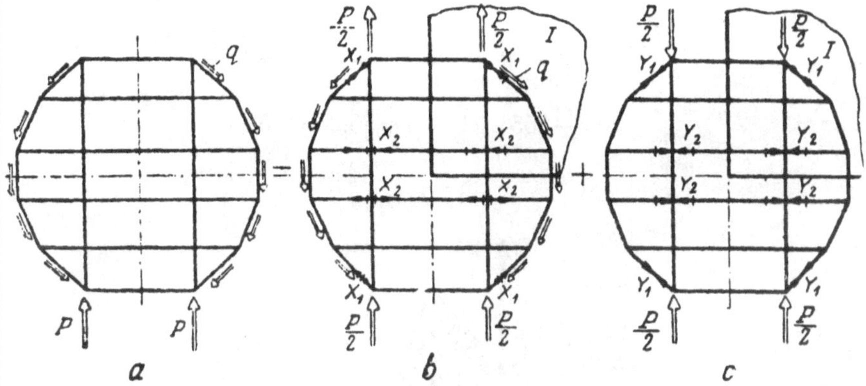

Bild 124

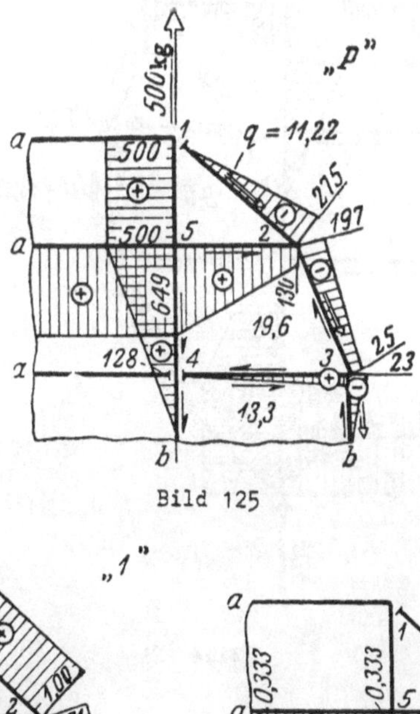

Bild 125

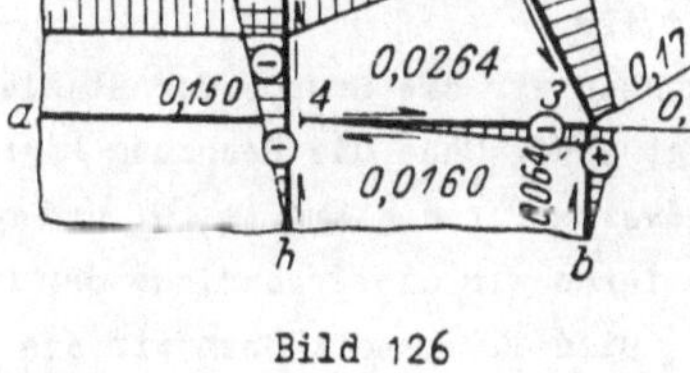

Bild 126

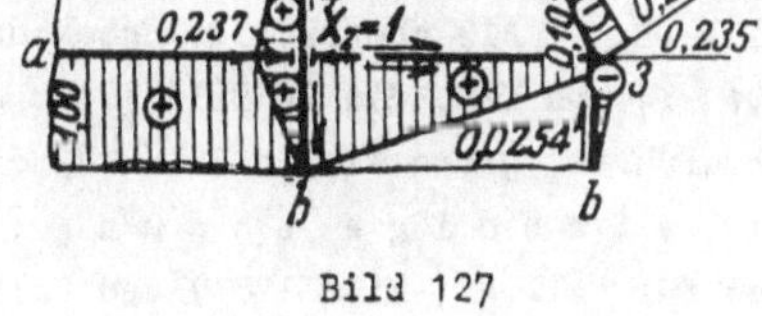

Bild 127

zeigt. Nach der wie bis her durchgeführten Errechnung der Verschiebungen Δ_{1p}, Δ_{2p}, δ_{11}, δ_{22} und $\delta_{12} = \delta_{21}$ (Tab. 15) werden die Elastizitätsgleichungen aufgestellt:

$$-40\,138 + 104{,}1X_1 + 9{,}8X_2 = 0,$$

$$-5551 + 9{,}8X_1 + 56{,}2X_2 = 0.$$

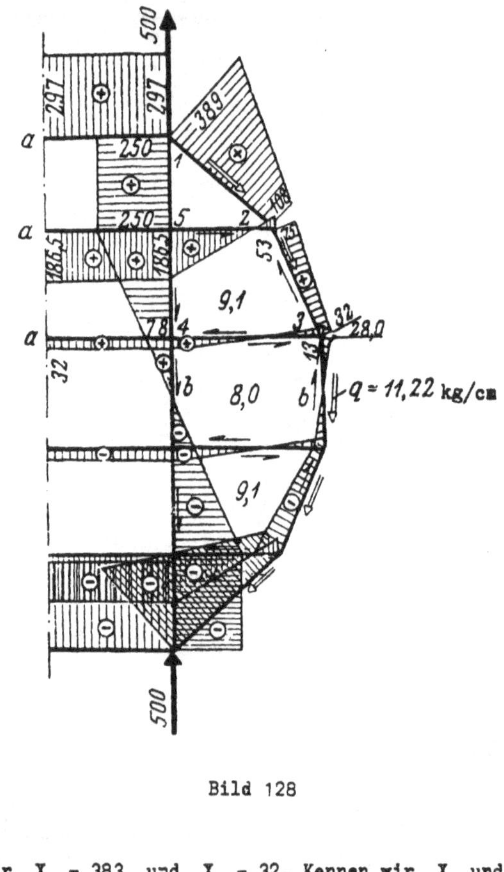

Bild 128

Daraus erhalten wir $X_1 = 383$ und $X_2 = 32$. Kennen wir X_1 und X_2, so bestimmen wir N und q (Tabelle 16 und Bild 128)

F a l l B : Als überzählige Unbekannte nehmen wir die Gruppe der Stablängskräfte Y_1 und Y_2, die in Bild 124 c gezeigt sind. Ohne die Rechnung hier durchzuführen, geben wir in Bild 129 die Endwerte für die Kräfte N und q an.

V o l l s t ä n d i g e L ö s u n g : Summieren wir die Ergebnisse der Rechnungen für Fall A (Bild 128) und Fall B (Bild 129), so können wir die Gesamtwerte der Kräfte N und q (Bild 130) erhalten, die der wirklichen Belastung entsprechen.

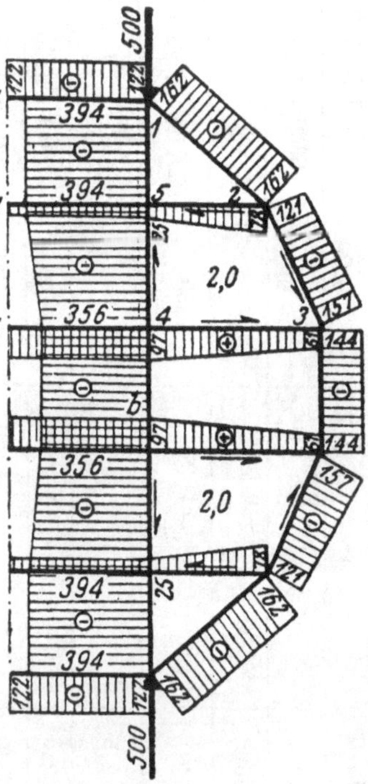

Bild 129

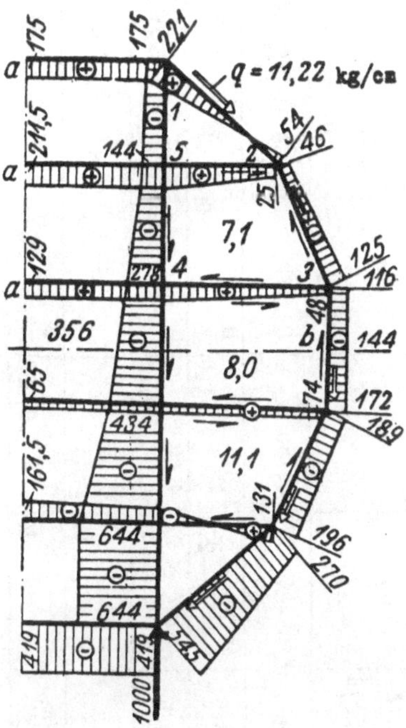

Bild 130

Tabelle 15

Stab Hautfeld	l F	f δ	$k=l/f$ $k=2{,}6F/\delta$	N_p q_p	N_1 q_1	N_2 q_2	$E\Delta_{1p}$	$E\delta_{11}$	$E\delta_{12}$	$E\Delta_{2p}$	$E\delta_{22}$
$a-1$	$\frac{45}{2}=22{,}5$	1,0	22,5	0 0	0,755 0,755	0 0	0	12,25	0	0	0
$1-2$	24,5	1,0	24,5	0 −275	1,0 1,0	0 0	−3375	24,5	0	0	0
$2-3$	20,5	1,0	20,5	−197 −25	0,71 0,17	0 −0,256	−1162	4,51	−0,91	216	0,448
$3-b$	$\frac{19}{2}=9{,}5$	1,0	9,5	−23 0	0,155 0	−0,235 0	−10,0	0,66	−0,11	17	0,175
$4-3$	26,5	1,0	26,5	0 10	0 −0,068	1 0,1	−6,0	0,34	−0,83	133	26,5
$4-b$	$\frac{19}{2}=9{,}5$	1,0	9,5	128 0	−0,150 0	0,237 0	−59,0	0,66	−0,11	96	0,175
$5-4$	19	1,0	19,0	500 128	−0,652 −0,150	0 0,237	−2675	3,43	−0,71	567	0,356
$2-5$	18,5	1,0	18,5	130 649	−0,48 −1,18	0 −0,333	−6600	13,71	2,96	−1470	0,682
$1-5$	16,0	1,0	16,0	500 500	−0,652 −0,652	0 0	−5220	6,80	0	0	0
$5-a$	$\frac{45}{2}=22{,}5$	1,0	22,5	649 649	−1,18 −1,18	−0,333 −0,333	−17500	32,4	9,00	−4860	2,48
$4-a$	$\frac{45}{2}=22{,}5$	1,0	22,5	0 0	0 0	1,0 1,0	0	0	0	0	22,5
$2-3-4-5$	427	0,08	5340	−19,6	0,0264	0,0125	−2840	3,96	1,82	−1310	0,83
$3-b-b-4$	251	0,08	3140	−13,3	0,0160	−0,0254	−691	0,86	−1,32	1060	2,02
							−40138	104,1	9,79	−5551	56,166

Tabelle 16

Stab / Hautfeld	N_p	q_p	$383N_1$	$383q_1$	$32N_2$	$32q_2$	N	q
a–1	0	0	297	297	0	0	297	297
1–2	0	–275	383	383	0	0	383	108
2–3	–197	–25	272	65	0	–8	75	32
3–b	–23	0	58,5	0	–7,5	0	28,0	0
4–3	0	10	0	–26	32	3,2	32	–13
4–b	128	0	–57,5	0	7,5	0	78	0
5–4	500	128	–250	–57,5	0	7,5	250	78
2–5	130	649	–183	–452	0	–10,5	–53	186,5
1–5	500	500	–250	–250	0	0	250	250
5–a	649	649	–452	–452	–10,5	–10,5	186,5	186,5
4–a	0	0	0	0	32	32	32	32
2–3–4–5		–19,6		10,1		0,4		–9,1
3–b–b–4		–13,3		6,1		–0,8		–8,0

§ 16 Berechnung von Ringspanten

Ringspante, in Sonderheit die von Druckkabinen und Motorgondeln sind durch Einzelkräfte und verteilte Lasten verschiedenster Herkunft belastet. Aus der Mannigfaltigkeit dieser Belastungen nehmen wir einige einfache Lastfälle für Spanten heraus, die in Bild 131 – 133 dargestellt sind. (Die Kontur der Spante ist jeweils durch eine einzelne Linie gezeichnet, nämlich durch die Linie, die die Schwerpunkte der Spantquerschnittsfläche mit einander verbindet.

Haben wir die Lösung der Grundfälle, so können wir durch Kombinieren die inneren Kräfte in den anderen Lastfällen bestimmen.
der erste der angezogenen Fälle betrifft die Beanspruchung des Spantes durch das örtlich angreifende Einzelmoment $\dot{M}$ und den Schub der Haut $q = \dot{M}/2\pi r^2 = const.$ (Bild 131), der dem Moment $\dot{M}$ das Gleichgewicht hält.

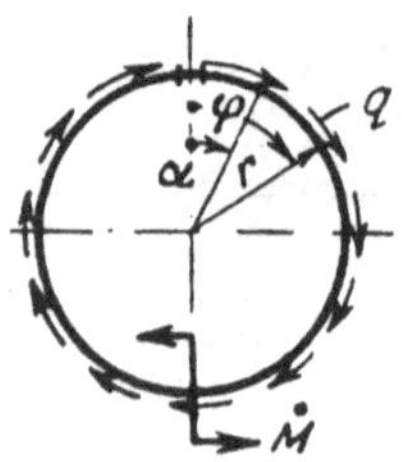

Bild 131

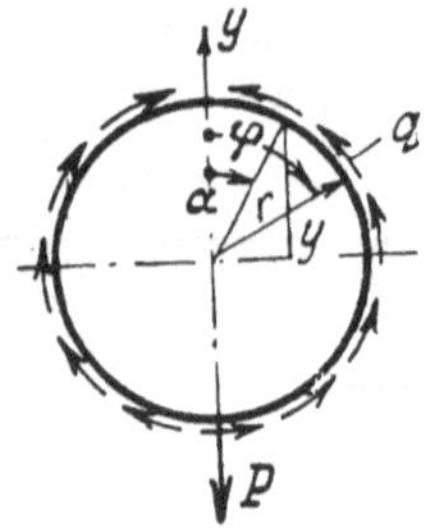

Bild 132

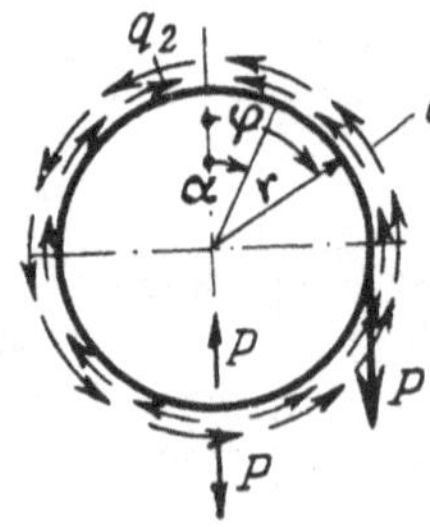

Bild 133

Der zweite Fall ist die Belastung des Spantes durch die Radialkraft P , die ebenfalls ihr Gleichgewicht in Schubkräften der Haut findet, die nach dem Elementargesetz der Biegung verteilt sind (Bild 132)

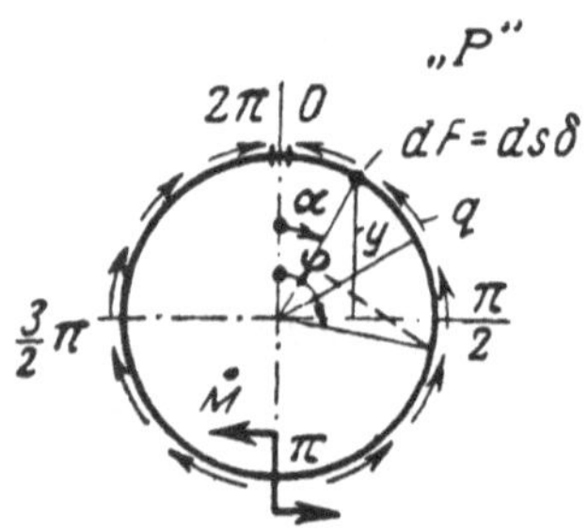

Bild 134

$$q_\varphi = \frac{P}{J}\int \delta y ds = \frac{P}{\pi r^3 \delta}\int_0^\varphi \delta r^2 \cos\alpha d\alpha =$$

$$= \frac{P}{\pi r}\sin\varphi.$$

Der dritte Fall ist die Wirkung der Schubkraft P, die durch den Schubfluß der Umfangskräfte ins Gleichgewicht gesetzt wird: $q_1 = \frac{P}{2\pi r}$ und

$q_2 = \frac{P}{\pi r}\sin\varphi$ (s. Bild 133)

Als Beispiel stellen wir den Verlauf der Biegemomente für den ersten Lastfall auf. Im Bild 134 ist das Grundsystem im Zustand "P" gezeigt und in Bild 135 - 137 in den Einheitszuständen. Also ist bei der gegebenen Belastung $X_1 = X_2 = 0$. Die übrigbleibende Unbekannte X_3 erhalten wir aus der Gleichung:

$$X_3\delta_{33} + \Delta_{3P} = 0.$$

Für die Ermittelung

$$\delta_{33} = \oint \frac{M_3^2 ds}{EJ}$$

und

$$\Delta_{3P} = \oint \frac{M_3 M_P ds}{EJ} \tag{a}$$

erhält man die Ausdrücke M_3 и M_P.
offensichtlich ist (s. Bild 134 und 137) $M_3 = r\sin\varphi$.

Aus Bild 134 erhalten wir

$$dM_p = -qrd\alpha\,[r - r\cos(\varphi - \alpha)];$$

und daraus

$$M_p = qr^2 \int_0^{\varphi} [1 - \cos(\varphi - \alpha)]\, d\alpha = qr^2 (\varphi - \sin\varphi).$$

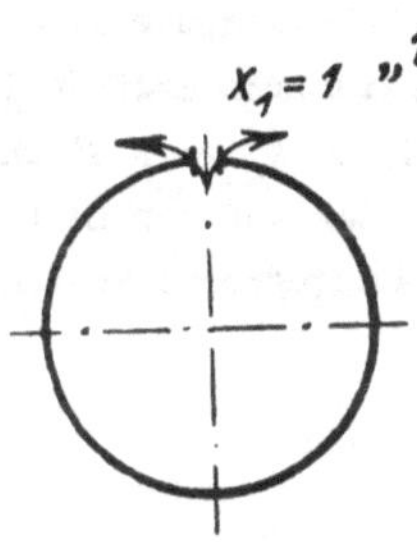

Bild 135

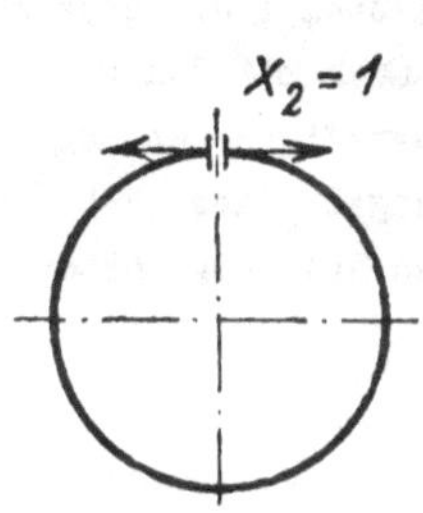

Bild 136

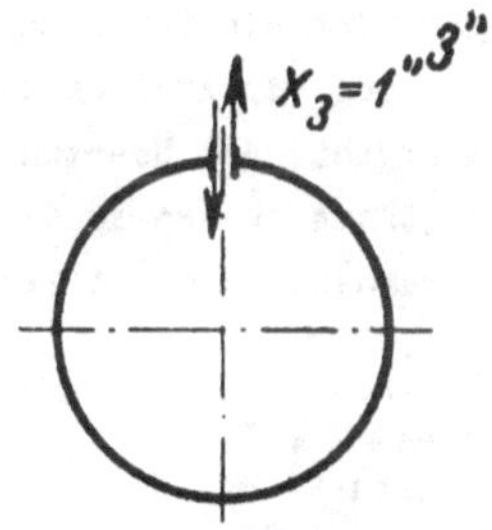

Bild 137

Wir setzen die gefundenen Werte M_3 und M_p in die Formel (a) ein und erhalten aus der Elastizitätsgleichung:

$$X_3 = -qr = -\frac{\dot{M}}{2\pi r}.$$

Folglich ist,

$$M = M_p + M_3 X_3 = qr^2 (\varphi - \sin\varphi) - r\sin\varphi\, qr =$$

$$= qr^2 (\varphi - 2\sin\varphi) = \frac{\dot{M}}{2\pi} (\varphi - 2\sin\varphi).$$

Diese Gleichung ist richtig bei $0 < \varphi < \pi$. Auf der anderen Hälfte des Spantes ist der Verlauf von M entgegengesetzt symmetrisch (antisymmetrisch) zu

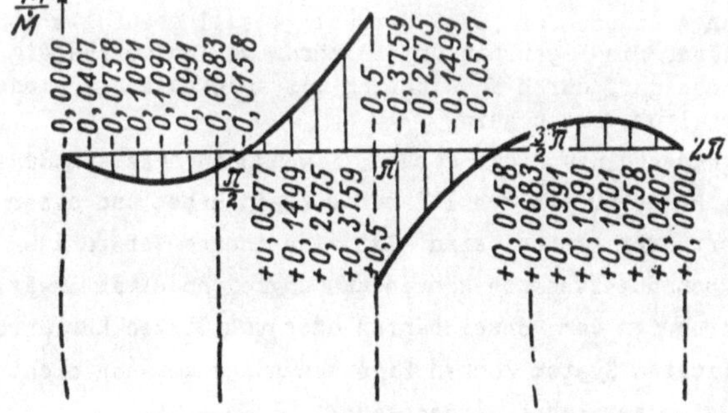

Bild 138

dem erhaltenen. Der Verlauf von M nach der gefundenen Gleichung ist in Bild 138 dargestellt *).

*) Der Verlauf für andere Fälle ist in dem Handbuch "Maschinenbau" nachzusehen.

§ 17 Die Wahl des besten Grundsystems

Stellen wir einige ergänzende Erwägungen über die Wahl des Grundsystems und der überzähligen Unbekannten an, die für die Berechnung statisch mehrfach unbestimmter Systeme von Nutzen sind.
Wie aus dem Vorhergehenden zu ersehen, kann jede überzählige Unbekannte auch eine ganze Kräftegruppe sein. Zusammen mit den durch sie hervorgerufenen Reaktionen, häufiger noch sie für sich allein, stellt die überzählige Unbekannte eine Gleichgewichtsgruppe von Kräften dar. Zusammen mit den zugehörigen inneren Kräften im Grundsystem ergibt jede Überzählige einen Eigenspannungszustand. Alle diese Eigenspannungszustände müssen zu dem Spannungszustand "P" (infolge der äußeren Last) hinzugefügt werden, um den tatsächlichen Spannungszustand für das gegebene System zu erhalten.

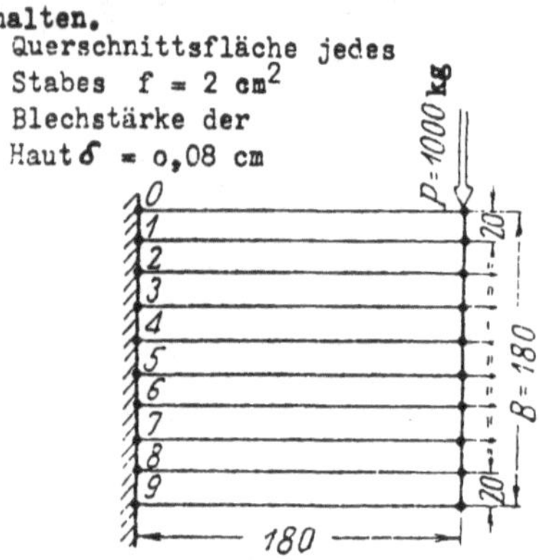

Bild 139

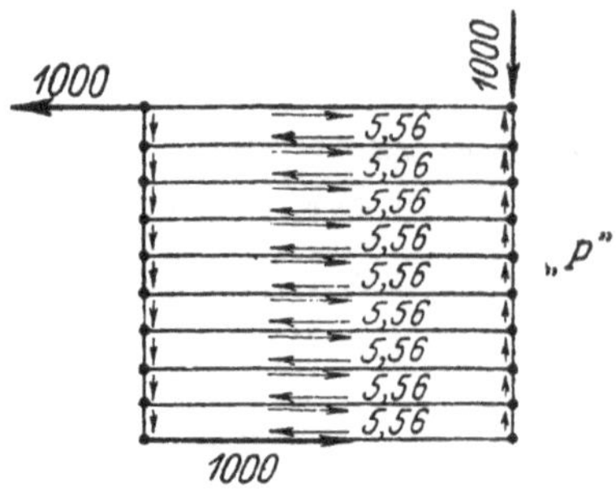

Bild 140

Die Forderungen an das Grundsystem und an die überzähligen Unbekannten oder an die ihnen gleichwertigen Eigenspannungszustände lassen sich so formulieren:

1) Das Grundsystem soll sich unter der Wirkung der äußeren Kräfte (im Zustand "P") im Gleichgewicht befinden.
2) Der Spannungszustand für jede Überzählige soll ebenfalls ein Gleichgewichtssystem bilden. Die Eigenspannungszustände sollen unabhängig sein, d.h. keiner von ihnen darf durch Kombination mit anderen angenommenen Spannungszuständen erhalten worden sein.

Dazu muß folgendes hinzugefügt werden: Eigenspannungszustände sind Spannungszustände, die keine äußere resultierende Kraft haben und daher aus einer solchen nicht herrühren können, sind also eine innere Verspannung des Körpers. Solche Eigenspannungszustände können aus ungleichmäßiger Erwärmung, aus dem örtlichen Schrumpfen von Schweißnähten oder vom Gießen herrühren. (In einem statisch bestimmten System können Eigenspannungszustände nicht auftreten, da es nicht in sich verspannt werden kann).

Offensichtlich ist eine unendlich Vielzahl von Grundsystemen möglich. Es sei z.b. der Rechnung eine Platte mit vielen Stringern zugrunde gelegt (Bild 139). Das Grundsystem kann man, um Forderung 1 zu genügen, erhalten, indem man z.B. die Zwischenstäbe an der Einspannkante der Platte in den Punkten 1, 2, 3, 4, 5, 6, 7, und 8 ablöst (Bild 140), d.h. das gegebene statisch unbestimmte Grundsystem in ein statisch bestimmtes überführt. Aber es ist nicht unbedingt nötig das Grundsystem statisch bestimmt zu machen; dieser Forderung 1 kann man auch anders gerecht werden: z.B. indem man Stabkräfte in der Einspannkante der Platte ansetzt, wie in Bild 141 gezeigt, oder eine Verteilung der inneren Kräfte nach der Hypothese der ebenen Querschnitte (die Gerade in Bild 142) annimmt, im wesentlichen also ein statisch unbestimmtes System als Grundsystem ansetzt.

Auf diese Weise stellt sich eine weite Möglichkeit für die Auswahl des Grundsystems zur Verfügung (und folglich für den Zustand "P"). Bei solcher Wahl muß man, wenn das vorgesehene System symmetrisch ist, danach bestrebt sein, daß die inneren Kräfte des Zustandes "P" auch in der Konstruktion symmetrisch oder antisymmetrisch verteilt sind und nach Möglichkeit dem wirklichen Spannungszustand des Systems nahe kommen. Das Letzgenannte ist unbedingt erforderlich, um die Möglichkeit zu haben, gemäß den Kräften des Grundsystems (mit einer ungefähren Korrektur in Richtung des Einflusses der Unbekannten) die Querschnitte der Bauteile des sta-

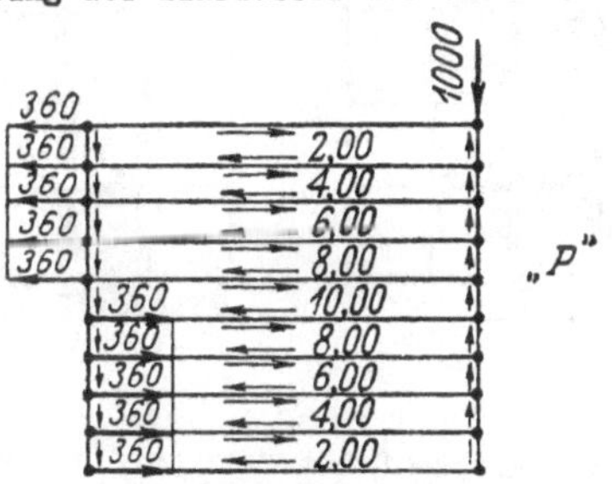

Bild 141

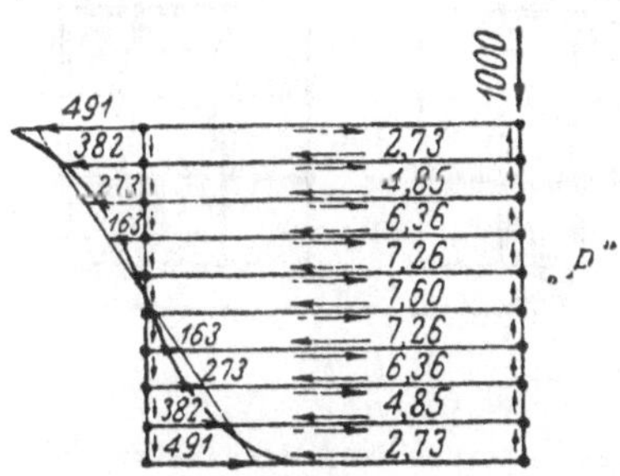

Bild 142

tisch unbestimmten Systems zu wählen, die man unbedingt noch vor der Lösung kennen muß. Außerdem haben in diesem Falle die unbekannten Kräfte im Vergleich zu den Kräften N_p und q_p des Grundsystems nur eine kleine Größe (man nennt sie in diesem Falle sekundär), was die endgültigen Kräfte um so genauer zu bestimmen gestattet. Beim Zusammenfügen der Kräfte des Grundsystems mit jenen der einzelnen Überzähligen zu den endgültigen Kräften können sie sich nicht mehr als Differenzen von Werten ergeben, die viel größer sind als die gesuchte Kraft selbst, wie es für ein Grundsystem der Fall wäre, das weitab von der Wirklichkeit liegt.

Im Bilde 142 zeigt die Kurve die wirkliche Verteilung der Stabkräfte in den Stringern an. Es ist zu sehen, daß der angenommene Zustand "P" genügend nahe an die wirkliche Verteilung der inneren Kräfte herankommt. Daher ist es im gegebenen Falle zweckmäßig, unter allen angeführten Zuständen den Zustand "P" nach Bild 142 zu nehmen.

Was verwickeltere Systeme anbetrifft (z.B. Flügel oder Rumpf), so erhalten wir, wie die Rechnungen zeigen, auch hier natürlich den Zustand "P" in verhältnismäßig geringer Abweichung vom tatsächlichen, wenn wir die Verteilung der inneren Kräfte im Grundsystem nach der Hypothese der ebenen Querschnitte vom Biegemoment her und die Schubkräfte vom Verdrehmoment her durch stetige Kräfte längs der Kontur vornehmen.

Bei der Wahl der Eigenspannungzustände (der überzähligen Unbekannten) muß man im Auge behalten, daß das Egebnis der "Multiplikation" symmetrischer Systeme innerer Kräfte mit antisymmetrischen gleich Null ist. Daher ist es zur Verminderung der Zahl der Koeffizienten und freien Glieder der kanonischen (Elastizitäts-) Gleichungen erwünscht, ein Zusammenspiel von Symmetrie und Antisymmetrie zu haben.

Außerdem muß man danach streben, daß sich jeder Eigenspannungszustand auf einen

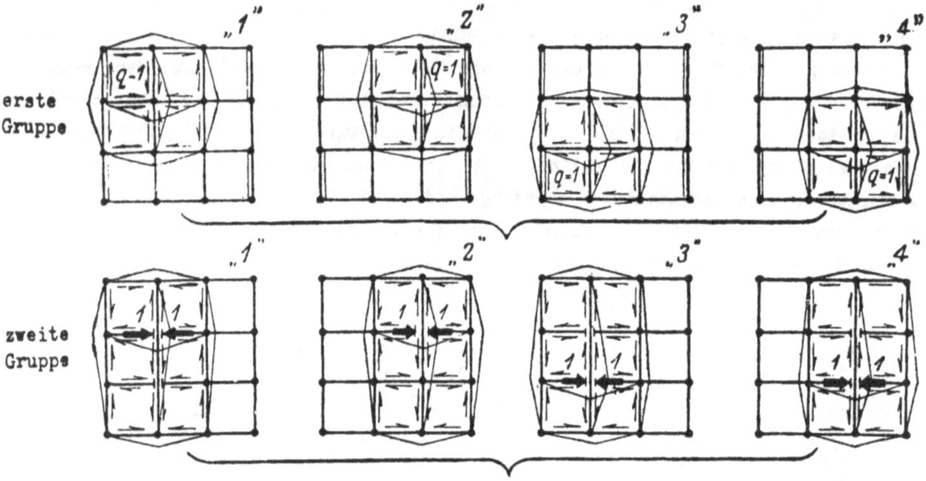

Bild 143

möglichst kleinen Teil des Systems auswirkt, was ebenfalls zu einer Vereinfachung der kanonischen Gleichungen führt und die Zahlenrechnung erleichter. Z.B. ist von zwei Gruppen von Eigenspannungszuständen nach Bild 143 für eine versteifte Paltte die erste für die statisch unbestimmte Berechnung viel geeigneter als die zweite, da die eimzelnen Eigenspannungszustände viel kleinere Bereiche des Systems erfassen.

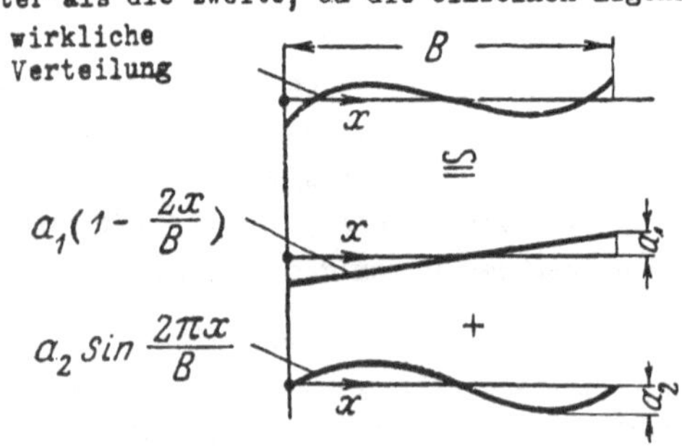

Bild 144

Beschränken wir uns auf Näherungslösungen, ist es oft möglich, die Zahl der Unbekannten beträchtlich zu kürzen. Für das oben gezeigte statisch unbestimmte System (Bild 139) nehmen wir im Zustand "P" eine Verteilung der inneren Kräfte nach der Lehre von den ebenen Querschnitten (s. Bild 142) vor und konnten die sekundären Normalspannungen, die im Wurzelquerschnitt wirken, angenähert mit genügender Genauigkeit für Ingenieursrechnungen als Summe sich linear ändernder und nach einer Sinuslinie sich ändernder Größen bestimmen (Bild 144).

Das heißt:

$$\sigma = a_1\left(1-\frac{2x}{B}\right)+a_2\sin\frac{2\pi x}{B}\,.$$

Hierbei sind die zwei Koeffizienten a_1 und a_2 die Unbekannten. Aus der Bedingung heraus, daß die Sekundärspannungen eine Gleichgewichtsgruppe von Kräften

bilden müssen, kann man den einen Koeffizienten als Funktion des anderen ausdrücken und gerade dadurch die Aufgabe auf ein einfach statisch unbestimmtes System zurückführen. Aber für eine genaue Lösung ist unbedingt nötig, die vier überzähligen Unbekannten zu ermitteln.
Und schließlich zeigen wir, daß die Wahl der Eigenspannungszustände unabhängig von dem Grundsystem durchgeführt werden kann, das für den Zustand "P" genommen wurde (weil das letztgenannte willkürlich ist).*) Unbedingt nötig ist nur, daß sie die oben angegebene Forderung 2 erfüllen und daß ihre Zahl gleich der des Grades der statischen Unbestimmtheit ist. Beachten wir diesen Umstand, können wir im folgenden manchmal verschiedene Grundsysteme im Belastungsfall "P" und im Zustand der Einheitseigenspannungen benutzen.

§ 18 Herleitung der Differenzengleichung für einen Rumpf mit elastischen und einen mit starren Spanten.

Wenn man in die Formeln zur Bestimmung des Grades der statischen Unbestimmtheit, die in Kap.IV angeführt sind, die wirkliche Zahl der Abschnitte eines Flügels oder Rumpfes einsetzt, so erhält man ein hochgradig statisch unbestimmtes System. Sogar im einfachsten Falle eines Flügels wird bei n = 1 und m = 10 nach Formel (IV,8) k = 10.

Für eine Zelle ist bei: $m_{\text{кр}} = 10,\ m'_{\text{кр}} = 10,\ m_{\Phi} = 10,\ m'_{\Phi} = 5$ und $n = 1$

gemäß Formel (IV.10)

$$k = 10 + 10 + 10 + 5 + k_{\text{ц}} = 36 + k_{\text{ц}}.$$

Es ist bekannt, daß bei k = 10 die Benutzung der kanonischen Gleichungen V,1 für die Ermittelung der Unbekannten eine Unmöglichkeit wegen des großen Rechenaufwandes ist. Im Falle, daß die Abschnitte von Flügel und Rumpf ein und dieselben sind und man die auf sie wirkenden Lasten als stetige Funktionen der Längskoordinaten ausdrücken kann, kann man die Lösung einfacher gestalten, wenn man sich der Differenzengleichung bedient.

B e i s p i e l : Auf einen Rumpf mögen die Biegemomente M_1 und M_2 einwirken, denen das Moment M das Gleichgewicht hält (Bild 145). Die Kräfte in den Holmgurten und der Schubfluß in den Stegen sind bei folgenden Daten zu bestimmen:

1) Die Zahl der Rumpfabschnitte ist groß, sowohl rechts wie links vom Mittelstück, wo das Moment M angreift.
2) Der Abstand zwischen den Spanten ist konstant.
3) Der Querschnitt der Holmgurte und die Blechstärke der Haut sind im Vorder- und im Heckteil konstant.
4) Es ist: M_1 = 250 mkg, M_2 = 750 mkg, M = 1000 mkg

Unter Benutzung der Symmetriebedingungen und unter der Annahme, daß die Seitenfelder eben sind, stellen wir das Schema für die Berechnung auf (Bild 146), das wir wie das eines ebenen Problems mit angeschlossenen Gurten und Stegen

*) Weiteres darüber siehe Literaturverzeichnis

betrachten wollen (Bild 147).

Die in jedem Schnitt wirksamen inneren Kräfte N in den Gurten und dem Schubfluß q kann man als Summe von Kräften darstellen, die aus Kräften bestehen, die nach der Hypothese der ebenen Querschnitte N_P und q_P verteilt sind, und

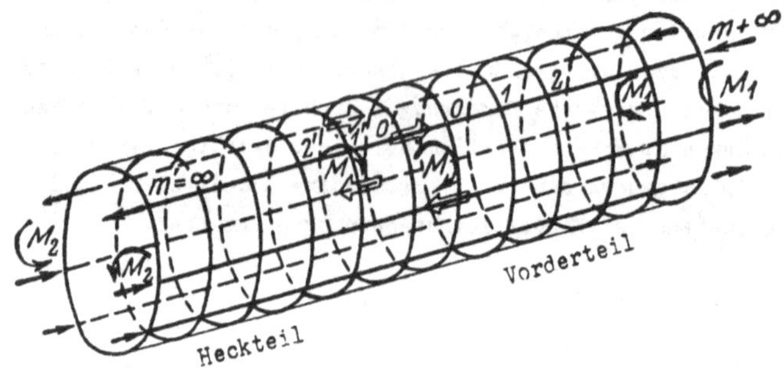

Bild 145

aus zusätzlichen Kräften (Sekundärkräften) X und q . Wir wissen, wie bei gegebenen äußeren Kräften die inneren Kräfte N_P und q_P nach der Hypothese

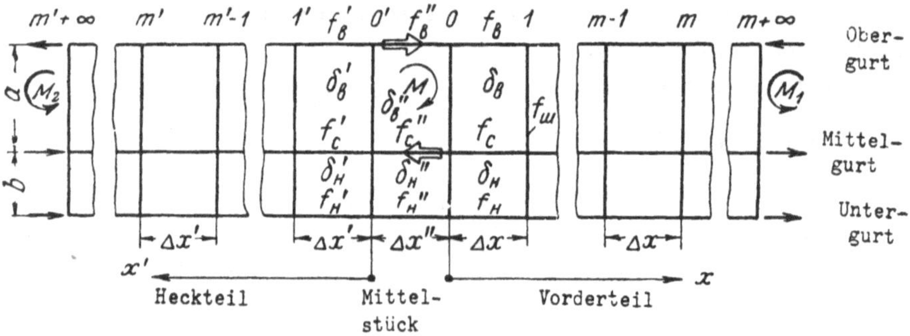

Bild 146

der ebenen Querschnitte zu finden sind. Wir nehmen die Gesmatheit dieser Kräfte als Lastzustand "P". Die Eigenspannungszustände von der Unbekannten her erhalten wir, wenn wir den Mittelgurt an der Stelle durchschneiden, an der er die Spante kreuzt, und an der Stelle des Schnittes die Kräfte X einführen. Für irgendeinen Schnitt m stellen wir die kanonische Gleichung auf:

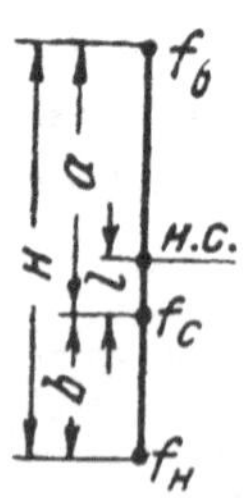

$$X_{m+\infty}\delta_{m,\,m+\infty} + \dots + X_{m+3}\delta_{m,\,m+3} + X_{m+2}\delta_{m,\,m+2} + X_{m+1}\delta_{m,\,m+1} + X_m\delta_{m,\,m} + X_{m-1}\delta_{m,\,m-1} + X_{m-2}\delta_{m,\,m-2} + X_{m-3}\delta_{m,\,m-3} + \dots + X_0\delta_{m,\,0} + \Delta_{mP} = 0. \qquad (V.2)$$

Bild 147

Wir schreiben die kanonische Gleichung für einen willkürlichen Schnitt im Vorderteil in allgemeiner Art und rechnen so, als sei die Zahl der unbekannten Längskräfte unendlich groß. Aber jede unbekannte Kraft X verbreitet ihren Einfluß nur auf zwei Abschnitte, weil der Mittelgurt durchgetrennt ist an jeder Überkreuzung mit den Spanten. Folglich wird die Verschiebung im Querschnitt m nur von den statisch unbekannten Kräften X beeinflußt, für die sich die zugehörigen inneren Kräfte mit jenen überdekken, die von der Kraft X im Schnitt m herrühren.

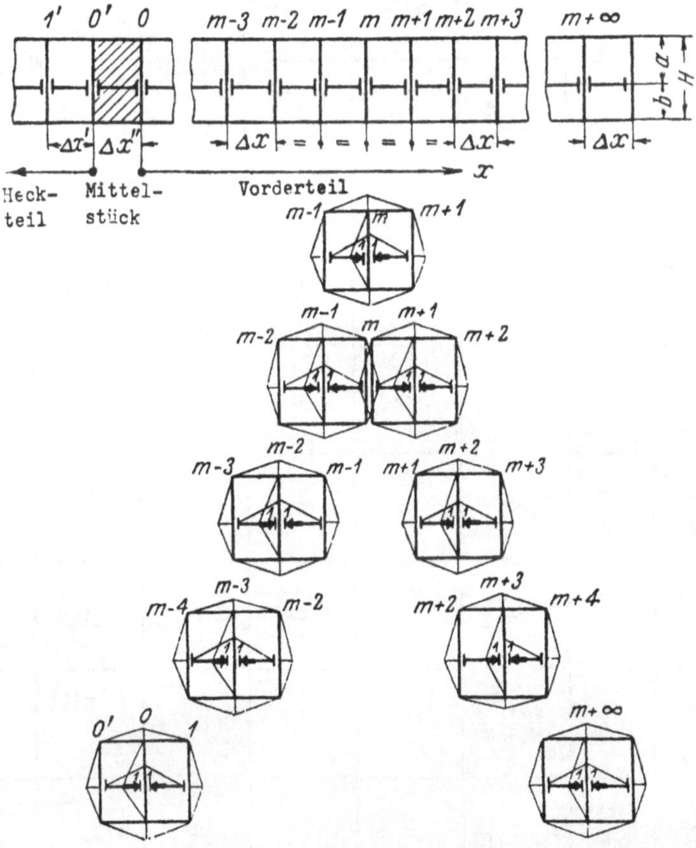

Bild 148

In Bild 148 sind die Eigenspannungszustände dargestellt, die durch die Kraft X hervorgerufen sind, welche der Reihe nach an den einzelnen Trennstellen angreift. In Bild 149 ist in vergrößertem Maßstab einer dieser Zustände gezeigt.

Die inneren Kraftwirkungen, die durch die Kräfte X hervorgerufen sind, welche an den Schnitten $m+\infty$ .... $m+3$ und $m-3$ ..... 0 angreifen, (Bild 148), überdecken sich nicht mit den Kraftwirkungen aus der Kraft X im Schnitt m. Und folglich ist $\delta_{m,m+\infty}$ ... $\delta_{m,\,m+3}$, $\delta_{m,m-3}$ und $\delta_{m,0}$ gleich Null.

Die Kraftwirkungen aus der Kraft X, die in den Schnitten $m+2$ und $m-2$ angreifen, überdecken sich mit den Wirkungen m nur an den Spanten und folglich

Tabelle 17

Holmgurte	k_{Gurt}	$X_{m+2}=1$	$X_{m+1}=1$	$X_m=1$	$X_{m-1}=1$	$X_{m-2}=1$	$E\,\Delta\delta_{m,\,m+2}$	$E\,\Delta\delta_{m,\,m+1}$	$E\,\Delta\delta_{m,\,m}$	$E\,\Delta\delta_{m,\,m-1}$	$E\,\Delta\delta_{m,\,m-2}$
Beplankung	k_{Haut}	q_{m+2}	q_{m+1}	q_m	q_{m-1}	q_{m-2}					
Obergurt $m+1,\ m$	$\frac{\Delta x}{f_B}$	0	$-\frac{b}{H}$ 0	0 $-\frac{b}{H}$	0	0	0	$\frac{b^2\,\Delta x}{6H^2 f_B}$	$\frac{b^2\,\Delta x}{3H^2 f_B}$	0	0
Obergurt $m,\ m-1$	$\frac{\Delta x}{f_B}$	0	0	$-\frac{b}{H}$ 0	0 $-\frac{b}{H}$	0	0	0	$\frac{b^2\,\Delta x}{3H^2 f_B}$	$\frac{b\,\Delta x}{6H^2 f_B}$	0
Mittelgurt $m+1,\ m$	$\frac{\Delta x}{f_C}$	0	1 0	0 1	0	0	0	$\frac{\Delta x}{6f_C}$	$\frac{\Delta x}{3f_C}$	0	0
Mittelgurt $m,\ m-1$	$\frac{\Delta x}{f_C}$	0	0	1 0	0 1	0	0	0	$\frac{\Delta x}{3f_C}$	$\frac{\Delta x}{6f_C}$	0
Untergurt $m+1,\ m$	$\frac{\Delta x}{f_H}$	0	$-\frac{a}{H}$ 0	0 $-\frac{a}{H}$	0	0	0	$\frac{a^2\,\Delta x}{6H^2 f_H}$	$\frac{a^2\,\Delta x}{3H^2 f_H}$	0	0
Untergurt $m,\ m-1$	$\frac{\Delta x}{f_H}$	0	0	$-\frac{a}{H}$ 0	0 $-\frac{a}{H}$	0	0	0	$\frac{a^2\,\Delta x}{3H^2 f_H}$	$\frac{a^2\,\Delta x}{6H^2 f_H}$	0

Spantgurt $m+1$	$\frac{H}{f_{\text{ш}}}$	$-\frac{ba}{H\,\Delta x}$	$\frac{2ba}{H\,\Delta x}$	$-\frac{ba}{H\,\Delta x}$	0	0	$\frac{b^2a^2}{3H\,\Delta x^2 f_{\text{ш}}}$	$-\frac{2b^2a^2}{3H\,\Delta x^2 f_{\text{ш}}}$	$\frac{b^2a^2}{3H\,\Delta x^2 f_{\text{ш}}}$	0	0
Spantgurt m	$\frac{H}{f_{\text{ш}}}$	0	$-\frac{ba}{H\,\Delta x}$	$\frac{2ba}{H\,\Delta x}$	$-\frac{ba}{H\,\Delta x}$	0	0	$-\frac{2b^2a^2}{3H\,\Delta x^2 f_{\text{ш}}}$	$\frac{4b^2a^2}{3H\,\Delta x^2 f_{\text{ш}}}$	$-\frac{2b^2a^2}{3H\,\Delta x^2 f_{\text{ш}}}$	0
Spantgurt $m-1$	$\frac{H}{f_{\text{ш}}}$	0	0	$-\frac{ba}{H\,\Delta x}$	$\frac{2ba}{H\,\Delta x}$	$-\frac{ba}{H\,\Delta x}$	0	0	$\frac{b^2a^2}{3H\Delta x^2 f_{\text{ш}}}$	$-\frac{2b^2a^2}{3H\Delta x^2 f_{\text{ш}}}$	$\frac{b^2a^2}{3H\,\Delta\, x^2 f_{\text{ш}}}$
Beplankung oben $m+1,\ m$	$\frac{E\,\Delta xa}{G\,\delta_{\text{в}}}$	0	$-\frac{b}{H\,\Delta x}$	$\frac{b}{H\,\Delta x}$	0	0	0	$-\frac{Eb^2a}{GH^2\Delta x\delta_{\text{в}}}$	$\frac{Eb^2a}{GH^2\,\Delta x\delta_{\text{в}}}$	0	0
Beplankung oben $m,\ m-1$	$\frac{E\,\Delta xa}{G\,\delta_{\text{в}}}$	0	0	$-\frac{b}{H\,\Delta x}$	$\frac{b}{H\,\Delta x}$	0	0	0	$\frac{Eb^2a}{GH^2\Delta x\delta_{\text{в}}}$	$-\frac{Eb^2a^2}{GH^2\,\Delta x\delta_{\text{в}}}$	0
Beplankung unten $m+1,\ m$	$\frac{E\,\Delta xb}{G\,\delta_{\text{н}}}$	0	$\frac{a}{H\,\Delta x}$	$-\frac{a}{H\,\Delta x}$	0	0	0	$-\frac{Eba^2}{GH^2\Delta x\delta_{\text{н}}}$	$\frac{Eba^2}{GH^2\Delta x\delta_{\text{н}}}$	0	0
Beplankung unten $m,\ m-1$	$\frac{E\,\Delta xb}{G\,\delta_{\text{н}}}$	0	0	$\frac{a}{H\,\Delta x}$	$-\frac{a}{H\,\Delta x}$	0	0	0	$\frac{Eba^2}{GH^2\,\Delta x\delta_{\text{н}}}$	$-\frac{Eba^2}{GH^2\Delta x\delta_{\text{н}}}$	0
							$E\delta_{m,\,m+2}$	$E\delta_{m,\,m+1}$	$E\delta_{m,\,m}$	$E\delta_{m,\,m-1}$	$E\delta_{m,\,m-2}$

verschwindet bei starren Spanten $\delta_{m,\,m+2}$ und $\delta_{m,\,m-2}$. Die Verschiebungen Δ_{mp} sind im vorgegebenen Falle gleichfalls gleich Null (nach der Bedingung des Grundsystems beim angenommenen Lastzustand).

Folglich kann man die Gleichung (V,2) in folgender Form schreiben:

$$X_{m+2}\delta_{m,\,m+2}+X_{m+1}\delta_{m,\,m+1}+X_m\delta_{m,\,m}+X_{m-1}\delta_{m,\,m-1}+ \\ +X_{m-2}\delta_{m,\,m-2}=0, \qquad (V.3)$$

Wenn aber die Spanten starr sind, kann man sie in dieser Form schreiben:

$$X_{m+1}\delta_{m,\,m+1}+X_m\delta_{m,\,m}+ \\ +X_{m-1}\delta_{m,\,m-1}=0. \qquad (V.4)$$

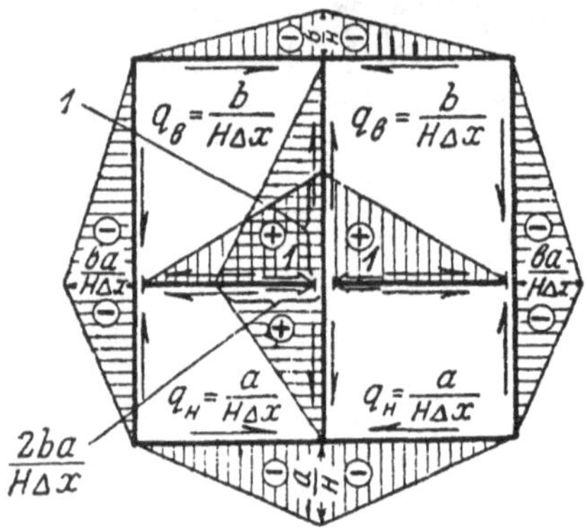

Bild 149

Die erhaltenen kanonischen Gleichungen (V,3) und (V,4) kann man als homogene Differenzengleichungen mit konstanten Koeffizienten auffassen.

Zur Bestimmung der Koeffizienten δ stellen wir Tabelle 17 auf (in der Tabelle sind die Größtwerte der Längskräfte in den Gurten angegeben). Aus Tabelle 17 ist klar, daß

$$E\delta_{m,\,m+2}=E\delta_{m,\,m-2}$$

und $E\delta_{m,\,m+1}=E\delta_{m,\,m-1}$.

Folglich nimmt die Differenzengleichung für Schnitt m bei elastischen Spanten die Form an (V,3) :

$$\frac{1}{3}\frac{b^2a^2H}{\Delta x^3 f_{\text{ш}}}(X_{m+2}+X_{m-2})+\left[\frac{1}{6}\left(\frac{b^2}{f_{\text{в}}}+\frac{H^2}{f_{\text{c}}}+\frac{a^2}{f_{\text{н}}}\right)-\frac{4}{3}\frac{b^2a^2H}{\Delta x^3 f_{\text{ш}}}- \\ -\frac{E}{G}\frac{ba}{\Delta x^2}\left(\frac{b}{\delta_{\text{в}}}+\frac{a}{\delta_{\text{н}}}\right)\right](X_{m+1}+X_{m-1})+\left[\frac{2}{3}\left(\frac{b^2}{f_{\text{в}}}+\frac{H^2}{f_{\text{c}}}+\frac{a^2}{f_{\text{н}}}\right)+ \\ +2\frac{b^2a^2H}{\Delta x^3 f_{\text{ш}}}+2\frac{E}{G}\frac{ba}{\Delta x^2}\left(\frac{b}{\delta_{\text{в}}}+\frac{a}{\delta_{\text{н}}}\right)\right]X_m=0, \qquad (V.5)$$

Dabei ist $f_{\text{ш}}$ — die Fläche des Spantquerschnitts

Bei $f_{\text{ш}}\to\infty$ erhalten wir dann die Gleichung für den Fall starrer Spanten.

$$\left[\frac{1}{6}\left(\frac{b^2}{f_{\text{в}}}+\frac{H^2}{f_{\text{c}}}+\frac{a^3}{f_{\text{н}}}\right)-\frac{E}{G}\frac{ba}{\Delta x^2}\left(\frac{b}{\delta_{\text{в}}}+\frac{a}{\delta_{\text{н}}}\right)\right](X_{m+1}+X_{m-1})+ \\ +\left[\frac{2}{3}\left(\frac{b^2}{f_{\text{в}}}+\frac{H^2}{f_{\text{c}}}+\frac{a^2}{f_{\text{н}}}\right)+2\frac{E}{G}\frac{ba}{\Delta x^2}\left(\frac{b}{\delta_{\text{в}}}+\frac{a}{\delta_{\text{н}}}\right)\right]X_m=0. \qquad (V.6)$$

§ 19 Ein Zahlenbeispiel

Wir bestimmen die Längskräfte X für ein konkretes Zahlenbeispiel und benutzen dazu die Differenzengleichungen für starre Spanten (V,6).

Es seien gegeben (Bezeichnungen nach Bild 146)

$$\frac{E}{G}=2{,}6;\quad H=100\ см;\quad a=60\ см;\quad b=40\ см;\quad \Delta x=50\ см;$$

$$f_в=10\ см^2;\quad f_с=5\ см^2;\quad f_н=10\ см^2;\quad \delta_в=0{,}08\ см;\quad \delta_н=0{,}08\ см;$$

$$f'_в=30\ см^2;\quad f'_с=15\ см^2;\quad f'_н=30\ см^2;\quad \delta'_в=0{,}2\ см;\quad \delta'_н=0{,}2\ см;$$

$$f''_в=30\ см^2;\quad f''_с=30\ см^2;\quad f''_н=30\ см^2;\quad \delta''_в=0{,}2\ см;\quad \delta''_н=0{,}3\ см;$$

$$f_ш=1{,}5\ см^2;\quad f'_ш=2\ см^2;\quad f''_ш=3\ см^2.$$

V o r d e r e r R u m p f t e i l :

Wir bestimmen die konstanten Koeffizienten der Gleichung

$$\frac{1}{6}\left(\frac{b^2}{f_в}+\frac{H^2}{f_с}+\frac{a^2}{f_н}\right)-\frac{E}{G}\frac{ba}{\Delta x^2}\left(\frac{b}{\delta_в}+\frac{a}{\delta_н}\right)=\frac{1}{6}\left(\frac{40^2}{10}+\frac{100^2}{5}+\frac{60^2}{10}\right)-$$

$$-2{,}6\,\frac{40\cdot 60}{50^2}\left(\frac{40}{0{,}08}+\frac{60}{0{,}08}\right)=\frac{1}{6}(160+2000+360)-$$

$$-2{,}5(500+750)=420-3120=-2700$$

$$\frac{3}{2}\left(\frac{b^2}{f_в}+\frac{H^2}{f_с}+\frac{a^2}{f_н}\right)+2\frac{E}{G}\frac{ba}{\Delta x^2}\left(\frac{b}{\delta_в}+\frac{a}{\delta_н}\right)=1680+6240=+7920.$$

Die Differenzengleichung wird dann (V,6):

$$-27X_{m+1}+79{,}2X_m-27X_{m-1}=0.$$

Wir suchen jetzt eine Lösung der Art:

$$X_m=e^{km};$$

oder, setzen wir $e^k=\alpha$, so ist damit $X_m=\alpha^m$.

Wir erhalten:

$$-27\alpha^{m+1}+79{,}2\alpha^m-27\alpha^{m-1}=0$$

oder $-27\left(\alpha+\frac{1}{\alpha}\right)+79{,}2=0$, daher ist $\alpha_1=2{,}54$ und $\alpha_2=0{,}39$.

Auf diese Art wird:

$$X=C_1 2{,}54^m+C_2 0{,}39^m$$

oder

$$X=C_1 2{,}54^m+C_2 2{,}54^{-m}.$$

Bei $m=\infty$ sind wir in unendlicher Entfernung vom Anschluß (der Stelle, an der die Last angreift) . Dieser Bedingung werden wir gerecht, wenn wir $C_1=0$ setzen.

Schließlich ist für den Rumpfvorderteil:

$$X_{Vord}=C_2\cdot 2{,}54^{-m}. \tag{V.7}$$

R u m p f h e c k :

Die Koeffizienten der Gleichung V,6:

$$\frac{1}{6}\left(\frac{b^2}{f'_b}+\frac{H^2}{f'_c}+\frac{a^2}{f'_н}\right)-\frac{E}{G}\frac{ba}{\Delta x^2}\left(\frac{b}{\delta'_в}+\frac{a}{\delta'_н}\right)=\frac{1}{6}\left(\frac{40^2}{30}+\frac{100^2}{15}+\frac{60^2}{30}\right)-$$

$$-2{,}6\,\frac{40\cdot 60}{50^2}\left(\frac{40}{0{,}2}+\frac{60}{0{,}2}\right)=-1110,$$

$$\frac{3}{2}\left(\frac{b^2}{f'_в}+\frac{H^2}{f'_c}+\frac{a^2}{f'_н}\right)+2\frac{E}{G}\frac{ba}{\Delta x^2}\left(\frac{b}{\delta'_в}+\frac{a}{\delta'_н}\right)=560+2500=3060.$$

In diesem Falle erhalten wir:

$$\alpha_1 = 2{,}33 \text{ und } \alpha_2 = 0{,}43$$

und schließlich für das Rumpfheck:

$$X_{xB} = C_{2'} \cdot 2{,}33^{-m'}. \qquad (V.8)$$

Für die Schnitte 0 und 0' (am Anschluß) ist $m = m' = 0$. Folglich erhalten wir aus Gleichung (V,7) und (V,8) :

$$X_0 = C_2, \text{ и } X_{0'} = C_{2'},$$

Dabei sind X_0 und X_0' die Werte für die einstweilen noch unbekannten Längskräfte im Mittelgurt in den Schnitten 0 und 0' (Bild 150).
Die Längskräfte X_0 und X_0' lassen sich aus den kanonischen Gleichungen bestimmen, die für die Schnitte 0 und 0' aufgestellt sind (Bild 150).

$$\Delta_{1\bar{P}} + \delta_{\bar{1}\bar{1}} X_0 + \delta_{\bar{1}\bar{2}} X_{0'} = 0, \qquad (a)$$

$$\Delta_{2\bar{P}} + \delta_{\bar{2}\bar{1}} X_0 + \delta_{\bar{2}\bar{2}} X_{0'} = 0. \qquad (б)$$

Auf diese Weise können wir schreiben:

$$\Delta_{1\bar{P}} + \delta_{\bar{1}\bar{1}} C_2 + \delta_{\bar{1}\bar{2}} C_{2'} = 0 \qquad (a')$$

$$\Delta_{2\bar{P}} + \delta_{\bar{2}\bar{1}} C_2 + \delta_{\bar{2}\bar{2}} C_{2'} = 0. \qquad (б')$$

Aus den Gleichungen (a') und (b') finden wir auch die Konstanten C_2 und C_2', aber vorher muß man die Koeffizienten und die freien Glieder der Gleichung bestimmen.

Dafür muß man wissen:

1) Die Kräfte im gegebenen System von der äußeren Belastung her (für den Zustand "$\bar{P}$" nach der Navier'schen Annahme des Eben-Bleibens der Querschitte)
2) Die Kräfte im System mit den Trennstellen von den Längskräften $X_{\bar{0}} = C_2 = 1$ her, die an der Trennstelle des Mittelgurtes am Spant 0 angreifen (Zustand $\bar{1}$)
   Weil in diesem Querschnitt $X_{\bar{0}} = C_2 = 1$ angenommen ist, erhalten wir für die anderen Teile des Rumpfes nach der Formel (V,7):
   $$X = 1 \cdot 2{,}54^{-m},$$
3) Dasselbe werden wir für die anderen Schnitte des Heckteils des Rumpfes $X = 1 \cdot 2{,}33^{-m'}$ für die Kraft $X_{\bar{0}'}$, von der Kraft $X_{\bar{0}'} = C_{2'} = 1$ her erhalten, die an der Trennstelle des Mittelgurtes am Spant 0' angreift (Zustand $\bar{2}$)
4) Die Kräfte im System mit den Trennstellen von der Einheitskraft her, die an der Trennstelle des Mittelgurts am Spant 0 (Zustand 1) angreift, und von der Einheitskraft her, die an der Trennstelle des Mittelgurts am Spant 0' angreift (Zustand 2).

Die Systeme $\bar{P}$, $\bar{1}$ und $\bar{2}$ sind statisch unbestimmt, was hier durch den Strich oben quer angedeutet sein mag. In Bild 150 sind alle genannten Zustände dargestellt.
Die Zahlenrechnung des Koeffizienten und der freien Glieder führen wir in Tabelle 18 und 19 durch.

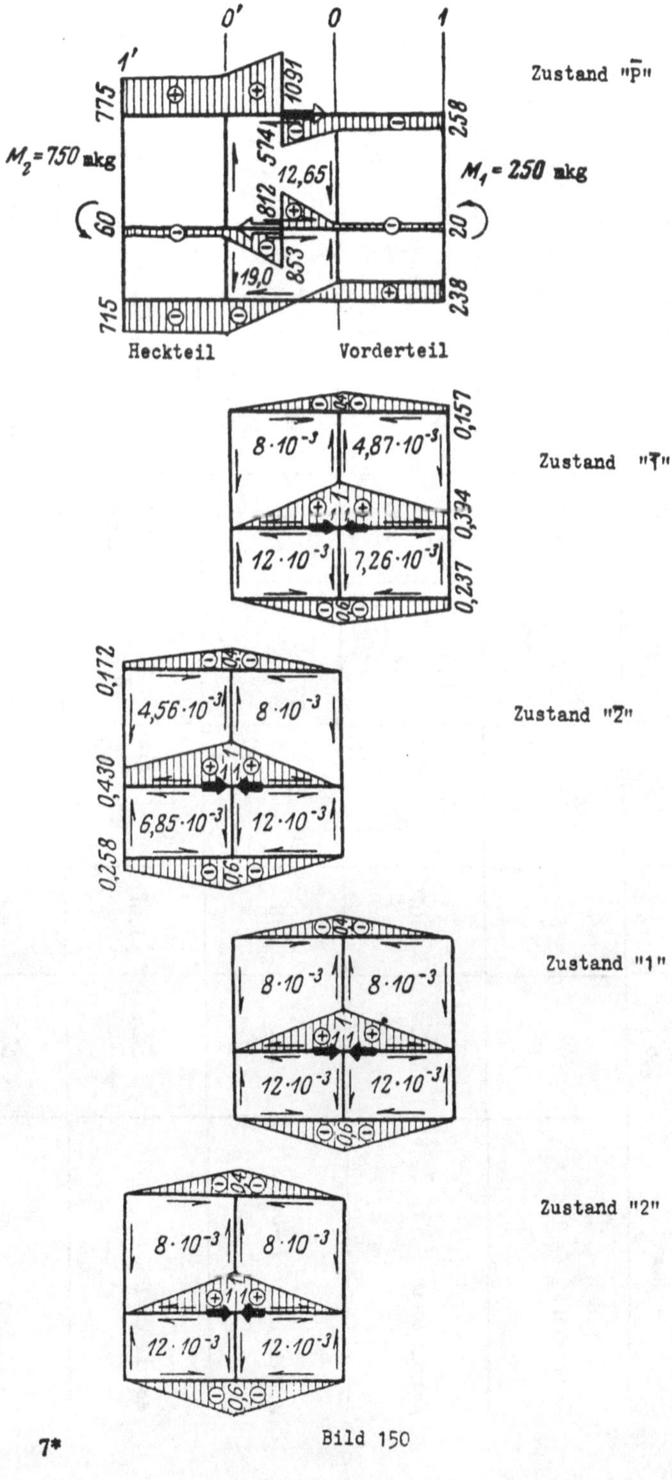
Zustand "P̄"
M2 = 750 mkg
M1 = 250 mkg
Heckteil
Vorderteil
Zustand "1̄"
Zustand "2̄"
Zustand "1"
Zustand "2"

Bild 150

Tabelle 18

Vorderer Teil des Rumpfes

Gurt Haut	$\frac{l}{f}$ $2{,}6\frac{F}{\delta}$	k	$N_{\bar{p}}$ $q_{\bar{p}}$	N_1 q_1	$E\Delta_{1\bar{p}}$	$N_{\bar{1}}$ $q_{\bar{1}}$	$E\delta_{1\bar{1}}$	$N_{\bar{2}}$ $q_{\bar{2}}$	$E\delta_{1\bar{2}}$
Obergurt *1–0*	$\frac{50}{10}$	5	−258 −258	0 −0,4	258	−0,157 −0,4	0,318	0	0
desgl. *0–0′*	$\frac{50}{30}$	1,67	−258 −574 1091 775	−0,4 −0,2 −0,2 0	100 −82	−0,4 0	0,089	0 −0,4	0,0446
Mittelgurt *1–0*	$\frac{50}{5}$	10	20 20	0 1	100	0,394 1	4,0	0	0
desgl. *0–0′*	$\frac{50}{30}$	1,67	20 812 −853 −60	1 0,5 0,5 0	233 −123	1 0	0,557	0 1	0,279
Untergurt *1–0*	$\frac{50}{10}$	5	238 238	0 −0,6	−357	−0,237 −0,6	0,717	0	0

desgl. $0-0'$	$\frac{50}{30}$	1,67	238 −715	−0,6 0	40	−0,6 0	0,201	0 −0,6	0,100
Beplankung oben $1-0$	$2,6\frac{50\cdot 60}{0,08}$	97500	0	$8\cdot 10^{-3}$	0	$4,87\cdot 10^{-3}$	3,79	0	0
desgl. $0-0'$	$2,6\frac{50\cdot 60}{0,2}$	39000	12,65	$-8\cdot 10^{-3}$	−3950	$-8\cdot 10^{-3}$	2,5	$8\cdot 10^{-3}$	−2,5
Beplankung unten $1-0$	$2,6\frac{50\cdot 40}{0,08}$	65000	0	$-12\cdot 10^{-3}$	0	$-7,26\cdot 10^{-3}$	5,66	0	0
desgl. $0-0'$	$2,6\frac{50\cdot 40}{0,3}$	17300	−19,0	$12\cdot 10^{-3}$	−3940	$12\cdot 10^{-3}$	2,49	$-12\cdot 10^{-3}$	−2,49
				$E\Delta_{\overline{1}_P} = -7731$		$E\delta_{\overline{11}} = 20,322$		$E\delta_{\overline{12}} = -4,567$	

Anmerkung. k hat den Wert: für Gurte $k = \frac{l}{f}$, für Hautfelder $k = \frac{EF}{G\delta} = 2,6\frac{F}{\delta}$.

Tabelle 19

Heckteil des Rumpfes

Gurt Haut	$\frac{l}{f}$ $2{,}6\,\frac{F}{\delta}$	k	$N_{\overline{P}}$ $q_{\overline{P}}$	N_2 q_2	$E\Delta_{2\overline{P}}$	$N_{\overline{2}}$ $q_{\overline{2}}$	$E\delta_{2\overline{2}}$
Obergurt 0–0'	$\frac{50}{30}$	1,67	−258 −574 1091 775	0 −0,2 −0,2 −0,4	39 −229	0 −0,4	0,089
desgl. 0'–1'	$\frac{50}{30}$	1,67	775 775	−0,4 0	−258	−0,4 −0,172	0,108
Mittelgurt 0–0'	$\frac{50}{30}$	1,67	20 812 −853 −60	0 0,5 0,5 1	114,5 −258,5	0 1,0	0,557
desgl. 0'–1'	$\frac{50}{15}$	3,33	−60 −60	1 0	−100	1,0 0,430	1,35
Untergurt 0–0'	$\frac{50}{30}$	1,67	238 −715	0 −0,6	200	0 −0,6	0,201
desgl. 0'–1'	$\frac{50}{30}$	1,67	−715 −715	−0,6 0	358	−0,6 −0,258	0,243
Beplankung oben 0–0'	$2{,}6\,\frac{50\cdot 60}{0{,}2}$	39 000	12,65	$8\cdot 10^{-3}$	3940	$8\cdot 10^{-3}$	2,5
desgl. 0'–1'	$2{,}6\,\frac{50\cdot 60}{0{,}2}$	39 000	0	$-8\cdot 10^{-3}$	0	$-4{,}56\cdot 10^{-3}$	1,42
Beplankung unten 0–0'	$2{,}6\,\frac{50\cdot 40}{0{,}3}$	17 300	−19,0	$-12\cdot 10^{-3}$	3940	$-12\cdot 10^{-3}$	2,49
desgl. 0'–1'	$2{,}6\,\frac{50\cdot 40}{0{,}2}$	26 000	0	$12\cdot 10^{-3}$	0	$6{,}85\cdot 10^{-3}$	2,14
					$E\Delta_{2\overline{P}}=7746$		$E\delta_{2\overline{2}}=+11{,}098$

Die Gleichungen (a') und (b') nehmen die Form an:

$$-7731+20{,}322C_2-4{,}567C_{2'}=0,$$

$$+7746-4{,}567C_2+11{,}098C_{2'}=0.$$

Daraus folgt: $C_2=247,\ C_{2'}=-595$

und folglich

$$X_{\text{Vord}}=247\cdot 2{,}54^{-m}, \tag{V.9}$$

$$X_{\text{Heck}}=-595\cdot 2{,}33^{-m'}. \tag{V.10}$$

Tabelle 20

m	Starre Spanten				Elastische Spanten		N.d. Navier'schen Annahme d. ebenen Querschnitte	
	$2{,}54^{-m}$	$X_{\text{Vord.}}$	$2{,}33^{-m}$	$X_{\text{Heck.}}$	$X_{\text{Vord.}}$	$X_{\text{Heck.}}$	$N_{\text{Vord.}}$	$N_{\text{Heck.}}$
0	1	247	1	–559	353	–676	20	–60
1	0,394	97	0,429	–256	140	–319	20	–60
2	0,155	38	0,184	–110	51,1	–129,5	20	–60
3	0,0611	15	0,079	– 47	16,0	–45,8	20	–60
4	0,0240	6	0,0339	–20	4,3	13,5	20	–60
5	0,00974	2,3	0,0145	–8,6	1,1	–2,8	20	–60
6	0,00373	0,92	0,0062	–3,7	–	–	20	–60

In Tabelle 20 sind einige Werte für die Längskräfte im Mittelgurt angegeben, die aus Formel (V,9) und V,10) und aus der Lösung der Gleichung (V,5) bei elastischen Spanten errechnet sind, und ebenfalls Werte für die Achsialkräfte nach der Navier'schen Annahme vom Eben-Bleiben des Querschnittes.

Aus Tabelle 20 folgt:

1) Die Navier'sche Annahme von Eben-Bleiben der Querschnitte kann man nicht für Querschnitte benutzen, die nahe am Anschlußpunkt liegen.
2) Die Beachtung der Elastizität der Spante ergibt eine merkliche Korrektur.

§ 20 Übergang von der Differenzengleichung zur Differentialgleichung

Von der Differenzengleichung kann man zur Differentialgleichung übergehen. Wir drücken in den Gleichungen (V,5) die Werte für die Längskräfte X_{m+2}, X_{m+1}, X_{m-1} und X_{m-2} durch die Kraft X_m und ihre Differenzen aus. Wir erhalten so eine Gleichung, die die Kraft X_m enthält und die ersten und vierten Differenzen der Kraft X_m.

Wir setzen voraus, daß die Werte für die Achsialkraft $X = f(x)$ für eine Reihe von Werten der Art gefunden wurde:

$$x = m\Delta x,$$

Dabei ist Δx die Länge zwischen den Spanten im gleichen Abstand (Länge eines Abschnitts) und m eine ganze Zahl (die Nummer des Spantes). Kennen wir die

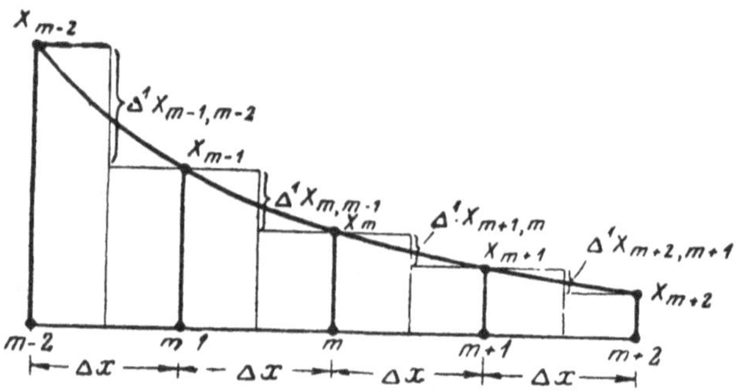

Bild 151

Größe der Längskraft X für die Punkte m+2 , m+1 , m , m-1 und m-2 , so können wir die geschlossene Kurve X aufzeichnen (Bild 151), wodurch wir zugrunde legen, daß die Konstruktion keine Trennstelle an den Spanten habe.

Wir bezeichnen die ersten Differenzen mit $\Delta^1 X$

die zweiten Differenzen mit $\Delta^2 X$ usw.

So ist z.B. $\Delta^1 X_{m+2,m+1}$ die erste Differenz für einen Punkt, der inmitten des Intervalls (m+2) - (m+1) liegt, und $\Delta^2 X_{m+1}$ die zweite Differenz für den Punkt m+1.

Unter Benutzung von Bild 151 kann man schreiben:

$$X_{m+2} = X_{m+1} - \Delta^1 X_{m+2,\,m+1} \quad \text{und} \quad X_{m+1} = X_m - \Delta^1 X_{m+1,\,m} \qquad (V.11)$$

$$X_{m-2} = X_{m-1} + \Delta^1 X_{m-1,\,m-2} \quad \text{und} \quad X_{m-1} = X_m + \Delta^1 X_{m,\,m-1}. \qquad (V.12)$$

Zur Bestimmung der zweiten Differenzen zeichnen wir ein Schaubild für die ersten Differenzen (Bild 152), aus dem ersichtlich ist, daß

$$\Delta^2 X_{m+1} = \Delta^1 X_{m+1,\,m} - \Delta^1 X_{m+2,\,m+1},$$

$$\Delta^2 X_m = \Delta^1 X_{m,\,m-1} - \Delta^1 X_{m+1,\,m},$$

$$\Delta^2 X_{m-1} = \Delta^1 X_{m-1,\,m-2} - \Delta^1 X_{m,\,m-1}.$$

Aus dem Schaubild der zweiten Differenzen kann man schreiben:

$$\Delta^3 X_{m+1,\,m} = \Delta^2 X_m - \Delta^2 X_{m+1}\,,$$
$$\Delta^3 X_{m,\,m-1} = \Delta^2 X_{m-1} - \Delta^2 X_m .$$

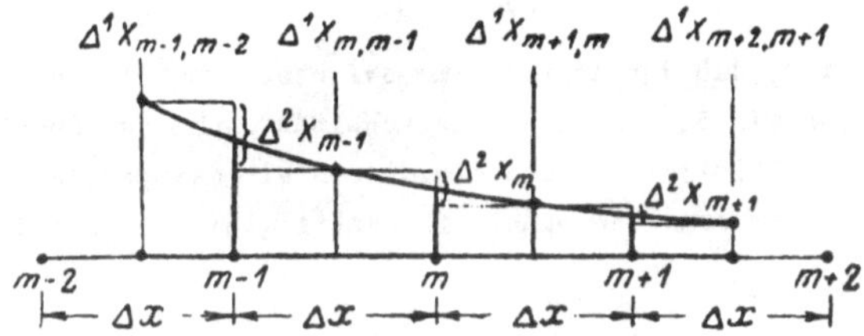

Bild 152

Und schließlich folgt aus dem Schaubild der dritten Differenzen (Bild 154):

$$\Delta^4 X_m = \Delta^3 X_{m,\,m-1} - \Delta^3 X_{m+1,\,m}.$$

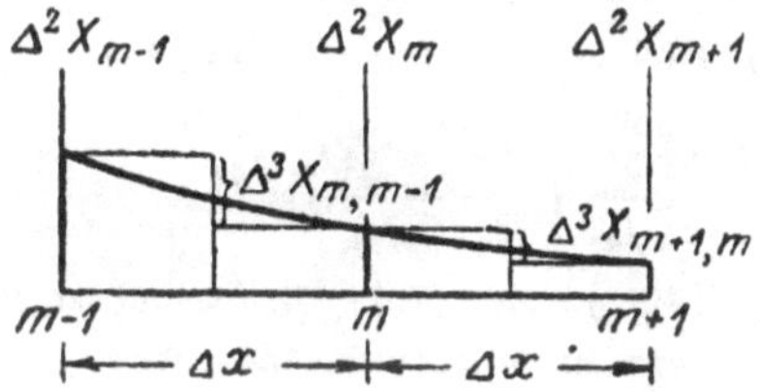

Bild 153

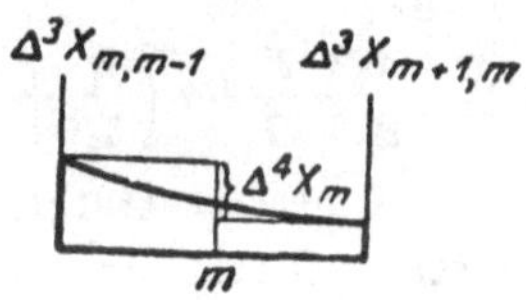

Bild 154

Weiterhin ergeben sich die Ausdrücke für X_{m+2} und X_{m-2}

$$X_{m+2} = X_{m+1} - \Delta^1 X_{m+2,\,m+1} = X_m - \Delta^1 X_{m+1,\,m} - \Delta^1 X_{m+2,\,m+1} =$$
$$= X_m - \Delta^1 X_{m+1,\,m} - \Delta^1 X_{m+1,\,m} + \Delta^2 X_{m+1} = X_m - 2\Delta^1 X_{m+1,\,m} +$$
$$+ \Delta^2 X_m - \Delta^3 X_{m+1,\,m}.$$

$$X_{m+2} = X_m - 2\Delta^1 X_{m+1,\,m} + \Delta^2 X_m - \Delta^3 X_{m+1,\,m}, \qquad \text{(V. 13)}$$

$$X_{m-2} = X_{m-1} + \Delta^1 X_{m-1,\,m-2} = X_m + \Delta^1 X_{m,\,m-1} + \Delta^2 X_{m-1} +$$
$$+ \Delta^1 X_{m,\,m-1} = X_m + 2\Delta^1 X_{m,\,m-1} + \Delta^2 X_m + \Delta^3 X_{m,\,m-1}.$$

$$X_{m-2} = X_m + 2\Delta^1 X_{m,\,m-1} + \Delta^2 X_m + \Delta^3 X_{m,\,m-1}. \qquad \text{(V. 14)}$$

Setzt man die Werte X_{m+1}, X_{m-1}, X_{m+2} und X_{m-2} gemäß den Formeln (V. 11), (V. 12), (V. 13) и (V. 14) in Gleichung (V. 5), ein, so ergibt sich:

$$\delta_{m,\,m+2}(X_m - 2\Delta^1 X_{m+1,\,m} + \Delta^2 X_m - \Delta^3 X_{m+1,\,m}) +$$
$$+ \delta_{m,\,m+1}(X_m - \Delta^1 X_{m+1,\,m}) + \delta_{m,\,m} X_m + \delta_{m,\,m-1}(X_m + \Delta^1 X_{m,\,m-1}) +$$
$$+ \delta_{m,\,m-2}(X_m + 2\Delta^1 X_{m,\,m-1} + \Delta^2 X_m + \Delta^3 X_{m,\,m-1}) = 0.$$

Errechnet man die Größen $E\delta_{m,\,m+2}=E\delta_{m,\,m-2}$, $E\delta_{m,\,m+1}=E\delta_{m,\,m-1}$ und $E\delta_{m,\,m}$ nach Tab. 17, so erhält man nach einigen Umformungen:

$$\Delta^4 X_m \frac{b^2a^2H}{3\Delta x^3 f_{\text{Ш}}} + \Delta^2 X_m \left[\frac{1}{6}\left(\frac{b^2}{f_{\text{B}}}+\frac{H^2}{f_{\text{C}}}+\frac{a^2}{f_{\text{H}}}\right)-\frac{E}{G}\frac{ba}{\Delta x^2}\left(\frac{b}{\delta_{\text{B}}}+\frac{a}{\delta_{\text{H}}}\right)\right]+$$
$$+X_m\left(\frac{b^2}{f_{\text{B}}}+\frac{H^2}{f_{\text{C}}}+\frac{a^2}{f_{\text{H}}}\right)=0. \qquad \text{(V. 15)}$$

Nunmehr fordern wir, daß der Abstand Δx zwischen den Spanten nach Null gehe. Aber vorher führen wir die laufende Querschnittsfläche der Spanten $\gamma \cdot f_{\text{Ш}}/\Delta x$ ein und außerdem multiplizieren und dividieren wir das zweite Glied der Gleichung mit $\Delta^2 x$. Wir erhalten eine Differentialgleichung für den Fall elastischer Spante:

$$\lim_{\Delta x\to 0}\left\{\frac{\Delta^4 X_m}{\Delta x^4}\,\frac{1}{3}\,\frac{b^2a^2H}{\gamma}+\frac{\Delta^2 X_m}{\Delta x^2}\left[\frac{\Delta x^2}{6}\left(\frac{b^2}{f_{\text{B}}}+\frac{H^2}{f_{\text{C}}}+\frac{a^2}{f_{\text{H}}}\right)-\right.\right.$$
$$\left.\left.-\frac{E}{G}\,ba\left(\frac{b}{\delta_{\text{B}}}+\frac{a}{\delta_{\text{H}}}\right)\right]+X_m\left(\frac{b^2}{f_{\text{B}}}+\frac{H^2}{f_{\text{C}}}+\frac{a^2}{f_{\text{H}}}\right)\right\}=\frac{d^4X}{dx^4}\,\frac{1}{3}\,\frac{b^2a^2H}{\gamma}-$$
$$-\frac{d^2X}{dx^2}\,\frac{E}{G}\,ba\left(\frac{b}{\delta_{\text{B}}}+\frac{a}{\delta_{\text{H}}}\right)+X\left(\frac{b^2}{f_{\text{B}}}+\frac{H^2}{f_{\text{C}}}+\frac{a^2}{f_{\text{H}}}\right)=0. \qquad \text{(V. 16)}$$

Wenn die Spante starr sind, geht $\gamma\to\infty$ und aus der Gleichung (V,16) folgt:

$$\frac{d^2X}{dx^2}\,\frac{E}{G}\,ba\left(\frac{b}{\delta_{\text{B}}}+\frac{a}{\delta_{\text{H}}}\right)-X\left(\frac{b^2}{f_{\text{B}}}+\frac{H^2}{f_{\text{C}}}+\frac{a^2}{f_{\text{H}}}\right)=0. \qquad \text{(V. 17)}$$

Lösen wir die Differentialgleichung (V,16) und (V,17), so erhalten wir die Längskräfte im Mittelgurt des Rumpfes wie in Tabelle 21 angegeben.

Tabelle 21

m	Starre Spanten		Elastische Spanten	
	$X_{\text{Vord.}}$	X_{Heck}	$X_{\text{Vord.}}$	X_{Heck}
0	251	−602	355	−678
1	102	−264	141	−322
2	42	−116	51	−133
3	17	−51	17	−49
4	7	−22	6	−16
5	3	−10	2	−5

Vergleichen wir Tabelle 20 und 21, so können wir sehen, daß der Unterschied zwischen den Längskräften aus der Differenzengleichung an der Anschlußstelle angenähert gleich Null ist. In den einzelnen Querschnitten aber ergibt es beachtliche Unterschiede. Jedoch in Anbetracht dessen, daß die Längskräfte schnell abklingen, kann man sagen, daß die Differenzengleichung und die Differentialgleichungen für den gegebenen Fall praktisch gleichwertige Ergebnisse zeitigen (s.Bild 157).

Kapitel VI

Näherungsrechnung für Kastenkonstruktionen

§ 21 Einführende Bemerkungen

In Rechnungen der Praxis liegt es den Ingenieuren ob, die gegebenen Konstruktionen zu vereinfachen, bis dieses oder jenes Rechenverfahren verwendet werden kann. Bei der Berechnung der sekundären Stablängskräfte (X) behält man im Auge daß sie für Flügel und Rumpf sowohl im Falle der Biegung als auch im Falle der Verdrehung praktische Bedeutung nur in den Schnitten haben, die nahe der Stel-

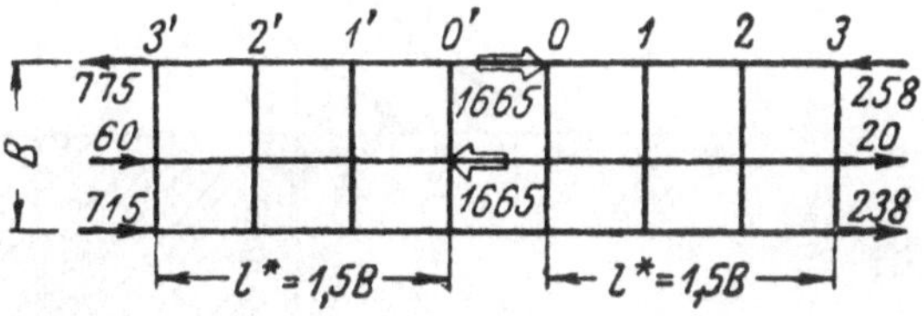

Bild 155

le liegen, die eine freie Verwölbung des Querschnittes verhindern. Das ist in den Grenzen der Länge (ℓ^*) gleich der angenäherten Höhe des Querschnittes oder nur etwas darüber *).

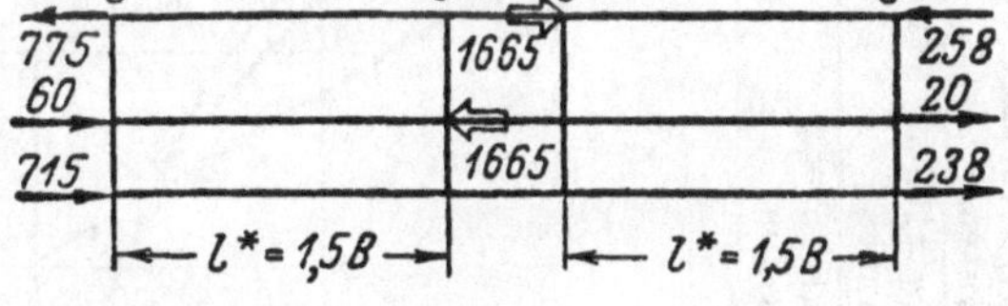

Bild 156

Kehren wir zu dem oben behandelten Beispiel zurück und nehmen $B \leq \ell^* \leq 1,5\,B$ (Bild 155) an, so erhalten wir die Möglichkeit, den Vorderteil des Rumpfes bis Spant 3 wegzulassen und den Heckteil bis Spant 3'.

An den Enden des verbleibenden statischen Aufbaus liegen Kräfte, die nach der Navier'schen Annahme über das Eben-Bleiben des Querschnitts bestimmt werden

---

*) Diese Behauptung gründet sich auf die Arbeiten von Kissilew, Kan und andere. Außerdem kann sich der Leser davon an besonderen Beispielen überzeugen die in §§ 19, 20 (s.Bild 157) und 25 dargelegt sind.

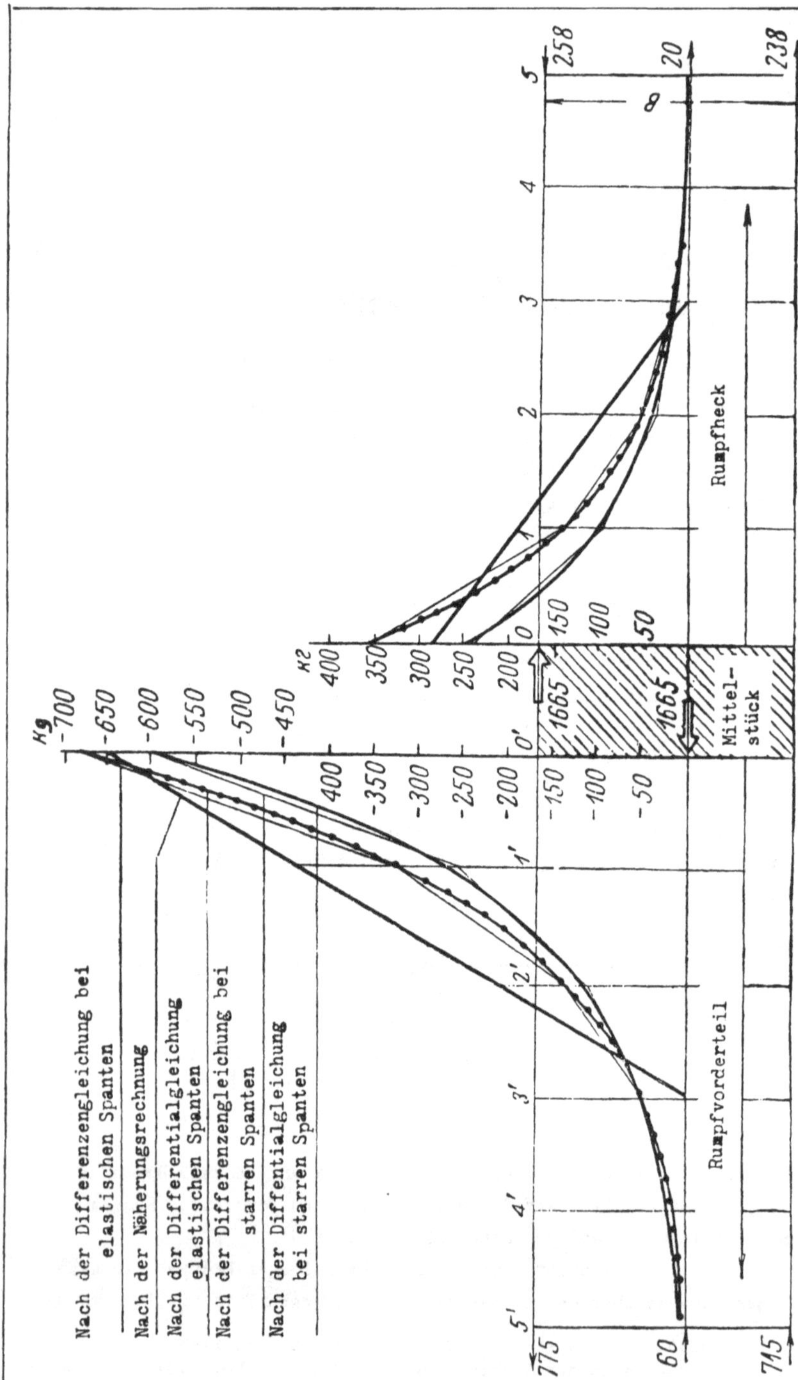
Nach der Differenzengleichung bei elastischen Spanten
Nach der Näherungsrechnung
Nach der Differentialgleichung elastischen Spanten
Nach der Differenzengleichung bei starren Spanten
Nach der Diffentialgleichung bei starren Spanten
Rumpfvorderteil
Mittel-stück
Rumpfheck
1665
1665
775
60
715
258
20
238

Bild 157

und die die Wirkung der weggelassenen Teile ersetzen. Der statische Aufbau, der in Bild 155 dargestellt ist, ist erheblich einfacher als der Aufbau, der in Bild 146 gezeigt wird. Jedoch ist auch das für praktische Rechnungen nicht annehmbar, weil es immer noch sechs Unbekannte enthält.
Damit wir den Grad der statischen Unbestimmtheit herunterbringen, machen wir die Annahme, daß die Stablängskräfte X sich linear über die Spannweite andern. Dann wird unsere Aufgabe im Falle starrer Spanten nur noch zweifach statisch unbestimmt sein (Bild 156).
Lösen wir diese Aufgabe, so finden wir die Werte für die sekundären Stablängskräfte im Mittelgurt in den Schnitten 0 und 0' : $X_0 = +284$ kg, $X_{0'} = -660$ kg.

Die Werte sind im Schaubild 157 eingetragen, aus dem ersichtlich ist, daß an den Anschlußstellen (im Mittelabschnitt) die Stablängskräfte X , die aus der letzten Näherungsrechnung gefunden worden wind, gut mit genauen Rechnungen zusammenstimmen. Den Schubfluß ($q = dX/dx$) jedoch an der Anschlußstelle erhalten wir nach der Näherungsrechnung mit einer großen Enbuße (s.Bild 157).

Diese Werte sind im Schaubild 157 eingetragen,

Wenn man $l^* = B$ nimmt, so ergibt sich an der Anschlußstelle eine gute Übereinstimmung nicht nur in den Längskräften, sondern auch im Schubfluß. Es ist richtig, daß in den Querschnitten 2 und 2' dabei $X_{2'} = X_2 = 0$ wird. In Wirklichkeit ist aber $X_{2'} \approx 0{,}2\, X_{0'}$, und $X_2 \approx 0{,}2\, X_0$.
Bei der Auswahl der Stabquerschnitte und der Blechstärken nach dem Näherungsverfahren muß man die Genauigkeit der Rechnung im Augebehalten.

§ 22 Rechnungsschema für eine Flugzeugzelle

Wir zerlegen die Berechnung einer Flugzeugzelle zweckmäßigerweise in zwei Teile Im ersten Teil der Rechnung werden die inneren Kräfte im Falle der Biegung nach der Navier'schen Annahme vom Eben-Bleiben der Querschnitte und bei Verdrehung nach der Formel für die freie Verdrehung eines Rohres gerechnet. Nach den auf diese Weise gefundenen inneren Kräften wählt man die voraussichtlichen Stabquerschnitte f und die Stärke δ der Beplankung aus.
Der zweite Teil der Rechnung soll dann die Ergebnisse des ersten Teils genauer werden lassen. Hierbei werden die sogenannten sekundären Spannungen bestimmt, die im ersten Teil nicht errechnet wurden.
Wenn das Verdrehmoment sowohl in der Konstruktion der tragenden Flügelteile als auch in der des Rumpfes sich zügig ändert ohne jähe Sprünge, so sind die im ersten Teil der Rechnung ermittelten Querschnitte und Blechstärken abschließend für die Teile des Rumpfes und des Flügels zu rechnen, die vom Mittelabschnitt weiter entfernt liegen als l^*, wobei l^* die Bedingung $B \leq l^* \leq 1{,}5\, B$ zu erfüllen hat. Diese Teile des Flügels und des Rumpfes werden also weggelassen, und infolgedessen erhält man das Rechenschema für den zweiten Rechnungsgang, der nur die Wurzelstücke von Flügel und Rumpf betrifft (Bild 158).
Wenn aber in der Konstruktion Aussparungen und Ausschnitte vorkommen, so muß man hinter dem Ausschnitt noch einen Abschnitt zugeben, wie Bild 159 gezeigt hat

In den zweiten Teil der Rechnung muß man die Korrektur des Stabquerschnittes f hineinbringen und die der Blechstärke δ aus der Näherungsrechnung für den Einfluß der unbekannten Längskräfte X (auf Grund von Erfahrungen oder auf Grund der Formeln für die Ermittelung der Kräfte X bei starrem Mittelabschnitt; weiteres s. Tabelle 22).

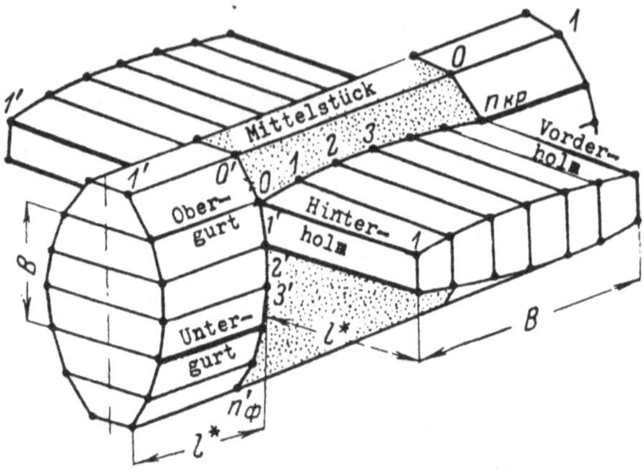

Bild 158

B e i s p i e l : Wir betrachten den statischen Aufbau einer Flugzeugzelle, wie sie in Bild 159 gezeigt ist, die sich unter der Wirkung eines Verdrehmoments am Flügel und eines Biegemoments am Rumpf im Gleichgewicht befindet.

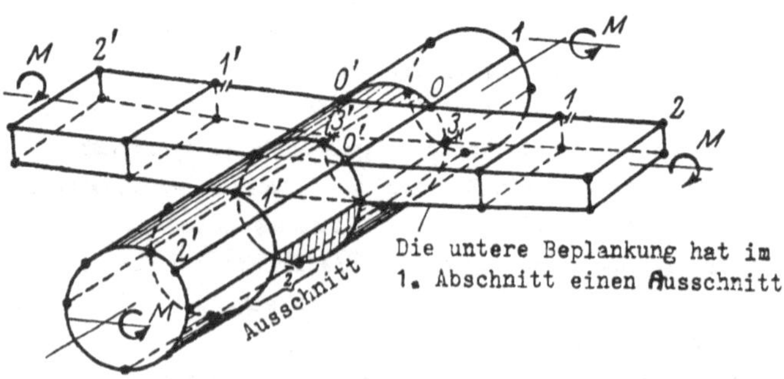

Bild 159

Als Zustand "P" nehmen wir die Ergebnisse des ersten Rechnungsganges d.h. die Kräfte, die nach der Annahme vom Eben-Bleiben der Querschnitte bei Biegung nach der Formel der freien Verdrehung gefunden sind.
Das System ist bei der gegebenen Belastung dreifach statisch unbestimmt. Als überzählige Unbekannte nehmen wir die allgemeinen Kräfte X_1, X_2 und X_3 in den entsprechenden Querschnitten 1 , 2 und 3 in Bild 159.
In Bild 160 - 162 sind die Einheitszustände dargestellt. Gezeigt ist die Hälfte

des gegebenen Rechnungsschemas (der Verlauf der Längskräfte des Zustandes "1" ist nur bedingt längs des Obergurtes des Vorderholms gegeben).

Aus Bild 160 ,161 , 162 ist ersichtlich, daß Wirkungen der Zustände "2" und "3" sich nicht mit denen des Zustandes "1" überdecken. Folglich sind die Koeffizi-

Zustand "1"

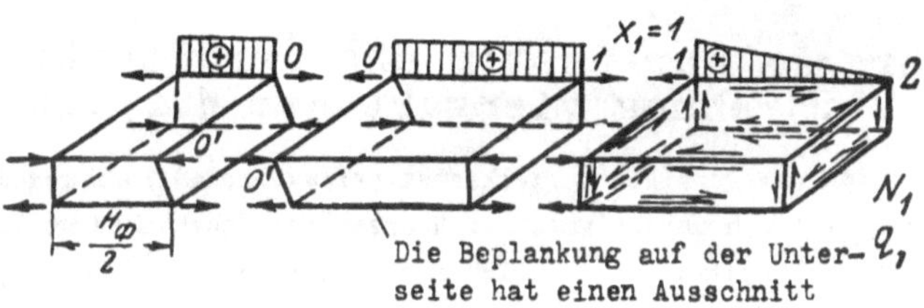

Bild 160

enten δ_{12} und δ_{21} gleich Null und δ_{13} und δ_{31} gleich Null und die Elastizitätsgleichungen (V,1) erhalten die Form:

$$X_1\delta_{11} + \Delta_{1P} = 0, \qquad \text{(a)}$$

$$X_2\delta_{22} + X_3\delta_{23} + \Delta_{2P} = 0, \qquad \text{(b)}$$

$$X_2\delta_{32} + X_3\delta_{33} + \Delta_{3P} = 0. \qquad \text{(c)}$$

Weil sich die Elastizitätsgleichungen in zwei selbständige Gruppen einteilen lassen (Gleichung (a) und die Gleichungen (b) und (c)), so gibt es bei der Bestimmung der unbekannten Kräfte im Flügel keine unbedingte Notwendigkeit, die

Zustand "2"

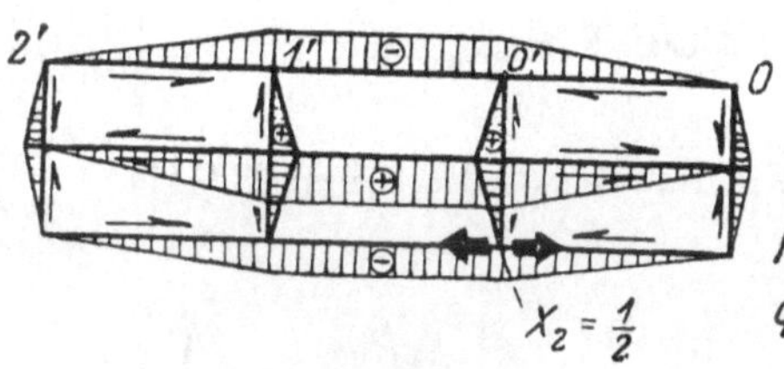

Bild 161

Zustand "3"

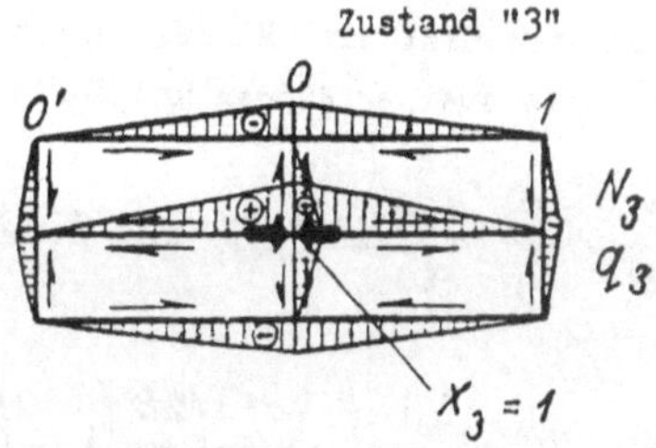

Bild 162

Flugzeugzelle als Ganzes zu betrachten, sondern es genügt, den Flügel zu behandeln einschließlich des Teils, den er mit dem Rumpf gemeinsam hat, und bei der Bestimmung der Kräfte im Rumpf genügt es, nur den Rumpf zu behandeln einschließlich des Teiles den er mit dem Flügel gemeinsam hat.

Die Wirkungen der Zustände "2" und "3" überdecken einander nur im Bereich des Mittelstücks, folglich sind bei starrem Mittelstück die Koeffizienten $\delta_{23} = \delta_{32} = \delta$

In diesem Falle erhalten wir:

$$X_1\delta_{11} + \Delta_{1P} = 0, \qquad \text{(a')}$$

$$X_2\delta_{22} + \Delta_{2P} = 0, \qquad \text{(b')}$$

$$X_3\delta_{33} + \Delta_{3P} = 0. \qquad \text{(c')}$$

Auf diese Weise werden bei starrem Mittelstück die kanonischen (Elastizitäts-) Gleichungen in drei selbständige Gleichungen geteilt. Die gewonnenen Gleichungen sind so einfach, daß man für die Ermittelung der unbekannten Stablängskräfte im Falle der Verdrehung die allgemeinen Formeln für viergurtige Zellen beliebiger Formgebung einführen kann.

§ 23 Formeln zur Bestimmung der Stabkräfte bei Verdrehung viergurtiger Wurzelkästen.

In Bild 163 ist ein viergurtiger Wurzelkasten prismatischer Form gezeigt. Das System ist einfach statisch unbestimmt. Als überzählige Unbekannte wollen wir die allgemeine Kraft am Wurzelkasten, nämlich die zwei Momente $\overline{M}$ nehmen, die wir aus der kanonischen (Elastizitäts-) Gleichung bestimmen:

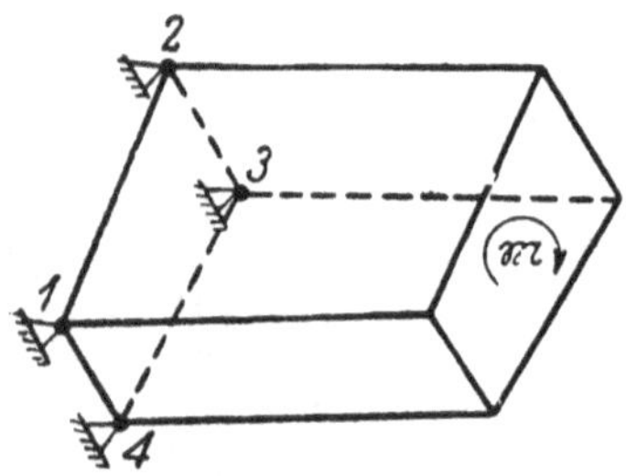

Bild 163

$$\overline{M}\delta_{11} + \Delta_{1P} = 0. \qquad \text{(d)}$$

Der Verdrehwinkel $\gamma = \Delta_{1P}$ vom Moment $\mathfrak{M}$ her ist bei freier Verdrehung nach Formel (III,6) :

$$\gamma = \Delta_{1P} = \frac{\mathfrak{M}B}{4F_H^2 G}\left(\frac{2B}{\delta^\circ} - \frac{H_2}{\delta^{I}} - \frac{H_1}{\delta^{II}}\right).$$

Zur Ermittelung des Verdrehungswinkels δ_{11} vom Einheitsmoment $\overline{M} = 1$ her nehmen wir die vorhergehende Lösung (s. Bild 75) zu Hilfe. (In Bild 75 ist das Einheitsmoment mit M bezeichnet).

Im Falle steifer Rippen und Auflager wird bei $\overline{M} = 1$

$\frac{E}{G_0} = \frac{E}{G_1} = \frac{E}{G_2} = 2{,}67$ und $l = l^*$ nach Formel (III,17) erhalten wir:

$$\delta_{11} = \frac{1}{3E}\left\{\frac{2B^2}{F_H^2 l^*}\left(\frac{2B}{\delta^\circ} + \frac{H_2^2}{\delta^{I}H_1} + \frac{H_1^2}{\delta^{II}H_2}\right) + l^*\left[\frac{1}{H_1^2}\left(\frac{1}{f_{1B}} + \frac{1}{f_{1H}}\right) + \frac{1}{H_2^2}\left(\frac{1}{f_{2B}} + \frac{1}{f_{2H}}\right)\right]\right\}. \qquad \text{(e)}$$

Aus Gleichung (d) erhalten wir:

$$\overline{M} = -\frac{\mathfrak{M}\left(\frac{2B}{\delta^\circ} - \frac{H^2}{\delta^{I}} - \frac{H_1}{\delta^{II}}\right)}{\frac{B}{l^*}\left(\frac{2B}{\delta^\circ} + \frac{H_2^2}{\delta^{I}H_1} + \frac{H_1^2}{\delta^{II}H_2}\right) + \frac{F_H^2 l^*}{2B}\left[\frac{1}{H_1^2}\left(\frac{1}{f_{1B}} + \frac{1}{f_{1H}}\right) + \frac{1}{H_2^2}\left(\frac{1}{f_{2B}} + \frac{1}{f_{2H}}\right)\right]}. \qquad \text{(f)}$$

Wenn wir $\overline{M}$ mit dem Zeichen "minus" erhalten, so heißt das, daß seine Richtung der entgegengesetzt ist, die in Bild 75 angegeben war.
Die Längskräfte in den Gurten des Wurzelspants am Anschluß haben offensichtlich den Wert:

$$X_{\text{Vord}} = \frac{\overline{M}}{H_1} \quad \text{und} \quad X_{\text{Heck}} = \frac{\overline{M}}{H_2} .$$

Analog kann man $\overline{M}$ auch für andere Formgebungen der Abschnitte bestimmen, die in § 10 behandelt sind. Die Ergebnisse sind in Tabelle 22 wiedergegeben.

B e i s p i e l e f ü r d i e B e n u t z u n g v o n T a b e l l e 9, 10 und 22: Es sei ein Wurzelkasten gegeben, der zu einem starren Auflager ausgesteift ist (Bild 164). Die inneren Kräfte in diesem Kasten unter der Wirkung des Verdrehmoments $\mathfrak{M} = 1000$ mkg müssen bestimmt werden, das am freien Ende des Kastens angreift. Die Dicke der Beplankung an Nase und Kasten sei $\delta^{N} = \delta^{o} = 0{,}15$ cm. Die Blechstärke der Holmstege beträgt $\delta^{I} = \delta^{II} = 0{,}2$ cm.
Die Querschnittsfläche der Gurte ist $f_{1B} = f_{1H} = 30$ cm^2 und $f_{2B} = f_{2H} = 10$ cm^2.
Die Rippen sind in ihrer Ebene starr.
Der Grad der statischen Unbestimmtheit ist k=2m (s.§ 12), wobei m die Zahl der Abschnitte ist im gegebenen Falle also gleich zwei.
Als Zustand "P" nehmen wir den Kasten ohne die Nase, wofür wir die inneren Kräfte von $\mathfrak{M}$ her nach der Formel bestimmen, die in Tabelle 22 (Fall 5) gegeben ist.
Als Einheitszustände, die eine Gleichgewichtsgruppe bilden, nehmen wir den einen aus der Wirkung des allgemeinen Moments $\overline{M}_1 = 1$ in den Ecken Ecken 1 und 4, 2 und 3,, das in der Ebene liegt, die senkrecht zu den Rippenebene 1 - 2 - 3 - 4 steht (ustand "1"), und den anderen aus der Wirkung des allgemeinen Moments $\overline{M} = 1$ in den Ecken 2 - 3 und 2'- 3', das in der Ebene liegt, die senkrecht zur Ebene des Vorderholms 2 - 2'- 3'- 3 sich befindet (Zustand "2").

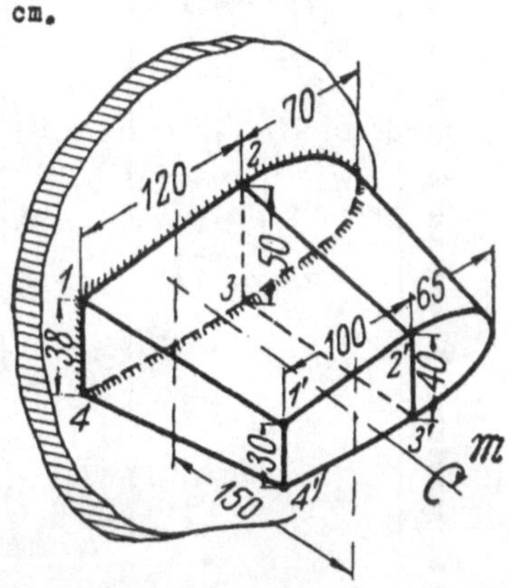

Bild 164

Z u s t a n d "P" : In Tabelle 22 finden wir für ein trapezförmiges Stück:

$$\overline{M} = \frac{\mathfrak{M}\left(\dfrac{2B'\overline{B}}{\delta^{o}B} - \dfrac{H_2'\overline{H}_1}{\delta^{I}H_1} - \dfrac{H_1'\overline{H}_2}{\delta^{II}H_2}\right)}{\dfrac{B}{l}\left[\dfrac{2}{B^2}\,\dfrac{(B')^2\,\overline{B}}{\delta^{o}} + \dfrac{(H_2')^2\,\overline{H}_1}{H_1^2\delta^{I}} + \dfrac{(H_1')^2\,\overline{H}_2}{H_2^2\delta^{II}}\right] + \dfrac{T^2 l}{2B}\left[\dfrac{1}{H_1^2}\left(\dfrac{1}{f_{1B}} + \dfrac{1}{f_{1H}}\right) + \dfrac{1}{H_2^2}\left(\dfrac{1}{f_{2B}} + \dfrac{1}{f_{2H}}\right)\right]} .$$

Tabelle 22

Formeln zur Bestimmung des Wölbmoments $\overline{M}$ und der Schübe q infolge der Verdrehung

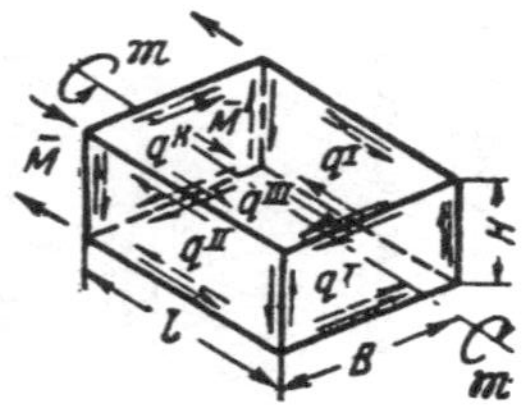	$\overline{M}$	$$\frac{\mathfrak{M}\left[\frac{2B}{\delta^{\circ}} - H\left(\frac{1}{\delta^{\mathrm{I}}} + \frac{1}{\delta^{\mathrm{II}}}\right)\right]}{\frac{B}{l}\left[\frac{2B}{\delta^{\circ}} + H\left(\frac{1}{\delta^{\mathrm{I}}} + \frac{1}{\delta^{\mathrm{II}}}\right)\right] + \frac{Bl}{2}\left(\frac{1}{f_{1\text{в}}} + \frac{1}{f_{1\text{н}}} + \frac{1}{f_{2\text{в}}} + \frac{1}{f_{2\text{н}}}\right)}$$
	q	$$q^{\mathrm{I}} = q^{\mathrm{II}} = \frac{\mathfrak{M}}{2F_{\text{н}}} + \frac{\overline{M}}{2Hl}; \quad q^{\mathrm{III}} = q^{\mathrm{IV}} = \frac{\mathfrak{M}}{2F_{\text{н}}} - \frac{\overline{M}}{2Hl}; \quad q^{k} = q^{T} = \frac{\overline{M}}{2Hl}$$
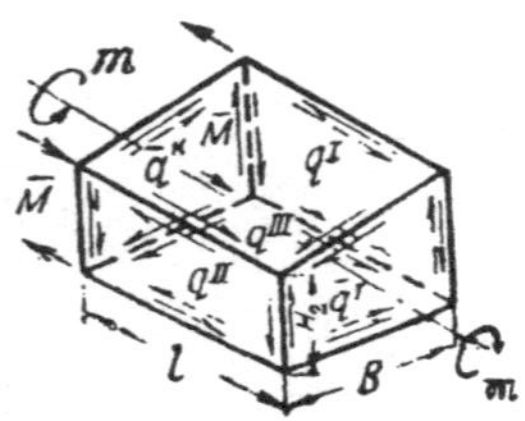	$\overline{M}$	$$\frac{\mathfrak{M}\left(\frac{2B}{\delta^{\circ}} - \frac{H_2}{\delta^{\mathrm{I}}} - \frac{H_1}{\delta^{\mathrm{II}}}\right)}{\frac{B}{l}\left(\frac{2B}{\delta^{\circ}} + \frac{H_2^2}{\delta^{\mathrm{I}} H_1} + \frac{H_1^2}{\delta^{\mathrm{II}} H_2}\right) + \frac{F_{\text{н}}^2 l}{2B}\left[\frac{1}{H_1^2}\left(\frac{1}{f_{1\text{в}}} + \frac{1}{f_{1\text{н}}}\right) + \frac{1}{H_2^2}\left(\frac{1}{f_{2\text{в}}} + \frac{1}{f_{2\text{н}}}\right)\right]}$$
	q	$$q^{\mathrm{I}} = \frac{1}{2F_{\text{н}}}\left(\mathfrak{M} + \frac{\overline{M}BH_2}{lH_1}\right); \quad q^{\mathrm{II}} = \frac{1}{2F_{\text{н}}}\left(\mathfrak{M} + \frac{\overline{M}BH_1}{lH_2}\right); \quad \overline{q}^{\mathrm{III}} = \overline{q}^{\mathrm{IV}} = \frac{1}{2F_{\text{н}}}\left(\mathfrak{M} - \frac{\overline{M}B}{l}\right);$$ $$\overline{q}^{k} = \overline{q}^{T} = \frac{\overline{M}B}{2F_{\text{н}} l}$$

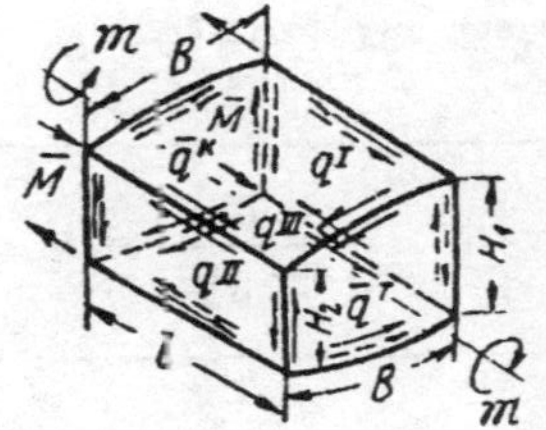	$\overline{M}$	$\dfrac{\mathfrak{M}\left[\left(\dfrac{2b}{G_0\delta^*}+\dfrac{H_1}{G_1\delta^{I}}+\dfrac{H_2}{G_2\delta^{II}}\right)-\dfrac{2F_н}{B}\left(\dfrac{1}{G_1\delta^{I}}+\dfrac{1}{G_2\delta^{II}}\right)\right]}{\dfrac{B}{l'}\left(\dfrac{2B}{G_0\delta^*}+\dfrac{H_2^2}{G_1\delta^{I}H_1}+\dfrac{H_1^2}{G_2\delta^{II}H_2}\right)+\dfrac{4F_н^2 l}{3BE}\left[\dfrac{1}{H_1^2}\left(\dfrac{1}{f_{1в}}+\dfrac{1}{f_{1н}}\right)+\dfrac{1}{H_2^2}\left(\dfrac{1}{f_{2в}}+\dfrac{1}{f_{2н}}\right)\right]}$
	q	$q^{I}=\dfrac{1}{2F_н}\left(\mathfrak{M}+\dfrac{\overline{M}BH_2}{lH_1}\right);\quad q^{II}=\dfrac{1}{2F_н}\left(\mathfrak{M}+\dfrac{\overline{M}BH_1}{lH_2}\right);\quad q^{III}=q^{IV}=\dfrac{1}{2F_н}\left(\mathfrak{M}-\dfrac{\overline{M}B}{l}\right);$ $\overline{q}^{k}=\overline{q}^{T}=\dfrac{\overline{M}B}{2F_н l}$
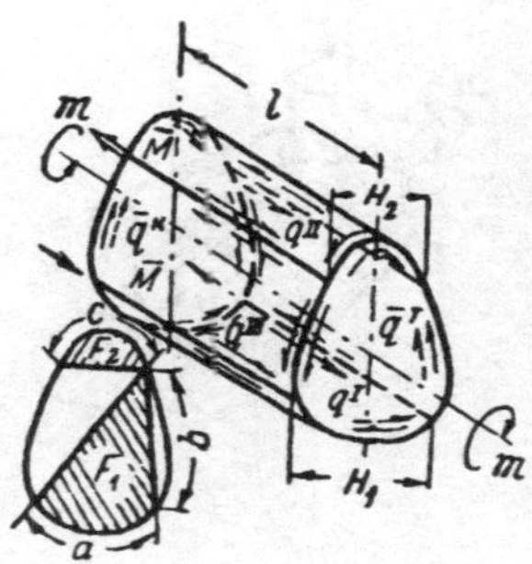	$\overline{M}$	$\dfrac{2\cdot\mathfrak{M}\left[\left(\dfrac{F_1}{H_1}+\dfrac{F_2}{H_2}\right)\left(\dfrac{2b}{G_0\delta^*}+\dfrac{a}{G_1\delta^{I}}+\dfrac{c}{G_2\delta^{II}}\right)-F_н\left(\dfrac{a}{G_1\delta^{I}H_1}+\dfrac{c}{G_2\delta^{II}H_2}\right)\right]}{l\left[\dfrac{2r^2 b}{\delta^* G_0}+\left(\dfrac{2F_н}{H_1 l}-r\right)^2\dfrac{a}{G_1\delta^{I}}+\left(\dfrac{2F_н}{H_2 l}-r\right)^2\dfrac{c}{G_2\delta^{II}}\right]+\dfrac{4F_н^2 l}{3E}\left[\dfrac{1}{H_1^2}\left(\dfrac{1}{f_{1в}}+\dfrac{1}{f_{1н}}\right)+\dfrac{1}{H_2^2}\left(\dfrac{1}{f_{2в}}+\dfrac{1}{f_{2н}}\right)\right]}$
	q	$q^{I}=\dfrac{1}{2F_н}\left[\mathfrak{M}+\overline{M}\left(\dfrac{2F_н}{H_1 l}-r\right)\right];\quad q^{II}=\dfrac{1}{2F_н}\left[\mathfrak{M}+\overline{M}\left(\dfrac{2F_н}{H_2 l}-r\right)\right];$ $q^{III}=q^{IV}=\dfrac{1}{2F_н}\left(\mathfrak{M}-\overline{M}r\right);\quad \overline{q}^{k}=\overline{q}^{T}=\dfrac{\overline{M}r}{2F_н}$

8*

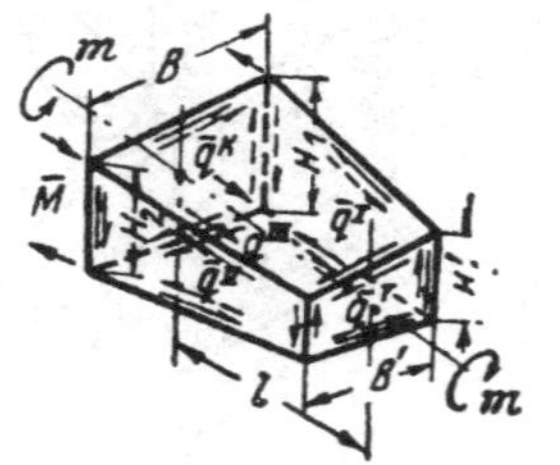	$\overline{M}$	$\dfrac{\mathfrak{M}\left(\dfrac{2B'\overline{B}}{\delta^{\circ} B}-\dfrac{H_2'\overline{H}_1}{\delta^{I}H_1}-\dfrac{H_1'\overline{H}_2}{\delta^{II}H_2}\right)}{\dfrac{B}{l}\left[\dfrac{2(B')^2\overline{B}}{B^2\delta^{\circ}}+\dfrac{(H_2')^2\overline{H}_1}{H_1^2\delta^{I}}+\dfrac{(H_1')^2\overline{H}_2}{H_2^2\delta^{II}}\right]+\dfrac{T^2 l}{2B}\left[\dfrac{1}{H_1^2}\left(\dfrac{1}{f_{1в}}+\dfrac{1}{f_{1н}}\right)+\dfrac{1}{H_2^2}\left(\dfrac{1}{f_{2в}}+\dfrac{1}{f_{2н}}\right)\right]}$
	q	$\overline{q}^{I}=\dfrac{1}{2T}\left(\mathfrak{M}+\dfrac{\overline{M}BH_2'}{lH_1}\right);\ \overline{q}^{II}=\dfrac{1}{2T}\left(\mathfrak{M}+\dfrac{\overline{M}BH_1'}{lH_2}\right);\ \overline{q}^{III}=\overline{q}^{IV}=\dfrac{1}{2T}\left(\mathfrak{M}-\dfrac{\overline{M}B'}{l}\right);$ $\overline{q}^{k}=\dfrac{\overline{M}}{2lB}\left[\dfrac{(B')^2}{T}+\left(\dfrac{1}{H_1}+\dfrac{1}{H_2}\right)(B-B')\right];\ \overline{q}^{T}=\dfrac{\overline{M}B}{2Tl}$

F_H ist die von der Querschnittskontur umgrenzte Fläche

$$T=\frac{B'H_2+BH_1'}{2};\quad r=\frac{2}{l}\left(\frac{F_1}{H_1}+\frac{F_2}{H_2}\right)$$

$$\overline{H}_1=\frac{H_1+H_1'}{2};\quad \overline{H}_2=\frac{H_2+H_2'}{2};\quad \overline{B}=\frac{B+B'}{2};\quad \delta^{\circ}=\delta^{III}=\delta^{IV}$$

$G_0=G_3=G_4$. Für Kästen der Art: *1, 2* и *5*: $G_1=G_2=G_3=G_4=G=\dfrac{E}{2,67}$

Die Rippen in ihren Ebenen und die Auflager seien starr

In Zahlen ergeben sich:

$$\frac{2B'\overline{B}}{\delta^{\circ}B}-\frac{H_2'\overline{H}_1}{\delta^{I}H_1}-\frac{H_1'\overline{H}_2}{\delta^{II}H_2}=\frac{2\cdot 100\,\frac{120+100}{2}}{0{,}15\cdot 120}-\frac{30\cdot\frac{50+40}{2}}{0{,}2\cdot 50}-\frac{40\cdot\frac{38+30}{2}}{0{,}2\cdot 38}=909,$$

$$\frac{B}{l}\left[\frac{2}{B^2}\,\frac{(B')^2\,\overline{B}}{\delta^{\circ}}+\frac{(H_2')^2\,\overline{H}_1}{H_1^2\delta^{I}}+\frac{(H_1')^2\,\overline{H}_2}{H_2^2\delta^{II}}\right]=$$

$$=\frac{120}{150}\left[\frac{2}{120^2}\cdot\frac{100^2\cdot 110}{0{,}15}+\frac{30^2\cdot 45}{50^2\cdot 0{,}2}+\frac{40^2\cdot 34}{38^2\cdot 0{,}2}\right]=1030,$$

$$T=\frac{B'H_2+BH_1'}{2}=\frac{100\cdot 38+120\cdot 40}{2}=4300,$$

$$\frac{T^2 l}{2B}\left[\frac{1}{H_1^2}\left(\frac{1}{f_{1B}}+\frac{1}{f_{1H}}\right)+\frac{1}{H_2^2}\left(\frac{1}{f_{2B}}+\frac{1}{f_{2H}}\right)\right]=\frac{4300^2\cdot 150}{2\cdot 120}\left(\frac{2}{50^2\cdot 30}+\frac{2}{38^2\cdot 10}\right)=1905.$$

Folglich ist:

$$\overline{M}=\frac{100000\cdot 909}{1030+1905}=31000 \text{ cmkg}.$$

Der Schubfluß im Steg des Vorderholms beläuft sich auf:

$$N_2=-N_3=\frac{31000}{50}=620 \text{ kg}.$$

Der Schubfluß im Hinterholmsteg beträgt:

$$-N_1=N_4=\frac{31\,000}{38}=816 \text{ kg}.$$

Die Gurtkräfte im Vorderholm betragen:

$$\overline{q}_P^{I}=\frac{1}{2T}\left(\mathfrak{M}+\frac{\overline{M}BH_2'}{lH_1}\right)=\frac{1}{2\cdot 4300}\left(100\,000+\frac{31\,000\cdot 120\cdot 30}{150\cdot 50}\right)=13{,}38 \text{ kg/cm}.$$

Die Gurtkräfte im Hinterholm betragen:

$$\overline{q}_P^{II}=\frac{1}{2T}\left(\mathfrak{M}+\frac{\overline{M}BH_1'}{lH_2}\right)=\frac{1}{2\cdot 4300}\left(100\,000+\frac{31\,000\cdot 120\cdot 40}{150\cdot 38}\right)=14{,}69 \text{ kg/cm},$$

Der Schubfluß in der Beplankung (oben und unten) beträgt:

$$\overline{q}_P^{III}=\overline{q}_P^{IV}=\frac{1}{2T}\left(\mathfrak{M}-\frac{\overline{M}B'}{l}\right)=\frac{1}{2\cdot 4300}\left(100\,000-\frac{31\,000\cdot 100}{150}\right)=$$

$$=9{,}25 \text{ kg/cm}.$$

Der Schubfluß in der Wurzelrippe errechnet sich zu:

$$\overline{q}_P^{T}=\frac{\overline{M}B}{2Tl}=\frac{31\,000\cdot 120}{2\cdot 4300\cdot 150}=2{,}88.$$

Die inneren Kräfte des Zustandes "P" sind im Bild 165 a eingetragen. Der Schub in der Wurzelrippe ist nicht gezeigt, weil der Kasten unmittelbar am Auflager befestigt ist.

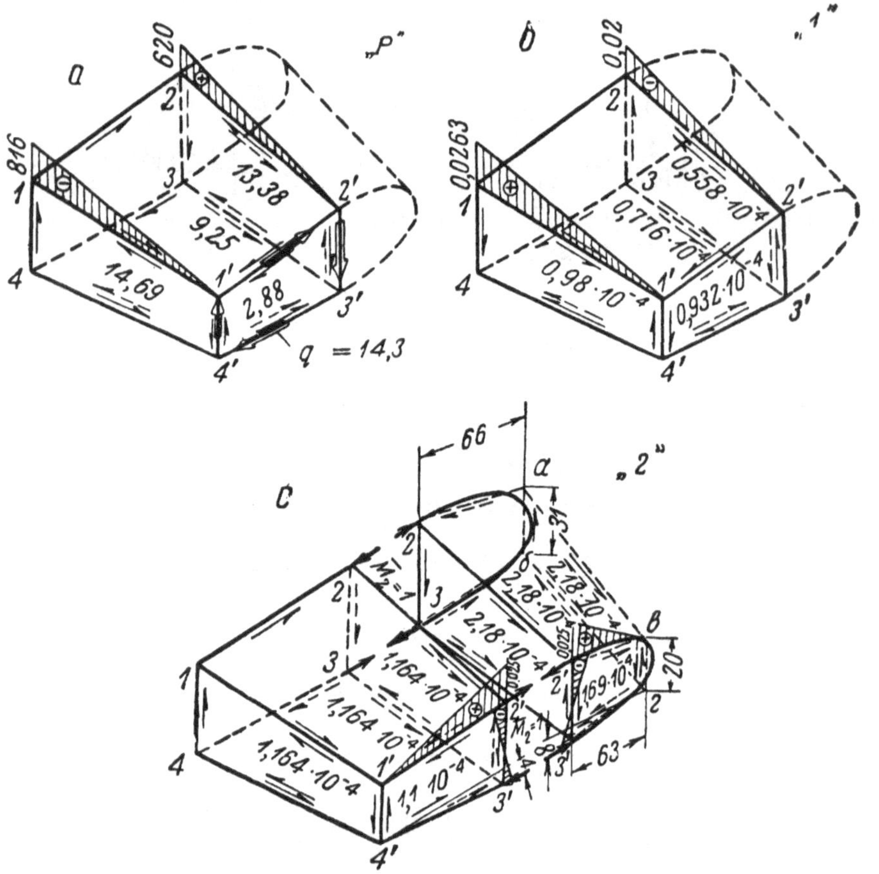

Bild 165

Z u s t a n d "1" : Nach den in Tabelle 10 aufgeführten Formeln für einen Abschnitt von Trapezform erhalten wir bei $\bar{M} = 1$

Schubfluß im Vorderholm:

$$\bar{q}_1^{\mathrm{I}} = \frac{BH_2'}{2TlH_1} = \frac{120\cdot 30}{2\cdot 4300\cdot 150\cdot 50} = 0{,}558\cdot 10^{-4},$$

Schubfluß im Hinterholm:

$$\bar{q}_1^{\mathrm{II}} = \frac{BH_1'}{2TlH_2} = \frac{120\cdot 40}{2\cdot 4300\cdot 150\cdot 38} = 0{,}98\cdot 10^{-4},$$

Schubfluß oben und unten in der Beplankung

$$\overline{q}_1^{III} = \overline{q}_1^{IV} = \frac{B'}{2Tl} = \frac{100}{2\cdot 4300\cdot 150} = 0{,}776\cdot 10^{-4},$$

Schubfluß im Wurzelspant

$$\overline{q}_1^{T} = \frac{B}{2Tl} = \frac{120}{2\cdot 4300\cdot 150} = 0{,}932\cdot 10^{-4}.$$

Die inneren Kräfte des Zustandes "1" sind in Bild 165 b dargestellt.

Z u s t a n d "2" : Den Schub $\overline{q}_2$ in der Beplankung des Kastenteils des Abschnitts und in den Holmabschnitten bestimmen wir nach der Formel, die in Tabelle 9 für ein Trapezstück angegeben ist

$$\overline{q}_2^{I} = \overline{q}_2^{II} = \overline{q}_2^{III} = \overline{q}_2^{IV} = \frac{\mathfrak{M}}{2T}.$$

Im vorgegebenen Falle ist: $\mathfrak{M} = \overline{M}_2 = 1$ und $T = 4300\ cm^2$, daher ist:

$$\overline{q}_2^{I} = \overline{q}_2^{II} = \overline{q}_2^{III} = \overline{q}_2^{IV} = \frac{1}{2\cdot 4300} = 1{,}164\cdot 10^{-4}.$$

Den Schub q_2^T der Endrippe des Kastenteils bestimmen wir aus dem Gleichgewicht des Stabes 1' - 2'

$$1{,}164\cdot 10^{-4}\cdot 120 + \overline{q}_2^{T}\cdot 100 = \frac{1}{40},$$

daraus folgt: $\overline{q}_2^{T} = 1{,}1\cdot 10^{-4}$.

Die Längskraft im Stabe 2' - 3' beträgt am oberen Ende:

$$N_{2'} = -\frac{0{,}025\cdot 6}{100} = -0{,}0015 \text{ kg}$$

und am unteren Ende:

$$N_{3'} = +\frac{0{,}025\cdot 4}{100} = +0{,}0010 \text{ kg}.$$

Nach dieser gleichen Formel der Tabelle 9 ist der Mittelwert des Schubes in der Beplankung der Nase:

$$\overline{q}_H = \frac{1}{2T_H}.$$

Um T_H zu bestimmen, ersetzen wir die Nase durch einen Trapezkasten mit gleichen Querschnittsflächen an der Wurzel- und an der Endrippe. Die Abmessungen, die wir auf diese Weise für das Trapezstück finden, sind in Bild 165 a zu sehen.

Daher ist:

$$T_H = \frac{B'H_2 + BH_1'}{2} = \frac{63\cdot 31 + 66\cdot 40}{2} = 2295.$$

		Stäbe	$k=\frac{l}{f}$	N_1	N_2	N_P
		Haut	$k=2{,}6\frac{F}{\delta}$	$\bar{q}_1$	$\bar{q}_2$	$\bar{q}_P$
Flügelkasten	Stäbe	1–1′	15	$+2{,}63\cdot10^{-2}$ 0	0	−816 0
		4–4′	15	$-2{,}63\cdot10^{-2}$ 0	0	+816 0
		2–2′	5	$-2{,}00\cdot10^{-2}$ 0	0	+620 0
		3–3′	5	$+2{,}00\cdot10^{-2}$ 0	0	−620 0
	Haut	1–1′–4′–4	$6{,}630\cdot10^4$	$-0{,}98\cdot10^{-4}$	$+1{,}164\cdot10^{-4}$	+14,69
		2–2′–3′–3	$8{,}775\cdot10^4$	$-0{,}588\cdot10^{-4}$	$+1{,}164\cdot10^{-4}$	+13,38
		1–2–2′–1′	$28{,}60\cdot10^4$	$+0{,}776\cdot10^{-4}$	$+1{,}164\cdot10^{-4}$	+9,25
		4–3–3′–4′	$28{,}60\cdot10^4$	$+0{,}776\cdot10^{-4}$	$+1{,}164\cdot10^{-4}$	+9,25
Nase	Haut	2–2′–3′–3 2–a–в–2′ a–в–2–б 3–б–г–3′	$49{,}00\cdot10^4$	0	$-2{,}18\cdot10^{-4}$	0
Rippen: Kasten	Stäbe	1′–2′	0	0	0 $+2{,}5\cdot10^{-2}$	0
		2′–3′	0	0	$-0{,}15\cdot10^{-2}$ $+0{,}1\cdot10^{-2}$	0
		3′–4′	0	0	$-2{,}5\cdot10^{-2}$ 0	0
	Haut	1′–2′–3′–4′	0	$-0{,}932\cdot10^{-4}$	$+1{,}1\cdot10^{-4}$	+2,88
Rippen: Nase	Stäbe	2′–b	0	0	$+2{,}5\cdot10^{-2}$ 0	0
		2′–3′	0	0	$-0{,}476\cdot10^{-2}$ $+0{,}317\cdot10^{-2}$	0
		2–3′	0	0	0 $-2{,}5\cdot10^{-2}$	0
	Haut	2′–в–г–3′	0	0	$-1{,}69\cdot10^{-4}$	0

* $\Sigma E\Delta_{1P}$ ist bewußt gleich Null, da der angenommene Zustand "P" starren Spante

Tabelle 23

$E\delta_{11}$	$E\delta_{12}$	$E\Delta_{1P}$	$E\delta_{22}$	$E\Delta_{2P}$	$N_1\overline{M}_1$ / $\bar{q}_1\overline{M}_1$	$N_2\overline{M}_2$ / $\bar{q}_2\overline{M}_2$	N / $\bar{q}$
$34{,}6\cdot 10^{-4}$	0	—	0	0	+215 / 0	0	−601 / 0
$34{,}6\cdot 10^{-4}$	0	—	0	0	−215 / 0	0	+601 / 0
$6{,}67\cdot 10^{-4}$	0	—	0	0	−163,5 / 0	0	+456 / 0
$6{,}67\cdot 10^{-4}$	0	—	0	0	+163,5 / 0	0	−456 / 0
$6{,}37\cdot 10^{-4}$	$-7{,}56\cdot 10^{-4}$	—	$9{,}00\cdot 10^{-4}$	113,5	−0,80	−3,14	+10,75
$2{,}74\cdot 10^{-4}$	$-5{,}7\cdot 10^{-4}$	—	$11{,}88\cdot 10^{-4}$	136,5	−0,45	−3,14	+9,79
$17{,}2\cdot 10^{-4}$	$+25{,}8\cdot 10^{-4}$	—	$38{,}65\cdot 10^{-4}$	308,0	+0,63	−3,14	+6,74
$17{,}2\cdot 10^{-4}$	$+25{,}8\cdot 10^{-4}$	—	$38{,}65\cdot 10^{-4}$	308,0	+0,63	−3,14	+6,74
0	0	—	$233{,}3\cdot 10^{-4}$	0	0	+5,88	+5,88
0	0	—	0	0	0	0 / −675	0 / −675
0	0	—	0	0	0	+40 / −27	+40 / −27
0	0	—	0	0	0	+675 / 0	+675 / 0
0	0	—	0	0	−0,76	−2,97	−0,85
0	0	—	0	0	0	−675 / 0	−675 / 0
0	0	—	0	0	0	+128 / −85	+128 / −85
0	0	—	0	0	0	0 / +675	0 / +675
0	0	—	0	0	0	+4,56	+4,56
$127{,}0\cdot 10^{-4}$	$38{,}34\cdot 10^{-4}$	0*	$331{,}48\cdot 10^{-4}$	866,0			

entspricht.

Folglich ist:

$$\bar{q}_{\text{н}} = \frac{1}{2 \cdot 2295} = 2{,}18 \cdot 10^{-4}.$$

Den Schub $\bar{q}_H^T$ für die Wurzelrippe der $N_a$se bestimmen wir aus dem Gleichgewicht für den Stab 2' - b :

$$2{,}18 \cdot 10^{-4} \cdot 66 + \bar{q}_{\text{н}}^{\text{т}} \cdot 63 = \frac{1}{40}; \qquad \bar{q}_{\text{н}}^{\text{т}} = \frac{0{,}025 - 2{,}18 \cdot 10^{-4} \cdot 66}{63} = 1{,}69 \cdot 10^{-4}$$

Die Längskraft der Strebe 2' - 3'
beträgt am oberen Ende:

$$N_{2'} = -\frac{0{,}025 \cdot 12}{63} = -0{,}00476 \text{ kg},$$

und am unteren Ende

$$N_{3'} = +\frac{0{,}025 \cdot 8}{63} = +0{,}00317 \text{ kg}$$

Die erhaltenen Werte für die Kräfte im Zustand "2" sind in Bild 165 c angegeben. Die Bestimmung der freien Glieder und der Koeffizienten der Elastizitätsgleichungen ist in Tabelle 23 angegeben.

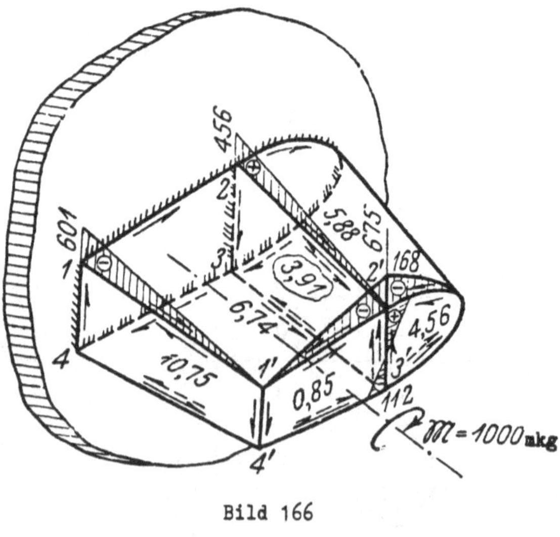

Bild 166

Die Elastizitätsgleichung erhält die Form:

$$0 + 127{,}0 \cdot 10^{-4} \overline{M}_1 + 38{,}34 \cdot 10^{-4} \overline{M}_2 = 0,$$

$$866 + 38{,}34 \cdot 10^{-4} \overline{M}_1 + 331{,}48 \cdot 10^{-4} \overline{M}_2 = 0.$$

Diese Gleichungen ergeben M_1 = +8175 cmkg und M_2 = -27 ooo cmkg. Die gesuchten Werte für die inneren Kräfte sind in Bild 166 dargestellt.

§ 24 Kästen mit vielen Stringern

Im statischen Aufbau einer Flugzeugzelle (s. Bild 158) kommen auch Abschnitte von der Länge ℓ^* mit vielen Stringern vor. Sie verbleiben beim Mittelstück, wenn man den Kragarm abnimmt. Die dadurch gegebene Bauweise wird erheblich einfacher als das in Bild 100 dargestellte; jedoch es bleibt, wenn es eine Konstruktion mit vielen Stringern ist, mehrfach statisch unbestimmt, was für eine Rechnung der Praxis unannehmbar ist.

z.B. ist bei n = 8 nach der Formel (IV,8) :

$$k=[2(n+1)-3]\,m=2(8+1)-3=15.$$

Um die große Zahl der Unbekannten herab zu setzen, stellen wir uns die Aufgabe, ein Gesetz zu finden, nach dem sich die sekundären

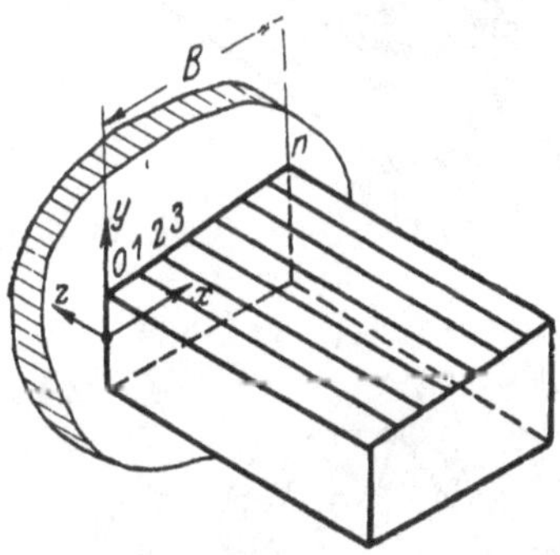

Bild 167

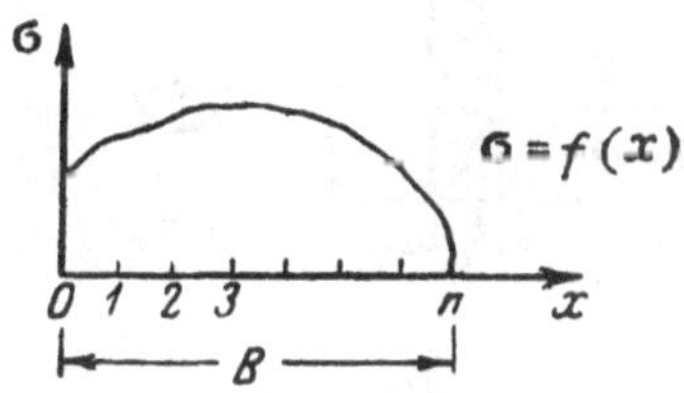

Bild 168

Längsspannungen σ in der Ober- und Unterschale des Kastens in X-Richtung ändern (Bild 167 *) und 168).

$$\sigma=f(x)=a_0+a_1\cos\frac{\pi x}{B}+a_2\cos\frac{2\pi x}{B}+\ .\ .\ .\ +a_n\cos\frac{n\pi x}{B}+$$
$$+b_1\sin\frac{\pi x}{B}+b_2\sin\frac{2\pi x}{B}+\ .\ .\ .\ +b_n\sin\frac{n\pi x}{B}. \qquad \text{(VI. 1)}$$

Die Rechnungen zeigen, daß für beliebige Kräfte, die an den Stirnpunkten des Abschnitts angreifen, die Genauigkeit der Bestimmung von σ bei n = 2 praktisch genügt. In Bild 169 sind dabei die zu berücksichtigenden Summanden dargestellt.

Bei der Berechnung der Sekundärspannungen in einem Flügel haben die beiden Arten der Belastung besondere Bedeutung, die am Stirnquerschnitt angreifen: Das Verdrehmoment ($\mathfrak{M}$) und die Scherkraft (Q). Wenn aber der Flügel pfeilförmig ist, haben auch die Biegemomente (M_{Bieg}) Bedeutung (s.Kap. VII). Im Falle der Verdrehung genügt es, in der Formel (VI,1) das erste, zweite und fünfte Glied der Reihe zu befriedigen, wobei der Verlauf der zweiten und fünften Glieder, wie die Rechnung zeigt, untereinander so kombiniert sind, daß man ihre Summe für praktische Rechnungen als lineare Funktionen (Bild 170) nehmen kann. Somit ist im Falle der Verdrehung zu schreiben:

$$\sigma=a_0+a_1\left(1-\frac{2x}{B}\right). \qquad \text{(VI. 2)}$$

---

*) In Bild 167 sind die Stringer der Unterseite nicht gezeichnet.

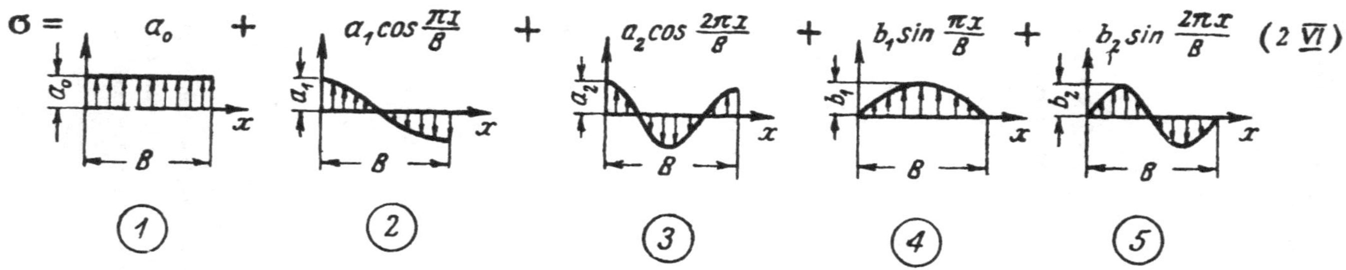

Bild 169

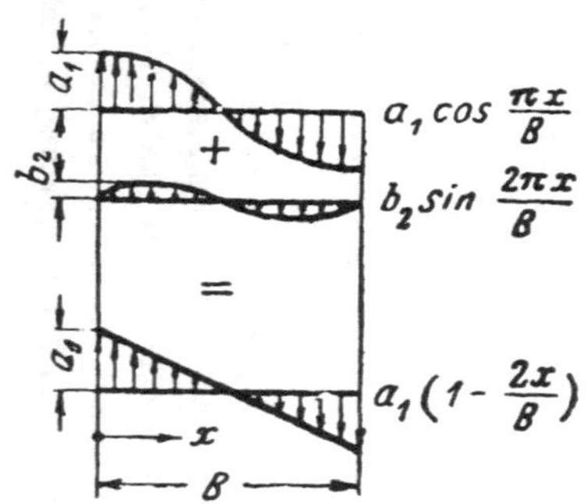

Bild 170

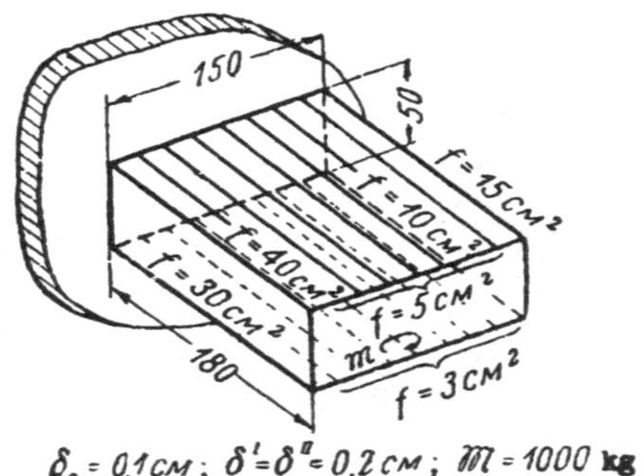

Bild 171

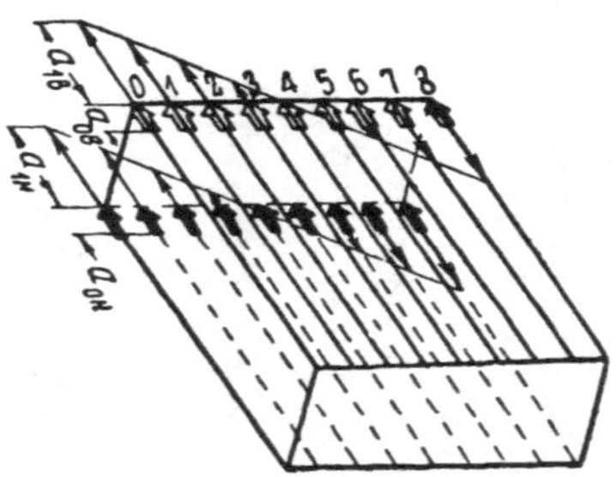

Bild 172

Wenn aber am Wurzelquerschnitt eine Querkraft angreift, genügt es – s. Bild 175 – zu nehmen:

$$\sigma = a_0 + b_1 \sin \frac{\pi x}{B}. \qquad \text{(VI.3)}$$

Der Rechengang sei an konkreten Beispielen erläutert:

B e i s p i e l 1: Ermittelung der Längskräfte im Falle der Verdrehung. gegeben ist ein Abschnitt, wie ihn Bild 171 zeigt. Als Zustand "P" nehmen wir den der freien Verdrehung.

$$N_P = 0, \quad q_P = \frac{100\,000}{2 \cdot 50 \cdot 150} = 6{,}66 \text{ kg/cm}.$$

Die Sekundärspannungen im Stringer "i" des oberen Feldes errechnen sich nach der Formel (VI, 2)

$$\sigma^i_B = a_{0B} + a_{1B}\left(1 - \frac{x_i}{75}\right).$$

Die entsprechende Längskraft ist:

$$X^i_B = \sigma^i_B f^i_B = f^i_B\left[a_{0B} + a_{1B}\left(1 - \frac{x_i}{75}\right)\right],$$

dabei ist x_i die Koordinate des Stabes (s. Bild 167).

Analog ist für das untere Feld:

$$\sigma^i_H = a_{0H} + a_{1H}\left(1 - \frac{x_i}{75}\right),$$

$$X^i_H = f^i_H\left[a_{0H} + a_{1H}\left(1 - \frac{x_i}{75}\right)\right].$$

Auf diese Weise haben wir vier unbekannte Koeffizienten (Bild 172)

$$a_{0B}, \; a_{1B}, \; a_{0H} \text{ und } a_{1H}.$$

Aber mit den Gleichungen der Statik kann man nur drei erfassen *)

$$\sum Z = 0, \quad \sum M_x = 0 \text{ und } \sum M_y = 0.$$

Folglich ist die Aufgabe einfach statisch unbestimmt

Die Gleichungen der Statik erhalten wir in der Form:

$$90a_{0B} + 25a_{1B} + 61a_{0H} + 20a_{1H} = 0,$$

$$25a_{0B} + 63{,}7a_{1B} + 20a_{0H} + 45{,}3a_{1H} = 0,$$

$$90a_{0B} + 25a_{1B} - 61a_{0H} - 20a_{1H} = 0.$$

Wir drücken alle Koef fizienten durch einen beliebigen Koeffizienten aus z.B. durch a_{1B}, welcher auch die gesuchte überzählige Unbekannte ist

*) Aus der Gleichgewichtsbedingung im Zustand "P" müssen die Längskräfte X selbst im Gleichgewicht sein.

Gelöst ergeben die Gleichungen $a_{0B} = -0{,}278 a_{1B}$, $a_{1H} = -1{,}470 a_{1B}$, $a_{0H} = +0{,}482 a_{1B}$.

Wir setzen diese Werte in die Ausdrücke für die Längskräfte ein und erhalten:

$$X_B^i = f_B^i \left[-0{,}278 a_{1B} + a_{1B} \left(1 - \frac{x_i}{75} \right) \right] = f_B^i a_{1B} \left(0{,}722 - \frac{1}{75} x_i \right);$$

$$X_H^i = f_H^i \left[+0{,}482 a_{1B} - 1{,}47 a_{1B} \left(1 - \frac{x_i}{75} \right) \right] = f_H^i a_{1B} \left(-0{,}988 + \frac{1{,}47}{75} x_i \right).$$

Hat man $a_{1B} = 1$, so hat man Zustand "1".

Für die Oberschale $N_1^i = f_B^i \left(0{,}722 - \frac{1}{75} x_i \right),$

Für die Unterschale $N_1^i = f_H^i \left(-0{,}988 + \frac{1{,}47}{75} x_i \right).$

Aus den Gleichgewichtsbedingungen der einzelnen Stringer und des ganzen Abschnitts als ganzem erhalten wir auch die Werte für die Tangentialkräfte q_1 für alle Elemente der Beplankung und der Holmstege für den Zustand "1". Haben wir die Kräfte N_1 und q_1 des Zustandes "1", so können wir Δ_{1p} und δ_{11} ausrechnen. Ohne die Tabelle der Zahlenwerte anzuführen, geben wir hier das Endergebnis: $E \cdot \Delta_{1P} = 615$ und $E \cdot \delta_{11} = 19\,200$.

Aus der Elastizitätsgleichung $\delta \cdot a_{1B} + \Delta_{1P} = 0$ finden wir den Koeffizienten:

$$a_{1B} = -\frac{19200}{615} = -31.$$

Kennen wir a_{1B}, so können wir leicht X^i und $q_x^i = q_x^i \cdot a_{1B}$ bestimmen. Der volle wirksame Schubfluß im Hautelement "i" ist offensichtlich $q^i = q_P^i + q_x^i$.

In Bild 173 sind die Achsialkräfte nach den Ergebnissen der gegebenen Rechnungen dargestellt. Dort sind auch zum Vergleich der Verlauf der Längskräfte bei Berücksichtigung von vier Gliedern der Reihe (VI,1) und die Werte für die Kräfte in den Holmgurten ohne Berücksichtigung der Stringer angegeben.

B e i s p i e l 2 : Bestimmen der Längskräfte beim Wirksamwerden der Querkraft.

In diesem Falle nehmen wir für die Sekundärspannungen die Formel:

$$\sigma = a_0 + b_1 \sin \frac{\pi x}{B},$$

Ebenso wie im vorigen Falle können die Längskräfte in dem Falle bestimmt werden, daß Querkräfte Q wirksam werden, die am Stirnquerschnitt angreifen.

Um zu zeigen, mit welcher Annäherung wir die Längskräfte X finden, benutzen wir die Funktion $\sigma = a_0 + b_1 \sin \frac{\pi x}{B}$. Damit sind die genauen Werte der Längskräfte für einen Abschnitt gegeben, der in Bild 174 gezeigt ist. Er hat zwei Symmetrie-

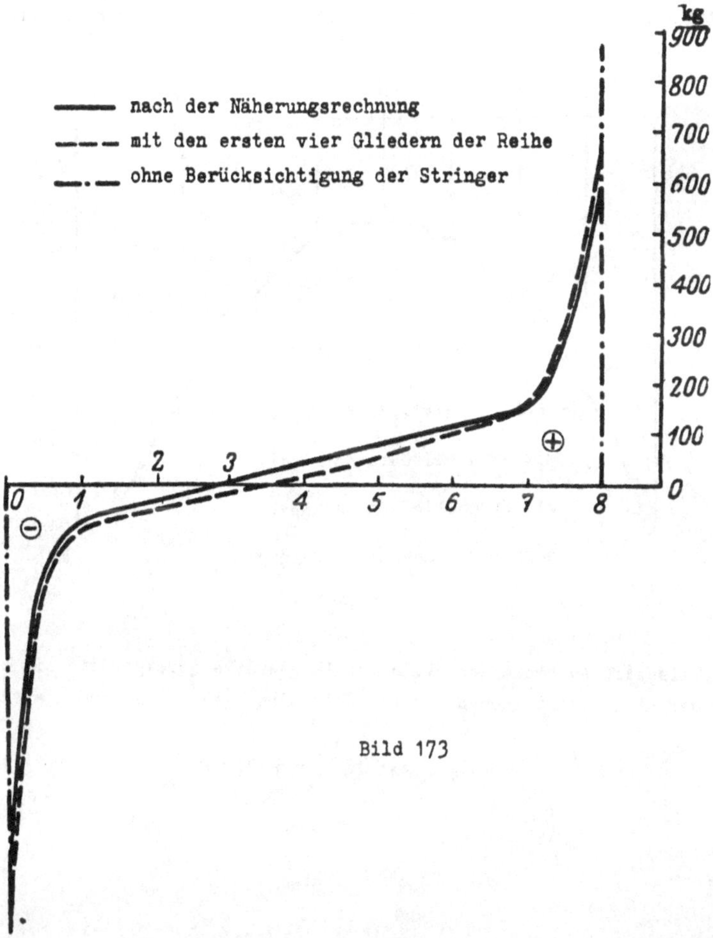

Bild 173

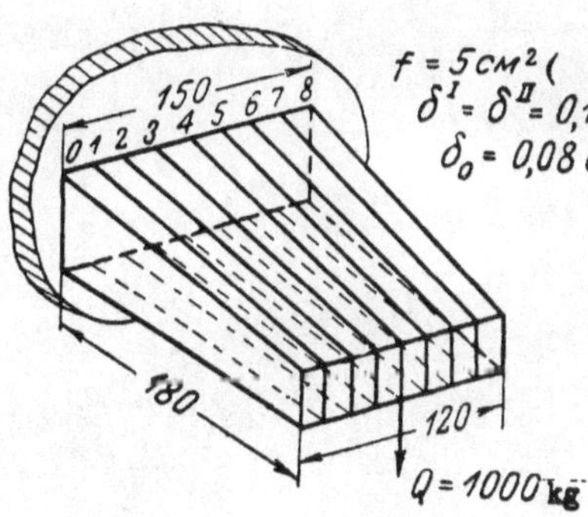

$f = 5\,cm^2$ (für alle Stäbe)
$\delta^{I} = \delta^{II} = 0{,}15\,cm$,
$\delta_0 = 0{,}08\,cm$

Bild 174

ebenen, und daher kann man ihn als vierfach statisch unbestimmtes System ansehen. Die Ergebnisse der Rechnung sind als Schaubild in Bild 174 dargestellt. An glei-

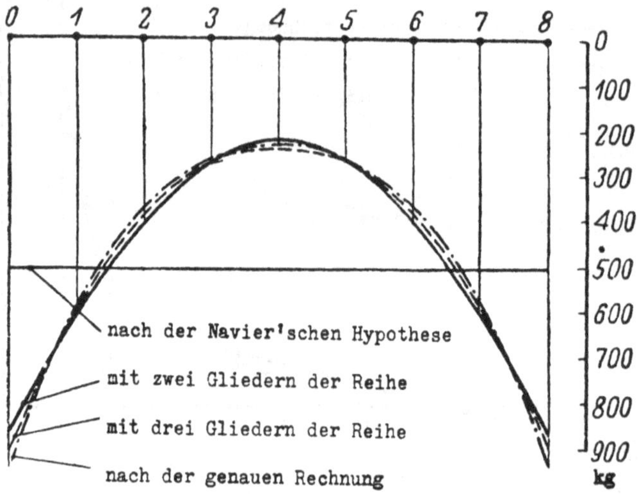

Bild 175

cher Stelle wird auch ein Schaubild der Längskräfte gezeigt, die mit Berücksichtigung der drei symmetrischen Glieder der Reihe (VI,2) gefunden sind.

$$\sigma = a_0 + a_2 \cos \frac{2\pi x}{B} + b_1 \sin \frac{\pi x}{B} .$$

Kapitel VII

Berechnung von Pfeilflügeln

§ 25 Die Differenzengleichungen

In Bild 176 und 177 sind zwei Typen von Pfeilflügeln dargestellt. Der erste besteht aus einem geraden Flügel mit dreieckigem Wurzelstück, der zweite enthält Rippen, die zur Flugzeugachse parallel laufen.

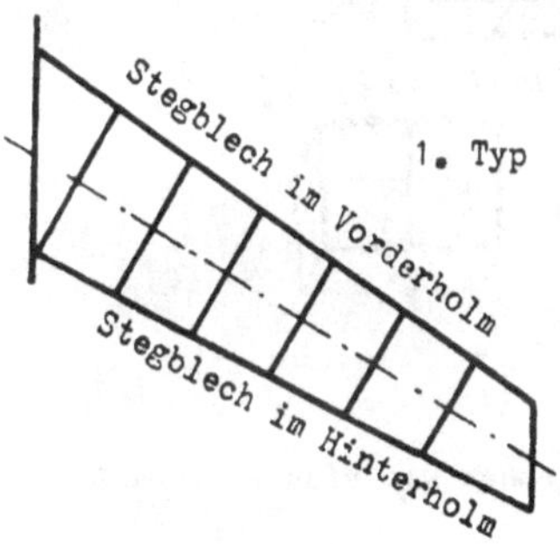

Bild 176

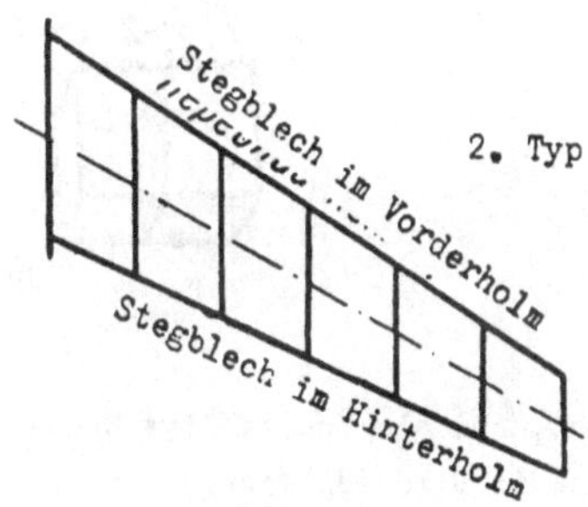

Bild 177

Wir wollen einen Flügel der ersten Art näher betrachten. Bei m Rippen (Bild 178) ist das System $m + 1$ mal statisch unbestimmt.

Wir wollen annehmen, daß die Abschnitte einander gleich und die Spannweite unendlich groß sind (Bild 179), und stellen wie schon früher die kanonischen Gleichungen für den vorliegenden Querschnitt auf. Alsdann gehen wir zur allgemeinen Lösung über als der einer Differenzengleichung. Als Ergebnis erhalten wir statt einer Aufgabe mit einer großen Zahl von Unbekannten eine Gleichung mit zwei Unbekannten, den willkürlichen Konstanten C_1 und C_2, die wir aus den Grenzbedingungen am Flügelende und dem Zusatzstück bestimmen.

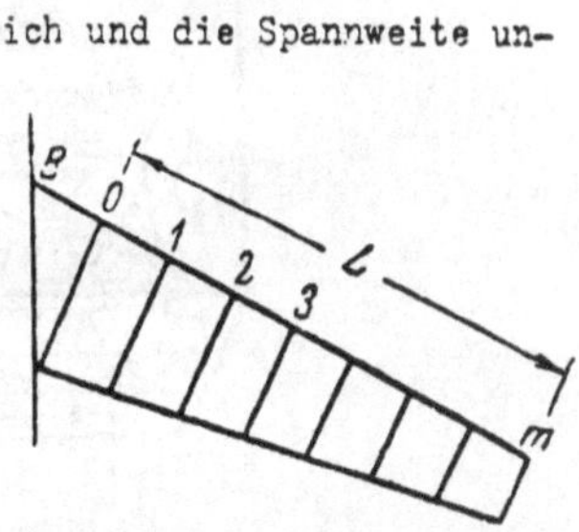

Bild 178

In dem hier betrachteten Beispiel (s,Bild 179) ist die Belastung ein konstantes Biegemoment M , das nach der Navier'schen Hypothese an der Rippe $m+\infty$ angreift. Die Gurte seien in dem unter dem Rumpf liegenden Teile und auch im weiteren

Verlauf gleichbleibend.

Als Zustand "P" nehmen wir den Spannungszustand, der der Navier'schen Hypothese

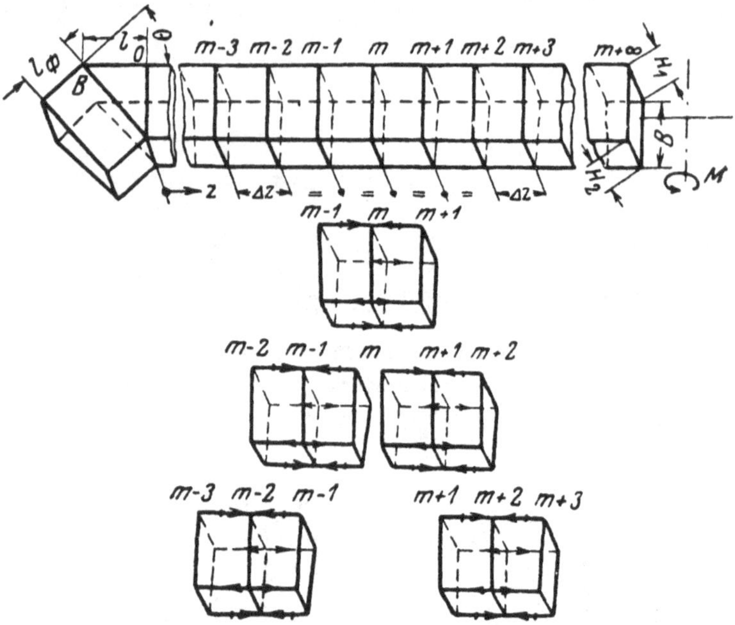

Bild 179

entspricht, und als überzählige Unbekannte nehmen wir eine Wölbkraftgruppe, von denen eine in Bild 180 gezeigt ist..

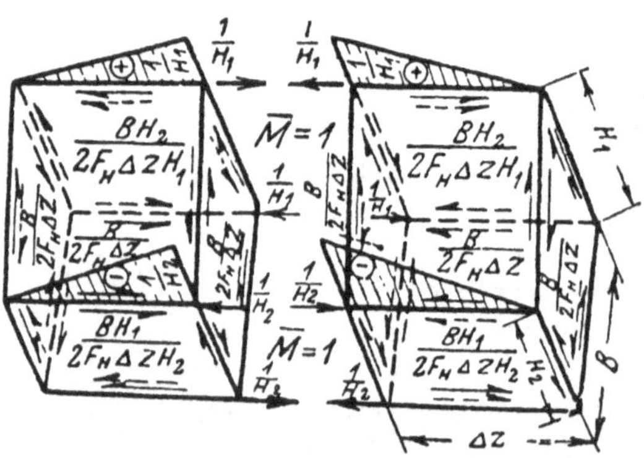

Bild 180

Für einen Schnitt längs der Rippe m hat die kanonische Gleichung die Form:

$$\delta_{m,\,m+2}\overline{M}_{m+2} + \delta_{m,\,m+1}\overline{M}_{m+1} + \delta_{m,\,m}M_m + \\ + \delta_{m,\,m-1}\overline{M}_{m-1} + \delta_{m,\,m-2}\overline{M}_{m-2} + \Delta_{m,\,P} = 0 \qquad \text{(a)}$$

Bild 179 zeigt, daß sich die inneren Kräfte für die Wölbmomente $\overline{M} = 1$ in den Schnitten $m + 2$ und $m - 2$ mit jenen des Wölbmoments im Schnitt m nur in den Rippen $m + 1$ und $m - 1$ überdecken. Folglich verschwindet $\delta_{m,m+2}$ und $\delta_{m,m-2}$ für starre Rippen.
Der Koeffizient der kanonischen Gleichung Δ_{mp} ist bei der gegebenen Belastung ebenfalls gleich Null. Folglich kann man die Gleichung (a) in folgende Form umschreiben:

$$\delta_{m,\,m+2}\overline{M}_{m+2}+\delta_{m,\,m+1}\overline{M}_{m+1}+\delta_{m,\,m}\overline{M}_{m}+\delta_{m,\,m-1}\overline{M}_{m-1}+$$
$$+\delta_{m,\,m-2}\overline{M}_{m-2}=0.$$

Wenn aber die Rippen starr sind, so ist:

$$\delta_{m,\,m+1}\overline{M}_{m+1}+\delta_{m,\,m}\overline{M}_{m}+\delta_{m,\,m-1}\overline{M}_{m-1}=0. \tag{b}$$

Die kanonischen Gleichungen ergeben sich damit als homogene Differenzengleichungen mit konstanten Koeffizienten. Die Bestimmung der Koeffizienten δ für den Fall starrer Rippen ist in Tabelle 24 gegeben.

Wenn

$$f_{1в}=f_{1н}=f_1;\quad f_{2в}=f_{2н}=f_2;\quad G_0=G_1=G_2=G \quad \text{und} \quad \frac{E}{G}=2{,}6, \text{ то}$$

$$E\delta_{m,\,m+1}=E\delta_{m,\,m-1}=\frac{\Delta z}{3}\left(\frac{1}{H_1^2f_1}+\frac{1}{H_2^2f_2}\right)-\frac{2{,}6\cdot B^2}{4F_н^2\Delta z}\left(\frac{H_2^2}{H_1\delta^{I}}+\frac{H_1^2}{H_2\delta^{II}}+\frac{2B}{\delta^{\circ}}\right)$$

und

$$E\delta_{m,\,m}=\frac{4}{3}\,\Delta z\left(\frac{1}{H_1^2f_1}+\frac{1}{H_2^2f_2}\right)+\frac{2{,}6B^2}{2F_н^2\Delta z}\left(\frac{H_2^2}{H_1\delta^{I}}+\frac{H_1^2}{H_2\delta^{II}}+\frac{2B}{\delta^{\circ}}\right).$$

Wir setzen die erhaltenen Werte für die Koeffizienten in Gleichung (b) ein und erhalten:

$$(\mu-\omega)(\overline{M}_{m+1}+\overline{M}_{m-1})+(4\mu+2\omega)\overline{M}_m=0, \tag{VII. 1}$$

dabei ist

$$\mu=\frac{\Delta z}{3}\left(\frac{1}{H_1^2f_1}+\frac{1}{H_2^2f_2}\right) \quad \text{und} \quad \omega=\frac{2{,}6B^2}{4F_н^2\Delta z}\left(\frac{H_2^2}{H_1\delta^{I}}+\frac{H_1^2}{H_2\delta^{II}}+\frac{2B}{\delta^{\circ}}\right).$$

Wir stellen Gleichung (VII,1) als Differenzengleichung auf. Es sei gegeben:

$$H_1=25 \text{ см};\quad H_2=21 \text{ см};\quad B=60 \text{ см};\quad \Delta z=20 \text{ см};\quad \delta^{I}=\delta^{II}=0{,}2 \text{ см};$$
$$\delta^{\circ}=0{,}15 \text{ см};\quad f_1=f_2=5 \text{ см}^2.$$

dann ist

$$\mu=\frac{20}{3}\left(\frac{1}{25^2\cdot 5}+\frac{1}{21^2\cdot 5}\right)=5{,}15\cdot 10^{-3},$$

$$\omega=\frac{2{,}6\cdot 60^2}{4\cdot 1380^2\cdot 20}\left[\frac{1}{0{,}2}\left(\frac{21^2}{25}+\frac{25^2}{21}\right)+\frac{2{,}60}{0{,}15}\right]=63{,}7\cdot 10^{-3}$$

9*

Tabelle 24

	Gurt / Haut	$k=\frac{\Delta z}{f}$ / $k=\frac{EF}{G\delta}$	Bei $\overline{M}_{m+1}=1$: N_{m+1}; q_{m+1}	Bei $\overline{M}_{m}=1$: N_{m}; q_{m}	Bei $\overline{M}_{m-1}=1$: N_{m-1}; q_{m-1}	$E\delta_{m,\,m+1}$	$E\delta_{m,\,m}$	$E\delta_{m,\,m-1}$
Vorderholm	Obergurt $m+1,\ m$	$\frac{\Delta z}{f_{1\text{в}}}$	$\frac{1}{H_1}$; 0	0; $\frac{1}{H_1}$	0	$\frac{\Delta z}{6H_1^2 f_{1\text{в}}}$	$\frac{\Delta z}{3H_1^2 f_{1\text{в}}}$	0
	Obergurt $m,\ m-1$	$\frac{\Delta z}{f_{1\text{в}}}$	0; 0	$\frac{1}{H_1}$; 0	0; $\frac{1}{H_1}$	0	$\frac{\Delta z}{3H_1^2 f_{1\text{в}}}$	$\frac{\Delta z}{6H_1^2 f_{1\text{в}}}$
	Untergurt $m+1,\ m$	$\frac{\Delta z}{f_{1\text{н}}}$	$-\frac{1}{H_1}$; 0	0; $-\frac{1}{H_1}$	0	$\frac{\Delta z}{6H_1^2 f_{1\text{н}}}$	$\frac{\Delta z}{3H_1^2 f_{1\text{н}}}$	0
	Untergurt $m,\ m-1$	$\frac{\Delta z}{f_{1\text{н}}}$	0; 0	$-\frac{1}{H_1}$; 0	0; $-\frac{1}{H_1}$	0	$\frac{\Delta z}{3H_1^2 f_{1\text{н}}}$	$\frac{\Delta z}{6H_1^2 f_{1\text{н}}}$
Hinterholm	Obergurt $m+1,\ m$	$\frac{\Delta z}{f_{2\text{в}}}$	$-\frac{1}{H_2}$; 0	0; $-\frac{1}{H_2}$	0	$\frac{\Delta z}{6H_2^2 f_{2\text{в}}}$	$\frac{\Delta z}{3H_2^2 f_{2\text{в}}}$	0
	Obergurt $m,\ m-1$	$\frac{\Delta z}{f_{2\text{в}}}$	0; 0	$-\frac{1}{H_2}$; 0	0; $-\frac{1}{H_2}$	0	$\frac{\Delta z}{3H_2^2 f_{2\text{в}}}$	$\frac{\Delta z}{6H_2^2 f_{3\text{в}}}$
	Untergurt $m+1,\ m$	$\frac{\Delta z}{f_{2\text{н}}}$	$\frac{1}{H_2}$; 0	0; $\frac{1}{H_2}$	0	$\frac{\Delta z}{6H_2^2 f_{2\text{н}}}$	$\frac{\Delta z}{3H_2^2 f_{2\text{н}}}$	0
	Untergurt $m,\ m-1$	$\frac{\Delta z}{f_{2\text{н}}}$	0; 0	$\frac{1}{H_2}$; 0	0; $\frac{1}{H_2}$	0	$\frac{\Delta z}{3H_2^2 f_{2\text{н}}}$	$\frac{\Delta z}{6H_2^2 f_{2\text{н}}}$

Beplankung oben $m+1,\ m$	$\frac{E\Delta zB}{G_0\delta^*}$	$\frac{B}{2F_{\text{н}}\Delta z}$	$-\frac{B}{2F_{\text{н}}\Delta z}$	0	$-\frac{B^3E}{4F_{\text{н}}^2\Delta zG_0\delta^*}$	$\frac{B^3E}{4F_{\text{н}}^2\Delta zG_0\delta^*}$	0
Beplankung oben $m,\ m-1$	$\frac{E\Delta zB}{G_0\delta^*}$	0	$\frac{B}{2F_{\text{н}}\Delta z}$	$-\frac{B}{2F_{\text{н}}\Delta z}$	0	$\frac{B^3E}{4F_{\text{н}}^2\Delta zG_0\delta^*}$	$-\frac{B^3E}{4F_{\text{н}}^2\Delta zG_0\delta^*}$
Beplankung unten $m+1,\ m$	$\frac{E\Delta zB}{G_0\delta^*}$	$\frac{B}{2F_{\text{н}}\Delta z}$	$-\frac{B}{2F_{\text{н}}\Delta z}$	0	$-\frac{B^3E}{4F_{\text{н}}^2\Delta zG_0\delta^*}$	$\frac{B^3E}{4F_{\text{н}}^2\Delta zG_0\delta^*}$	0
Beplankung unten $m,\ m-1$	$\frac{E\Delta zB}{G_0\delta^*}$	0	$\frac{B}{2F_{\text{н}}\Delta z}$	$-\frac{B}{2F_{\text{н}}\Delta z}$	0	$\frac{B^3E}{4F_{\text{н}}^2\Delta zG_0\delta^*}$	$-\frac{B^3E}{4F_{\text{н}}^2\Delta zG_0\delta^*}$
Beplankung des Vorderholms $m+1,\ m$	$\frac{E\Delta zH_1}{G_1\delta^{I}}$	$-\frac{BH_2}{2F_{\text{н}}\Delta zH_1}$	$\frac{BH_2}{2F_{\text{н}}\Delta zH_1}$	0	$-\frac{B^2H_2^2E}{4F_{\text{н}}^2\Delta zH_1G_1\delta^{I}}$	$\frac{B^2H_2^2E}{4F_{\text{н}}^2\Delta zH_1G_1\delta^{I}}$	0
Beplankung des Vorderholm $m,\ m-1$	$\frac{E\Delta zH_1}{G_1\delta^{I}}$	0	$-\frac{BH_2}{2F_{\text{н}}\Delta zH_1}$	$\frac{BH_2}{2F_{\text{н}}\Delta zH_1}$	0	$\frac{B^2H_2^2E}{4F_{\text{н}}^2\Delta zH_1G_1\delta^{I}}$	$-\frac{B^2H_2^2E}{4F_{\text{н}}^2\Delta zH_1G_1\delta^{I}}$
Beplankung des Hinterholms $m+1,\ m$	$\frac{E\Delta zH_2}{G_2\delta^{II}}$	$-\frac{BH_1}{2F_{\text{н}}\Delta zH_2}$	$\frac{BH_1}{2F_{\text{н}}\Delta zH_2}$	0	$-\frac{B^2H_1^2E}{4F_{\text{н}}^2\Delta zH_2G_2\delta^{II}}$	$\frac{B^2H_1^2E}{4F_{\text{н}}^2\Delta zH_2G_2\delta^{II}}$	0
Beplankung des Hinterholms $m,\ m-1$	$\frac{E\Delta zH_2}{G_2\delta^{II}}$	0	$-\frac{BH_1}{2F_{\text{н}}\Delta zH_2}$	$\frac{BH_1}{2F_{\text{н}}\Delta zH_2}$	0	$\frac{B^2H_1^2E}{4F_{\text{н}}^2\Delta zH_2G_2\delta^{II}}$	$-\frac{B^2H_1^2E}{4F_{\text{н}}^2\Delta zH_2G_2\delta^{II}}$
					$\Sigma=E\delta_{m,\ m+1}$	$E\delta_{m,\ m}$	$E\delta_{m,\ m-1}$

und Gleichung (VII,1) erhält die Form:

$$-58{,}55\overline{M}_{m+1}+148{,}0\overline{M}_m-58{,}55\overline{M}_{m-1}=0.$$

Sucht man eine Lösung der Form: $\overline{M}_m=e^{km}$ und setzt man:

$$e^k=\alpha,\quad \overline{M}_m=\alpha^m,$$

so erhält man:

$$-58{,}55\alpha^{m+1}+148\alpha^m-58{,}55\alpha^{m-1}=0$$

oder:

$$-58{,}55\left(\alpha+\frac{1}{\alpha}\right)+148=0,$$

und daraus: $\alpha_{1,2}=2{,}04;\quad 0{,}49.$

so ist

$$\overline{M}_m=C_1\cdot 2{,}04^m+C_2\cdot 0{,}49^m \quad \text{und} \quad \overline{M}_m=C_1 2{,}04^m+C_2 2{,}04^{-m},$$

Dabei sind C_1 und C_2 willkürliche Konstanten, die wir aus den Grenzbedingungen ermitteln.
Für $m=\infty$ ist $\overline{M}_\infty=0$, da das Wölbmoment $\overline{M}$ durch endlich große Kräfte in den Einspannungen hervorgerufen wird, die sich in ihren Wirkungen nicht ins Unendliche erstrecken können. Dieser Bedingung genügen wir, wenn wir $C_1=0$ setzen
Dann ist:

$$\overline{M}_m=C_2 2{,}04^{-m}. \tag{c}$$

Zur Bestimmung von C_2 benutzen wir die Randbedingungen an der Einspannung. Dazu muß man die unbekannten Wölbmomente $\overline{M}_B$ (im Schnitt längs der Rumpfseitenwandrippe) und $\overline{M}_{\bar{0}}$ (im Schnitt längs der Wurzelrippe 0) (s. Bild 179) ermitteln.
Wir stellen die kanonischen Gleichungen auf:

$$\left.\begin{aligned}\Delta_{1P}+\delta_{11}\overline{M}_B+\delta_{1\bar{2}}\overline{M}_{\bar{0}}&=0,\\ \Delta_{2P}+\delta_{21}\overline{M}_B+\delta_{\bar{2}\bar{2}}\overline{M}_{\bar{0}}&=0.\end{aligned}\right\} \tag{VII. 2}$$

Aber für den Schnitt längs der Wurzelrippe ist $m=0$, folglich ist aus Gleichung (c) $\overline{M}_{\bar{0}}=C_2$.
Somit können wir schreiben:

$$\left.\begin{aligned}\Delta_{1P}+\delta_{11}\overline{M}_B+\delta_{12}C_2&=0,\\ \Delta_{2P}+\delta_{21}\overline{M}_B+\delta_{\bar{2}\bar{2}}C_2&=0.\end{aligned}\right\} \tag{VII. 2'}$$

Wir errechnen die Koeffizienten und die freien Glieder der Gleichungen (VII,2) und betrachten für den Wurzelteil des Flügels den Zustand "P": die inneren Kräfte, nach der Navier'schen Hypothese verteilt

den Zustand "$\bar{2}$": die inneren Kräfte infolge eines Einheitswölbmoments $\bar{M}_{\bar{0}} = C_2 = 1$, das am Schnitt längs der Wurzelrippe angreift, nach der Formel (c) verteilt. Weil für diesen Schnitt $\bar{M}_{\bar{0}} = C_2 = 1$ genommen wurde, ist für die anderen Schnitte des geraden Flügelteils nach der Formel (c) $\bar{M}_m = 2{,}04^{-m}$; in Sonderheit für die Rippe Nr. 1 ist $\bar{M}_{\bar{1}} = 1/\,2{,}04 = 0{,}49$

den Zustand

den Zustand "1": die inneren Kräfte von dem Einheitswölbmoment $\bar{M}_B = 1$ her, das an einem Schnitt längs der Rumpfseitenwandrippe angreifend gedacht ist

den Zustand "2": die inneren Kräfte infolge des Einheitswölbmoments $\bar{M}_0 = 1$, das an einem Schnitt der Wurzelrippe 0 angreift.

Zustand "P"

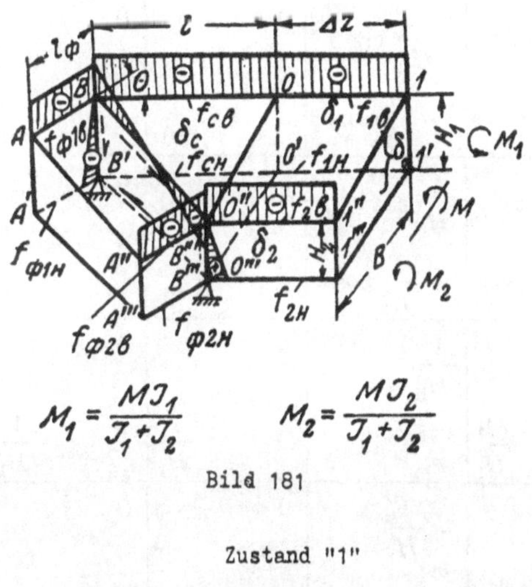

$$M_1 = \frac{MJ_1}{J_1 + J_2} \qquad M_2 = \frac{MJ_2}{J_1 + J_2}$$

Bild 181

Zustand "2"

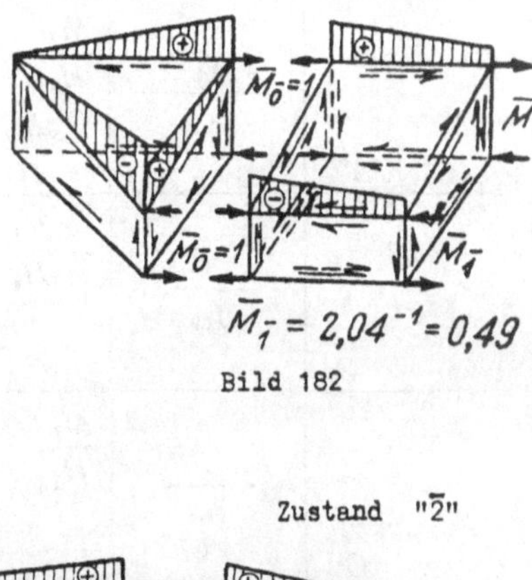

$\bar{M}_{\bar{1}} = 2{,}04^{-1} = 0{,}49$

Bild 182

Zustand "1"

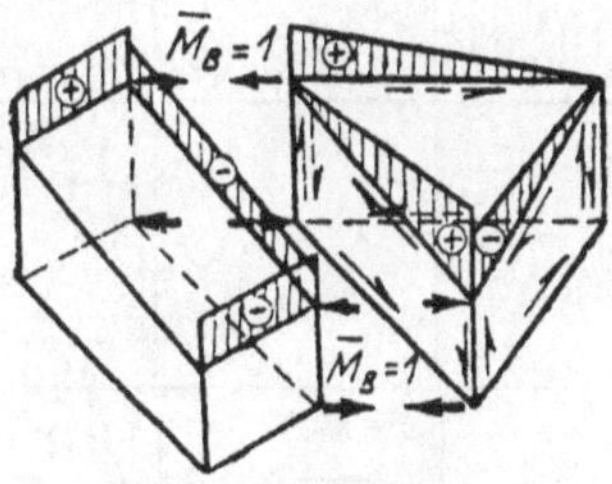

Bild 183

Zustand "$\bar{2}$"

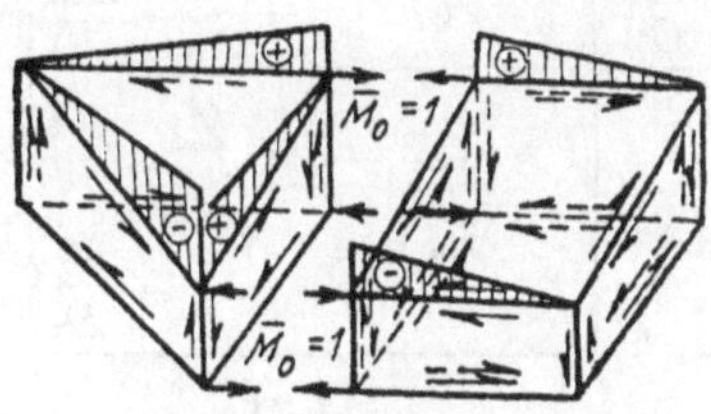

Bild 184

In Bild 181 bis 184 sind alle aufgezählten Zustände dargestellt. Die Errechnung der freien Glieder und der Koeffizienten der Gleichungen (VII,2') sind in Tabelle **25** gegeben.

Stab Hautfeld	$k=\frac{l}{f}$ $k=\frac{EF}{G\delta}$	N_P q_P	N_1 q_1	N_2 q_2	$N_{\overline{2}}$ $q_{\overline{2}}$
B A	$\frac{l_\text{ф}}{f_{\text{ф}1\text{в}}}$	$-\frac{M_1}{H_1}\cos\theta$ $-\frac{M_1}{H_1}\cos\theta$	$+\frac{1}{H_1}\cos\theta$ $+\frac{1}{H_1}\cos\theta$	0 0	0 0
B' A'	$\frac{l_\text{ф}}{f_{\text{ф}1\text{н}}}$	$\frac{M_1}{H_1}\cos\theta$ $\frac{M_1}{H_1}\cos\theta$	$-\frac{1}{H_1}\cos\theta$ $-\frac{1}{H_1}\cos\theta$	0 0	0 0
B'' A''	$\frac{l_\text{ф}}{f_{\text{ф}2\text{в}}}$	$-\frac{M_2}{H_2}\cos\theta$ $-\frac{M_2}{H_2}\cos\theta$	$-\frac{1}{H_2}\cos\theta$ $-\frac{1}{H_2}\cos\theta$	0 0	0 0
B''' A'''	$\frac{l_\text{ф}}{f_{\text{ф}2\text{н}}}$	$\frac{M_2}{H_2}\cos\theta$ $\frac{M_2}{H_2}\cos\theta$	$\frac{1}{H_2}\cos\theta$ $\frac{1}{H_2}\cos\theta$	0 0	0 0
B O	$\frac{l}{f_{\text{св}}}$	$-\frac{M_1}{H_1}$ $-\frac{M_1}{H_1}$	$\frac{1}{H_1}$ 0	0 $\frac{1}{H_1}$	0 $\frac{1}{H_1}$
B' O'	$\frac{l}{f_{\text{сн}}}$	$\frac{M_1}{H_1}$ $\frac{M_1}{H_1}$	$-\frac{1}{H_1}$ 0	0 $-\frac{1}{H_1}$	0 $-\frac{1}{H_1}$
O 1	$\frac{\Delta z}{f_{1\text{в}}}$	$-\frac{M_1}{H_1}$ $-\frac{M_1}{H_1}$	0 0	$\frac{1}{H_1}$ 0	$\frac{1}{H_1}$ $\frac{\overline{M}_{\overline{1}}}{H_1}$
O' $1'$	$\frac{\Delta z}{f_{1\text{н}}}$	$\frac{M_1}{H_1}$ $\frac{M_1}{H_1}$	0 0	$-\frac{1}{H_1}$ 0	$-\frac{1}{H_1}$ $-\frac{\overline{M}_{\overline{1}}}{H_1}$

Tabelle 25

$E\Delta_{1P}$	$E\delta_{11}$	$E\delta_{12}$	$E\Delta_{2P}$	$E\delta_{\overline{22}}$
$-\dfrac{l_{\text{ф}} M_1 \cos^2\theta}{H_1^2 f_{\text{ф1в}}}$	$\dfrac{l_{\text{ф}} \cos^2\theta}{H_1^2 f_{\text{ф1в}}}$	0	0	0
$-\dfrac{l_{\text{ф}} M_1 \cos^2\theta}{H_1^2 f_{\text{ф1н}}}$	$\dfrac{l_{\text{ф}} \cos^2\theta}{H_1^2 f_{\text{ф1н}}}$	0	0	0
$\dfrac{l_{\text{ф}} M_2 \cos^2\theta}{H_2^2 f_{\text{ф2в}}}$	$\dfrac{l_{\text{ф}} \cos^2\theta}{H_2^2 f_{\text{ф2в}}}$	0	0	0
$\dfrac{l_{\text{ф}} M_2 \cos^2\theta}{H_2^2 f_{\text{ф2н}}}$	$\dfrac{l_{\text{ф}} \cos^2\theta}{H_2^2 f_{\text{ф2н}}}$	0	0	0
$-\dfrac{lM_1}{2H_1^2 f_{\text{св}}}$	$\dfrac{l}{3H_1^2 f_{\text{св}}}$	$\dfrac{l}{6H_1^2 f_{\text{св}}}$	$-\dfrac{lM_1}{2H_1^2 f_{\text{св}}}$	$\dfrac{l}{3H_1^2 f_{\text{св}}}$
$-\dfrac{lM_1}{2H_1^2 f_{\text{сн}}}$	$\dfrac{l}{3H_1^2 f_{\text{сн}}}$	$\dfrac{l}{6H_1^2 f_{\text{сн}}}$	$-\dfrac{lM_1}{2H_1^2 f_{\text{сн}}}$	$\dfrac{l}{3H_1^2 f_{\text{сн}}}$
0	0	0	$-\dfrac{\Delta z M_1}{2H_1^2 f_{\text{1в}}}$	$\dfrac{(2+\overline{M_1})\,\Delta z}{6H_1^2 f_{\text{1в}}}$
0	0	0	$-\dfrac{\Delta z M_1}{2H_1^2 f_{\text{1н}}}$	$\dfrac{(2+\overline{M_1})\,\Delta z}{6H_1^2 f_{\text{1н}}}$

Stab Hautfeld	$k=\frac{l}{f}$ $k=\frac{EF}{G\delta}$	N_P q_P	N_1 q_1	N_2 q_2	$N_{\bar{2}}$ $q_{\bar{2}}$
O'' $1''$	$\frac{\Delta z}{f_{2B}}$	$-\frac{M_2}{H_2}$ $-\frac{M_2}{H_2}$	0 0	$-\frac{1}{H_2}$ 0	$-\frac{1}{H_2}$ $-\frac{\overline{M}_{\bar{1}}}{H_2}$
O''' $1'''$	$\frac{\Delta z}{f_{2H}}$	$\frac{M_2}{H_2}$ $\frac{M_2}{H_2}$	0 0	$\frac{1}{H_2}$ 0	$\frac{1}{H_2}$ $\frac{\overline{M}_{\bar{1}}}{H_2}$
$B-O-O'-B'$	$\frac{ElH_1}{G_C\delta_C}$	0	$\frac{1}{H_1 l}$	$\frac{1}{H_1 l}$	$\frac{1}{H_1 l}$
$O-1-1'-O'$	$\frac{E\Delta z H_1}{G_1\delta^{I}}$	0	0	$\frac{BH_2}{2F_H\Delta z H_1}$	$\frac{(1-\overline{M}_{\bar{1}})BH_2}{2F_H\Delta z H_1}$
$O''-1''-1'''-O'''$	$\frac{E\Delta z H_2}{G_2\delta^{II}}$	0	0	$\frac{BH_1}{2F_H\Delta z H_2}$	$\frac{(1-\overline{M}_{\bar{1}})BH_1}{2F_H\Delta z H_2}$
$O-1-1''-O''$	$\frac{E\Delta z B}{G_0\delta^{*}}$	0	0	$\frac{B}{2F_H\Delta z}$	$\frac{(1-\overline{M}_{\bar{1}})B}{2F_H\Delta z}$
$O'-1'-1'''-O'''$	$\frac{E\Delta z B}{G_0\delta^{*}}$	0	0	$\frac{B}{2F_H\Delta z}$	$\frac{(1-\overline{M}_{\bar{1}})B}{2F_H\Delta z}$

Hier und weiterhin bezieht sich der Index "C" auf den Vorderholm im Stück B – O

$E\Delta_{1P}$	$E\delta_{11}$	$E\delta_{12}$	$E\Delta_{2P}$	$E\delta_{2\bar{2}}$
0	0	0	$\frac{\Delta z M_2}{2H_2^2 f_{2\text{в}}}$	$\frac{(2+\overline{M}_{\overline{1}})\,\Delta z}{6H_2^2 f_{2\text{в}}}$
0	0	0	$\frac{\Delta z M_2}{2H_2^2 f_{2\text{н}}}$	$\frac{(2+\overline{M}_{\overline{1}})\,\Delta z}{6H_2^2 f_{2\text{н}}}$
0	$\frac{E}{H_1 l G_c \delta_c}$	$-\frac{E}{H_1 l G_c \delta_c}$	0	$\frac{E}{H l G_c \delta_c}$
0	0	0	0	$\frac{(1-\overline{M}_{\overline{1}})\,EB^2 H_2^2}{4F_{\text{н}}^2\,\Delta z H_1 G_1 \delta^{\text{I}}}$
0	0	0	0	$\frac{(1-\overline{M}_{\overline{1}})\,EB^2 H_1^2}{4F_{\text{н}}^2\,\Delta z H_2 G_2 \delta^{\text{II}}}$
0	0	0	0	$\frac{(1-\overline{M}_{\overline{1}})\,EB^3}{4F_{\text{н}}^2\,\Delta z G_0 \delta^{\circ}}$
0	0	0	0	$\frac{(1-\overline{M}_{\overline{1}})\,EB^3}{4F_{\text{н}}^2\,\Delta z G_0 \delta^{\circ}}$
$\Sigma = E\Delta_{1P}$	$E\delta_{11}$	$E\delta_{12}$	$E\Delta_{2P}$	$E\delta_{2\bar{2}}$

Die Rippen sind als starr in ihrer Ebene angenommen.

Aus Tabelle 25 ergibt sich nach einigen Umformungen:

$$E\Delta_{1P}=l_{\Phi}\cos^2\theta\left[\frac{M_2}{H_2^2}\left(\frac{1}{f_{\Phi 2\text{в}}}+\frac{1}{f_{\Phi 2\text{н}}}\right)-\frac{M_1}{H_1^2}\left(\frac{1}{f_{\Phi 1\text{в}}}+\frac{1}{f_{\Phi 1\text{н}}}\right)\right]-$$

$$-\frac{lM_1}{2H_1^2}\left(\frac{1}{f_{\text{св}}}+\frac{1}{f_{\text{сн}}}\right), \tag{d}$$

$$E\delta_{11}=l_{\Phi}\cos^2\theta\left[\frac{1}{H_2^2}\left(\frac{1}{f_{\Phi 2\text{в}}}+\frac{1}{f_{\Phi 2\text{н}}}\right)+\frac{1}{H_1^2}\left(\frac{1}{f_{\Phi 1\text{в}}}+\frac{1}{f_{\Phi 1\text{н}}}\right)\right]+$$

$$+\frac{1}{H_1 l}\left[\frac{l^2}{3H_1}\left(\frac{1}{f_{\text{св}}}+\frac{}{f_{\text{сн}}}\right)+\frac{E}{G_{\text{c}}\delta_{\text{c}}}\right], \tag{e}$$

$$E\delta_{12}=\frac{1}{H_1 l}\left[\frac{l^2}{6H_1}\left(\frac{1}{f_{\text{св}}}+\frac{1}{f_{\text{сн}}}\right)-\frac{E}{G_{\text{c}}\delta_{\text{c}}}\right], \tag{f}$$

$$E\Delta_{2P}=\frac{1}{2}\left[\frac{\Delta z M_2}{H_2^2}\left(\frac{1}{f_{2\text{в}}}+\frac{1}{f_{2\text{н}}}\right)-\frac{lM_1}{H_1^2}\left(\frac{1}{f_{\text{св}}}+\frac{1}{f_{\text{сн}}}\right)-\frac{\Delta z M_1}{H_1^2}\left(\frac{1}{f_{1\text{в}}}+\frac{1}{f_{1\text{н}}}\right)\right], \tag{g}$$

$$E\delta_{2\bar{2}}=\frac{1}{H_1 l}\left[\frac{l^2}{3H_1}\left(\frac{1}{f_{\text{св}}}+\frac{1}{f_{\text{сн}}}\right)+\frac{E}{G_{\text{c}}\delta_{\text{c}}}\right]+$$

$$+\frac{(2+\overline{M}_{\bar{1}})\,\Delta z}{6}\left[\frac{1}{H_2^2}\left(\frac{1}{f_{2\text{в}}}+\frac{1}{f_{2\text{н}}}\right)+\frac{1}{H_1^2}\right]\left(\frac{1}{f_{1\text{в}}}+\frac{1}{f_{1\text{н}}}\right)+ \tag{h}$$

$$+\frac{(1-\overline{M}_{\bar{1}})\,E}{4F_{\text{н}}^2\Delta z}\left(\frac{H_2^2}{H_1 G_1\delta^{\text{I}}}+\frac{H_1^2}{H_2 G_2\delta^{\text{II}}}+\frac{2B}{G_0\delta^{\circ}}\right).$$

In Ergänzung zu den früher angenommenen geometrischen Daten setzen wir folgende Zahlenwerte ein:

$$f_{\Phi 1\text{в}}=f_{\Phi 1\text{н}}=f_{\Phi 2\text{в}}=f_{\Phi 2\text{н}}=f_{\text{св}}=f_{\text{сн}}=5\ \text{см}^2;\quad \delta_{\text{c}}=0{,}2\ \text{см};\quad l_{\Phi}=25\ \text{см};$$

$$\theta=40^\circ;\quad G_{\text{c}}=G_1=G_2=G_0=\frac{E}{2{,}6}.$$

Nach den Formeln (d - h) erhält man bei $\overline{M}_{\bar{1}}$ = o,49 :

$$E\Delta_{1P}=-9{,}45\cdot 10^{-3}M;\qquad E\delta_{11}=43{,}4\cdot 10^{-3};\quad E\delta_{12}=-5\cdot 10^{-3};$$

$$E\Delta_{2P}=-9{,}45\cdot 10^{-3}M;\qquad E\delta_{2\bar{2}}=78{,}7\cdot 10^{-3}.$$

Gleichung (VII,2) erhalten wir in der Form :

$$-9{,}45M+43{,}4\overline{M}_B-5\overline{M}_{\bar{0}}=0,$$

$$-9{,}45M-5\cdot\overline{M}_B+78{,}7\overline{M}_{\bar{0}}=0.$$

Aus der Lösung der Gleichungen erhält man: $\overline{M}_B=0{,}233M$ und $\overline{M}_{\bar{0}}=C_2=0{,}134M$.

folglich ist $M_m=0{,}134\cdot M\cdot 2{,}04^{-m}$.

Wir bestimmen in den Schnitten 0 - 1 - 2 - 3 - 4 und 5 die Werte für $\overline{M}_m$ (Tabelle 26, Bild 185)

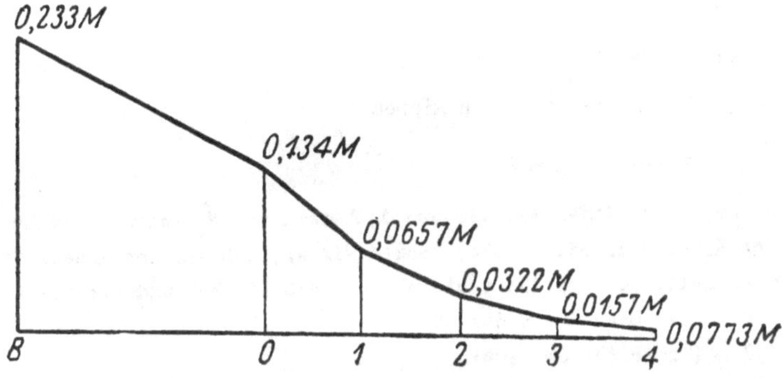

Bild 185

Tabelle 26

Schnitt	0	1	2	3	4	5
$2{,}04^{-m}$	1	0,49	0,24	0,1175	0,0577	0,0283
$\overline{M}_m$	0,134*M*	0,0657*M*	0,0322*M*	0,0157*M*	0,00773*M*	0,0038M

§ 26 Näherungsrechnung für die Sekundärspannungen im Flügel der ersten Art.

Die Außenteile des Pfeilflügels schließen wir bei der Bestimmung der Sekundärspannungen ebenso wie im Falle des geraden Flügels aus der Betrachtung aus. Damit erhalten wir für die Ermittelung der Sekundärspannungen die Rechenschemata, die in Bild 186 a und b gezeigt sind.

Die oben angeführte Rechnung und eine Reihe anderer Rechnungen über die Sekundärspannungen in Pfeilflügeln zeigen,, daß die Sekundärspannungen schnell abklingen und annähernd auf 30% der Länge L des geraden Flügels kann man sie praktisch gleich Null setzen (Bild 187 b), wobei der Verlauf des Wölbmoments $\overline{M}_z$ aus der Sekundärspannung durch die Abhängigkeit gegeben ist:

$$\overline{M}_z = \overline{M}_0 e^{-kz}$$

Der Exponent k kann angenähert gleich 10 / L gesetzt werden.

Auf diese Weise ist:

$$\overline{M}_z = \overline{M}_0 e^{-\frac{10}{L} z}$$

oder

$$\overline{M}_m = \overline{M}_0 e^{-\frac{10}{L}\Delta z m} \cdot \tag{a}$$

In dieser letztgenannten Gleichung ist

Δz — Abstand zwischen den Rippen

m — Nummer der Rippe (s.Bild 187a)

Zur Bestimmung des Anfangswertes des Wölbmomentes $\overline{M}_0$ (wirksam im Schnitt längs der Rippe 0 in Bild 187a) nehmen wir an, daß auf den Abschnitt des geraden Flügelteils (der die ermittelten geometrischen und elastischen Kenngrößen haben möge) von der Länge $l^* \approx 0{,}2$ L (oder für den zweiholmigen Flügel $l^* \approx B$) sich die Wölbmomente der Sekundärspannungen $\overline{M}_z$ linear andern und am Ende diese Abschnittes gleich Null sind.

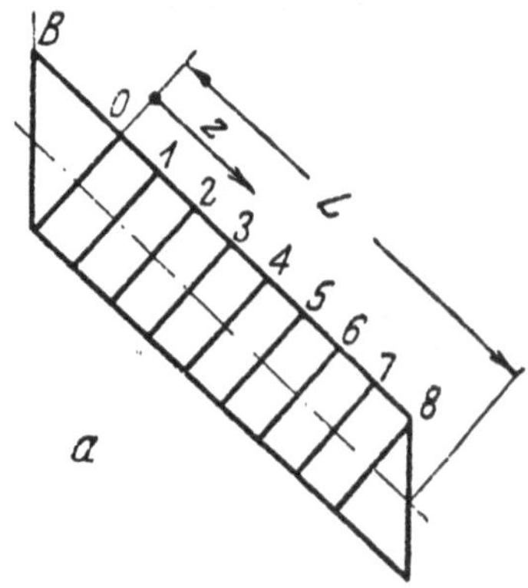

Dann kann man die Formel (a) in der Form schreiben:

$$\overline{M}_m = \overline{M}_0 e^{-\frac{2\Delta z m}{l^*}} . \tag{VII. 3}$$

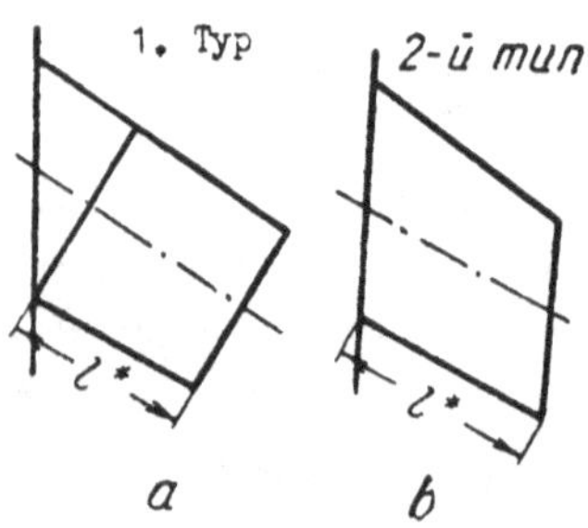

Bild 186

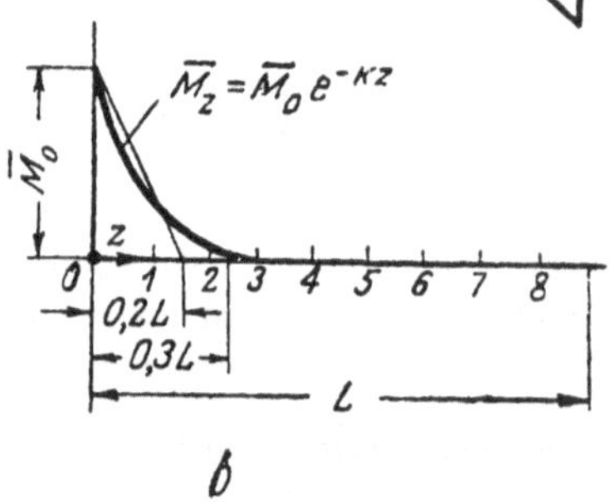

Bild 187

Bei solchen Zugeständnissen entfällt der Zustand "2" (s. Bild 182) und die Hauptsache ist, daß man das Außenteil weglassen und das vielfach statisch unbestimmte System auf die Lösung des nur zweifach statisch unbestimmten Wurzelteils des Flügels zurückführen kann, welches aus dem Stück unter dem Rumpf besteht, dem dreieckigen Anschlußstück und dem Kasten des geraden Flügels von der Länge l^*. Aus Gleichung (VII,2) lassen sich $\overline{M}_P$ und $\overline{M}_0$ finden.

Der Zustand "P" (von M_{Bieg} , Q und M_{Dreh} im einzelnen) ist in Bild 188 - 190 gezeigt.

Die Zustände "1" und "2" sind in den Bildern 183 und 184 angegeben.

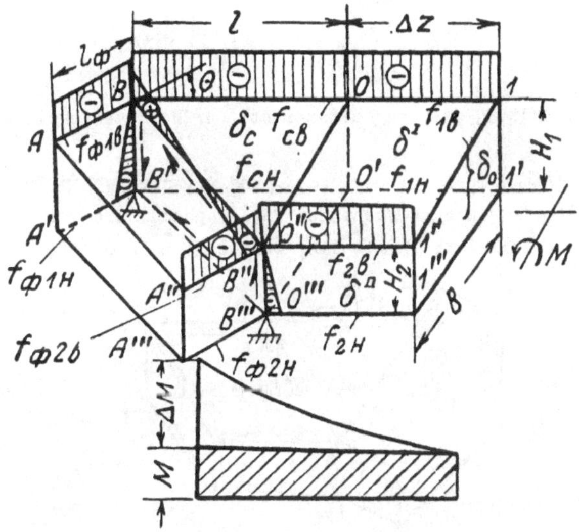

Bild 188

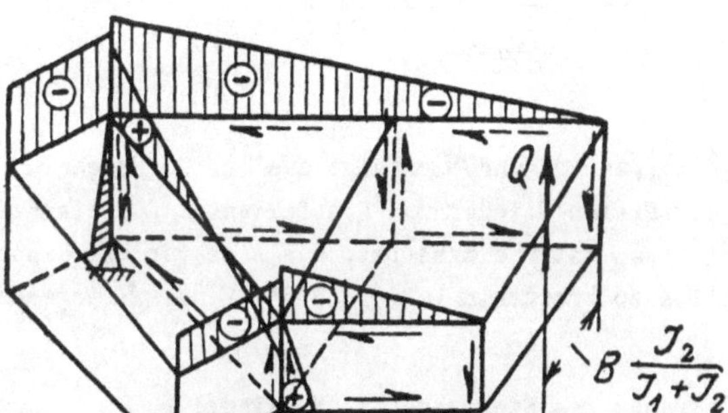

$$Q = \frac{\Delta M}{\Delta z + l\left(1 - \frac{J_2}{J_1 + J_2}\right)}$$

Bild 189

Die Bestimmung von Q und M längs der Holme nehmen wir für Zustand "P" nach den Formeln vor:

$$Q=\frac{QJ_1}{J_1+J_2}, \qquad Q=\frac{QJ_2}{J_1+J_2},$$

$$M_1=\frac{MJ_1}{J_1+J_2}, \qquad M_2=\frac{MJ_2}{J_1+J_2},$$

Dabei sind J_1 und J_2 die Trägheitsmomente der Holmquerschnitte rechts von Rippe 1.

Die Werte Δ_{1P} und Δ_{2P} von M_{Bieg} her und δ_{11} und δ_{12} waren schon früher ermittelt (s. Formeln (d) - (g) im vorhergehenden Paragraphen). Die Größen δ_{22} kann man gleichfalls nach Formel (h) ermitteln, wenn man $\bar{M}_T = 0$ erhalten hat. Die Be-

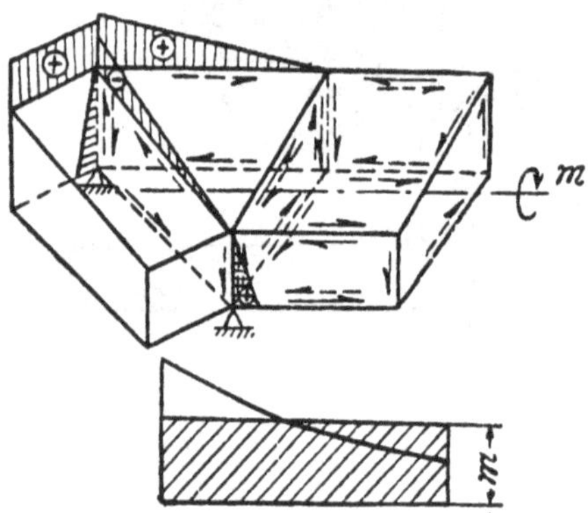

Bild 190

stimmung der Werte Δ_{1P} und Δ_{2P} aus Q und $\mathfrak{M}$ erfolgt analog. Im Ergebnis erhalten wir folgende Werte für die freien Glieder und Koeffizienten für die kanonischen Gleichungen (VII,2) (statt Δ_z ist l^* eingesetzt, das sich für die Rippenanordnung jedes konkreten Falles so ermitteln läßt, daß die Länge l^* angenähert gleich o,2 L ist).

Die freien Glieder bei Wirkung des Biegemoments M sind:

$$\left.\begin{aligned} E\Delta_{1P} &= l_{\Phi}\cos^2\theta\left[\frac{M_2}{H_2^2}\left(\frac{1}{f_{\Phi 2\text{в}}}+\frac{1}{f_{\Phi 2\text{н}}}\right)-\frac{M_1}{H_1^2}\left(\frac{1}{f_{\Phi 1\text{в}}}+\frac{1}{f_{\Phi 1\text{н}}}\right)\right]- \\ &\qquad -\frac{lM_1}{2H_1^2}\left(\frac{1}{f_{\text{св}}}+\frac{1}{f_{\text{сн}}}\right). \\ E\Delta_{2P} &= \frac{1}{2}\left[\frac{l^*M_2}{H_2^2}\left(\frac{1}{f_{2\text{в}}}+\frac{1}{f_{2\text{н}}}\right)-\frac{lM_1}{H_1^2}\left(\frac{1}{f_{\text{св}}}+\frac{1}{f_{\text{сн}}}\right)-\right. \\ &\qquad \left.-\frac{l^*M_1}{H_1^2}\left(\frac{1}{f_{1\text{в}}}+\frac{1}{f_{1\text{н}}}\right)\right]. \end{aligned}\right\} \quad \text{(VII. 4)}$$

Die freien Glieder bei Wirkung de r Querkraft Q sind:

$$E\Delta_{1P} = l_\Phi \cos^2\theta \left[\frac{Q_2 l^*}{H_2^2}\left(\frac{1}{f_{\Phi 2в}} + \frac{1}{f_{\Phi 2н}}\right) - \frac{Q_1 (l+l^*)}{H_1^2}\left(\frac{1}{f_{\Phi 1в}} + \frac{1}{f_{\Phi 1н}}\right)\right] -$$

$$-\frac{Q_1}{H_1}\left[\frac{l(2l+3l^*)}{6H_1}\left(\frac{1}{f_{св}} + \frac{1}{f_{сн}}\right) + \frac{E}{G_c\delta_c}\right]. \quad \text{(VII.5)}$$

$$E\Delta_{2P} = \frac{1}{3} l^{*2}\left[\frac{Q_2}{H_2^2}\left(\frac{1}{f_{2в}} + \frac{1}{f_{2н}}\right) - \frac{Q_1}{H_1^2}\left(\frac{1}{f_{1в}} + \frac{1}{f_{1н}}\right) -$$

$$-\frac{Q_1}{H_1}\left[\frac{l(l+3l^*)}{6H_1}\left(\frac{1}{f_{св}} + \frac{1}{f_{сн}}\right) - \frac{E}{G_c\delta_c}\right] - \frac{BE}{2F_н}\left(\frac{Q_1 H_2}{H_1 G_1 \delta^{I}} - \frac{Q_2 H_1}{H_2 G_2 \delta^{II}}\right). \quad \text{(VII. 6)}$$

Die freien Gieder bei Wirkung des Drillmoments $\mathfrak{M}$ sind:

$$E\Delta_{1P} = \frac{\mathfrak{M}}{BH_1}\left[\frac{l_\Phi l \cos^2\theta}{H_1}\left(\frac{1}{f_{\Phi 1в}} + \frac{1}{f_{\Phi 1н}}\right) + \frac{1}{3}\frac{l^2}{H_1}\left(\frac{1}{f_{св}} + \frac{1}{f_{сн}}\right) + \frac{E}{G_c\delta_c}\right]. \quad \text{(VII. 7)}$$

$$E\Delta_{2P} = \frac{\mathfrak{M}}{BH_1}\left[\frac{1}{6}\frac{l^2}{H_1}\left(\frac{1}{f_{св}} + \frac{1}{f_{сн}}\right) - \frac{E}{G_c\delta_c}\right] +$$

$$+\frac{\mathfrak{M}BE}{4F_н^2}\left(\frac{H_2}{G_1\delta^{I}} + \frac{H_1}{G_2\delta^{II}} - \frac{2B}{G_0\delta^*}\right). \quad \text{(VII. 8)}$$

Die Koeffizienten sind:

$$E\delta_{11} = l_\Phi \cos^2\theta\left[\frac{1}{H_1^2}\left(\frac{1}{f_{\Phi 1в}} + \frac{1}{f_{\Phi 1н}}\right) + \frac{1}{H_2^2}\left(\frac{1}{f_{\Phi 2в}} + \frac{1}{f_{\Phi 2н}}\right)\right] +$$

$$+\frac{1}{H_1 l}\left[\frac{l^2}{3H_1}\left(\frac{1}{f_{св}} + \frac{1}{f_{сн}}\right) + \frac{E}{G_c\delta_c}\right]; \quad \text{(VII. 9)}$$

$$E\delta_{12} = \frac{1}{H_1 l}\left[\frac{l^2}{6H_1}\left(\frac{1}{f_{св}} + \frac{1}{f_{сн}}\right) - \frac{E}{G_c\delta_c}\right]; \quad \text{(VII. 10)}$$

$$E\delta_{22} = \frac{1}{H_1 l}\left[\frac{l^2}{3H_1}\left(\frac{1}{f_{св}} + \frac{1}{f_{сн}}\right) + \frac{E}{G_c\delta_c}\right] + \frac{l^*}{3}\left[\frac{1}{H_1^2}\left(\frac{1}{f_{1в}} + \frac{1}{f_{1н}}\right) +$$

$$+\frac{1}{H_2^2}\left(\frac{1}{f_{2в}} + \frac{1}{f_{2н}}\right)\right] + \frac{B^2 E}{4F_н^2 l^*}\left(\frac{H_2^2}{H_1 G_1 \delta^{I}} + \frac{H_1}{H_2 G_2 \delta^{II}} + \frac{2B}{G_0\delta^*}\right). \quad \text{(VII. 11)}$$

B e i s p i e l : Wir bestimmen die Holmgurtkräfte in der Flügelwurzel (Bild 191) für den Fall, daß im Wurzelquerschnitt eine Querkraft Q und das Biegemoment M_{Bieg}= 1,571 Q wirken(im Hinblick auf die Symmetrie ist in Bild 191 nur das halbe Rechenschema dargestellt) Ausgangsdaten sind: Die Rippen sind in ihren Ebenen starr. Die Querschnittsflächen der Holmgurte sind einander gleich: f = 4,78 cm^2 Die Dicke der oberen und unteren Beplankung sei δ_0 = 0,12 cm, die Stegdicke an Vorder- und Hinterholm sei δ = 0,2 cm, der Pfeilwinkel Θ = 40° und l^* = 55 cm.

Die unbekannten Wölbmomente der Sekundärspannungen $\overline{M}_B$ und $\overline{M}_0$ in den Schnitten

B und O bestimmen wir aus den kanonischen Gleichungen (VII,2) einzeln für das Biegemoment $M_{Bieg} = 1{,}571\ Q$ und die Scherkraft Q.
Schließlich zählen wir für den Fall gleichzeitiger Wirkung von Q und $M_{Bieg} = 1{,}571\ Q$ die zugehörigen Werte $\overline{M}_B$ und $\overline{M}_0$ zusammen, um die endgültigen Wölbmomente in den Schnitten B und O zu erhalten.

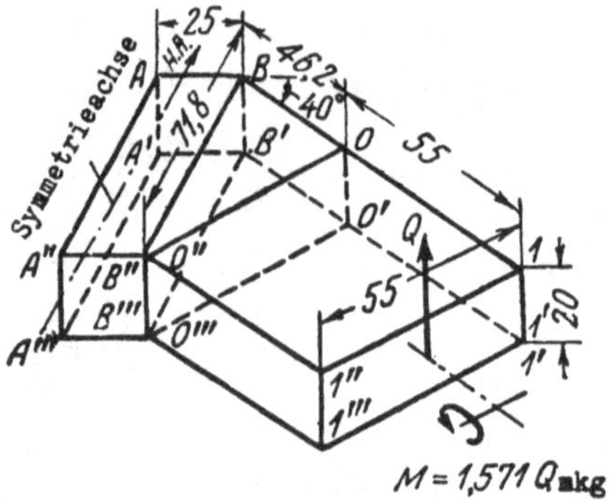

Bild 191

Die freien Glieder von M_{Bieg} und die Koeffizienten bestimmen wir nach den Formeln (VII,4) (VII,9) (VII,10) und (VII,11).

$$E\Delta_{1P} = 25\cdot 0{,}766^2\left(\frac{M}{2\cdot 20^2}\,\frac{2}{4{,}78} - \frac{M}{2\cdot 20^2}\,\frac{2}{4{,}78}\right) - \frac{46{,}2M}{2\cdot 2\cdot 20^2}\,\frac{2}{4{,}78} =$$
$$= -M\cdot 12\cdot 10^{-3};$$

$$E\Delta_{2P} = \frac{1}{2}\left(\frac{55\cdot M\cdot 2}{2\cdot 20^2\cdot 4{,}78} - \frac{46{,}2\cdot M\cdot 2}{2\cdot 20^2\cdot 4{,}78} - \frac{55\cdot M\cdot 2}{2\cdot 20^2\cdot 4{,}78}\right) = -M\cdot 12\cdot 10^{-3};$$

$$E\delta_{11} = 25\cdot 0{,}766^2\left(\frac{2}{20^2\cdot 4{,}78} + \frac{2}{20^2\cdot 4{,}78}\right) + \frac{1}{20\cdot 46{,}2}\left(\frac{46{,}2^2}{3\cdot 20}\,\frac{2}{4{,}78} + \frac{2{,}6}{0{,}2}\right) =$$
$$= 61{,}3\cdot 10^{-3};$$

$$E\delta_{12} = \frac{1}{20\cdot 46{,}2}\left(\frac{46{,}2^2}{6\cdot 20}\,\frac{2}{4{,}78} - \frac{2{,}6}{0{,}2}\right) = -6{,}05\cdot 10^{-3};$$

$$E\delta_{22} = \frac{1}{20\cdot 46{,}2}\left(\frac{46{,}2^2}{3\cdot 20}\,\frac{2}{4{,}78} + \frac{2{,}6}{0{,}2}\right) + \frac{55^2}{3}\left(\frac{2}{20^2\cdot 4{,}78} + \frac{2}{20^2\cdot 4{,}78}\right) +$$
$$+ \frac{55^2\cdot 2{,}6}{4\cdot 55^2\cdot 20^2\cdot 55}\left(\frac{20}{0{,}2} + \frac{20}{0{,}2} + \frac{2\cdot 55}{0{,}12}\right) = 101{,}5\cdot 10^{-3}.$$

Folglich erhalten die kanonischen Gleichungen die Form:

$$-12M + 61{,}3\overline{M}_B - 6{,}05\overline{M}_0 = 0, \qquad \text{(b)}$$
$$-12M - 6{,}05\overline{M}_B + 101{,}5\overline{M}_0 = 0.$$

und daraus

$$\overline{M}_B = 0{,}209M = 32{,}8Q \quad \text{und} \quad \overline{M}_0 = 0{,}130M = 20{,}5Q.$$

die freien Glieder aus Q

$$E\Delta_{1P}=25\cdot 0{,}766^2\left[\frac{Q\cdot 55\cdot 2}{20\cdot 20^2\cdot 4{,}78}-\frac{Q}{2}\,\frac{(46{,}2+55)}{20^2}\,\frac{2}{4{,}78}\right]-$$

$$-\frac{Q}{2\cdot 20}\left[\frac{46{,}2\,(2\cdot 46{,}2+3\cdot 55)}{6\cdot 20}\,\frac{2}{4{,}78}+\frac{2{,}6}{0{,}2}\right]=-Q\cdot 1719\cdot 10^{-3}.$$

$$E\Delta_{2P}=\frac{1}{3}\,55^2\left(\frac{Q}{2\cdot 20^2}\,\frac{2}{4{,}78}-\frac{Q}{2\cdot 20^2}\,\frac{2}{4{,}78}\right)-$$

$$-\frac{Q}{2\cdot 20}\left[\frac{42{,}6\,(46{,}2+3\cdot 55)}{6\cdot 20}\,\frac{2}{4{,}78}-\frac{2{,}6}{0{,}2}\right]-\frac{55\cdot 2{,}6}{2\cdot 20\cdot 55}\left(\frac{Q}{2\cdot 0{,}2}-\frac{Q}{2\cdot 0{,}2}\right)=$$

$$=-Q\cdot 524\cdot 10^{-3}.$$

In diesem Falle ergibt sich aus Gleich. (b) : $\overline{M}_B=28{,}9Q$ **cmkg** , $\overline{M}_0=$ $=6{,}85Q$ **cmkg** , wobei Q in kg

Bei gleichzeitiger Wirkung von Q und M erhalten wir das Wölbmoment in den Schnitten längs der Rumpfseitenwandrippe:

$$\overline{M}_B=32{,}8Q+28{,}9Q=61{,}7Q \text{ cmkg}$$

und im Schnitt längs der Rippe 0:

$$\overline{M}_0=20{,}5Q+6{,}85Q=27{,}3Q \text{ cmkg}$$

Für die anderen Schnitte im geraden Teil des Flügels ergibt sich nach der Formel (VII,3):

$$\overline{M}_m=27{,}3Qe^{-\frac{2}{l^*}\Delta z\, m}$$

Die Bestimmung der Gurtlängskräfte N ist in Tabelle 27 angegeben.

In Bild 192 ist der Verlauf der Längskräfte in den Obergurten der Holme mit und ohne Berücksichtigung der Sekundärspannungen zusammengestellt.

Wir nehmen an, der Abstand der Rippen von einander sei

$$\Delta z=\frac{l^*}{2}=\frac{55}{2}=27{,}5 \text{ см}, \text{ Somit wird } \overline{M}_m=27{,}3Qe^{-m}. \quad \text{(c)}$$

In Bild 193 ist in einem Schaubild der Wölbmomente $\overline{M}$ durch Punktieren das ergebnis der Berechnungen nach Formel (c) angegeben. Durch die Gerade auf der Strecke 0 - II ist eine gröbere Lösung angezeigt.

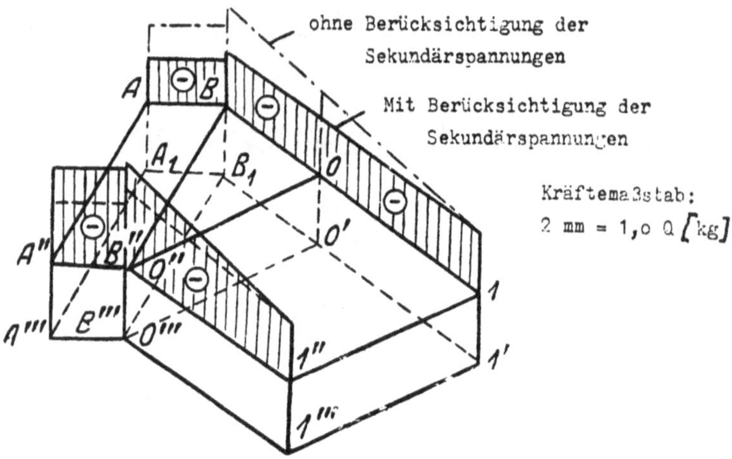

Bild 192

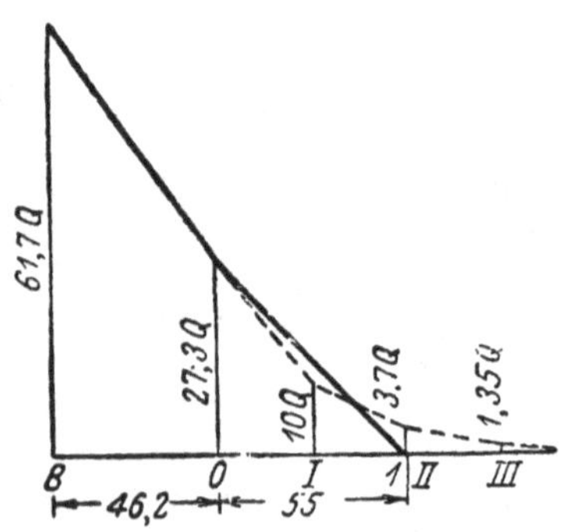

Bild 193

Tabelle 27

Stab	$N_1\overline{M}_B$	$N_2\overline{M}_0$	N_M	N_Q	N
B	2,36Q	0	−3,01Q	−1,94Q	−2,59Q
A	2,36Q	0	−3,01Q	−1,94Q	−2,59Q
B'	−2,36Q	0	3,01Q	1,94Q	2,59Q
A'	−2,36Q	0	3,01Q	1,94Q	2,59Q
B''	−2,36Q	0	−3,01Q	−1,05Q	−6,39Q
A''	−2,36Q	0	−3,01Q	−1,05Q	−6,39Q
B'''	2,36Q	0	3,01Q	1,05Q	6,39Q
A'''	2,36Q	0	3,01Q	1,05Q	6,39Q
B	3,08Q	0	−3,93Q	−2,53Q	−3,38Q
0	0	1,36Q	−3,93Q	−1,37Q	−3,94Q
B'	−3,08Q	0	3,93Q	2,53Q	3,38Q
0'	0	−1,36Q	3,93Q	1,37Q	3,94Q
0	0	1,36Q	−3,93Q	−1,37Q	−3,94Q
1	0	0	−3,93Q	0	−3,93Q
0'	0	−1,36Q	3,93Q	1,37Q	3,94Q
1'	0	0	3,93Q	0	3,93Q
0''	0	−1,36Q	−3,93Q	−1,37Q	−6,66Q
1''	0	0	−3,93Q	0	−3,93Q
0'''	0	1,36Q	3,93Q	1,37Q	6,66Q
1'''	0	0	3,93Q	0	3,93Q

§ 27 Bestimmung der virtuellen Arbeit für einen Flügel der zweiten Art.

Die bisherigen Bauweisen einschl. der des gepfeilten Flügels hatten nur gerade und trapezförmige Felder. Der nunmehr zu behandelnde Flügel der zweiten Art hat Rippen, die parallel zur Flugzeuglängsachse verlaufen. So treffen wir zum ersten Mal auf eine Bauweise, die nicht nur aus geraden oder trapezförmigen Feldern besteht (Rippen und Holme), sondern aus schrägen Feldern (Beplankung oben und unten) (Bild 194).

Bevor wir zum schrägen Feld übergehen, verbleiben wir noch etwas ausführlicher bei dem Fall des geraden Feldes. Es seien zwei Spannungszustände für die Zelle gegeben: "i" und "k" (Bild 195 und 196). Wir drücken die Arbeit der Kräfte des einen dieser Zustände z.B. "i" in den Verschiebungen des anderen aus, und berücksichtigen, daß die Haut auch auf Normalspannungen mitträgt.

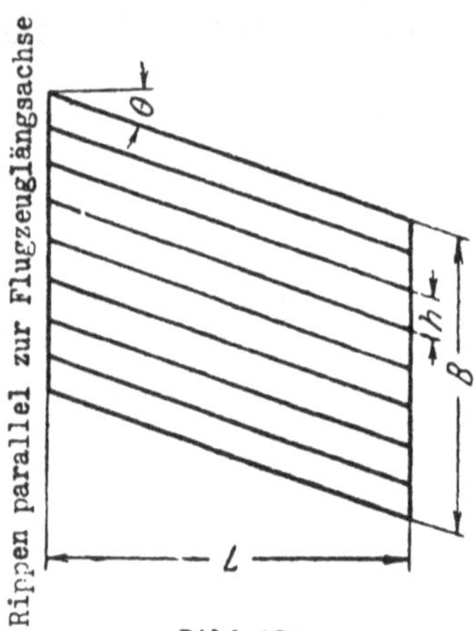

Bild 194

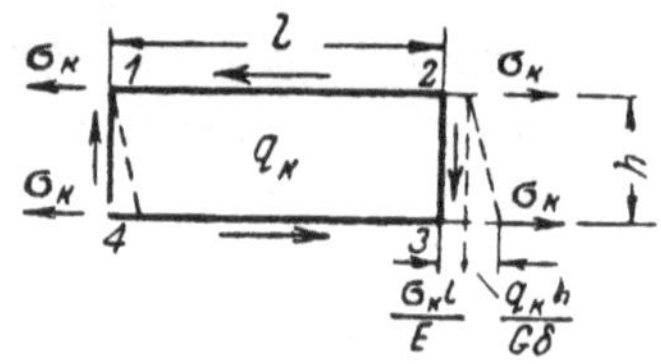

Bild 195

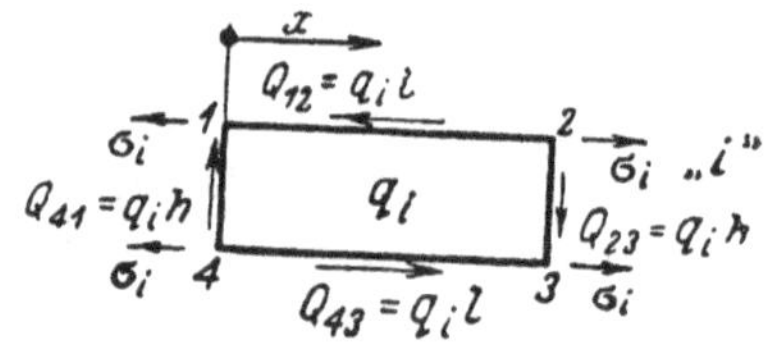

Bild 196

Unter der Wirkung der Spannung σ_K im Zustand "k" verschiebt sich der Rand 2-3 des Feldes in Richtung der x-Achse um die Größe $l\cdot\sigma_K/E$. In dieser Verschiebung leistet, wie aus Bild 195 ersichtlich, von allen Kräften des Zustandes "i" nur die Kraft $\sigma_i(2f+h\cdot\delta)$ eine Arbeit. Unter der Wirkung von q_k verdreht sich der Rand 3-4 des Feldes im Zustand "k" um die Größe $h\cdot q_K/G\cdot\delta$. In dieser Verdrehung leistet von allen Kräften des Zustandes "i" nur die Kraft Q_{3-4} eine Arbeit:

$$Q_{4-3}=q_i l.$$

Auf diese Weise läßt sich die gesuchte Arbeit ΔA in zwei Teile zerlegen: Der eine Teil hängt nur von σ_K und σ_i ab, der andere nur von q_K und q_i

$$\Delta A=\Delta A(q_i,\ q_k)+\Delta A(\sigma_i,\ \sigma_k)=q_i l\frac{q_k}{G\delta}h+\sigma_i(2f+h\delta)\frac{\sigma_k}{E}l$$

oder:

$$\Delta A=\frac{q_i q_k}{G\delta}F+\frac{\sigma_i\sigma_k}{E}(2f+h\delta)l.$$

Der Spannungszustand eines schrägen Feldes unterscheidet sich von dem eines geraden dadurch, daß eine zusätzliche Spannung $\overline{\sigma}$ im Querschnitt (Bild 197) vorhanden ist, die durch die Wirkung von q hervorgerufen ist. Außerdem leisten in den Formänderungen, die durch σ_K hervorgerufen sind, nicht nur die

Kraft $\sigma_i(2f+h\cdot\delta\cos\theta)$, sondern auch noch die durch q_i erweckten Kräfte Arbeit (s. Bild 197); z.B. verschiebt die Formänderung längs der z-Achse infolge der Wirkung von σ_K den Rand 2-3 nach unten, so ist die Abeit der Kraft $q_{i_{2-3}}\cdot h$ bei dieser Formänderung nicht gleich Null, wie es bei der geraden Zelle der Fall war. So gibt es einen gegenseitigen Einfluß von σ und q und die gesuchte virtuelle Arbeit für ein schräges Feld besteht im allgemeinen Falle aus e Gliedern:

$$\Delta A_{ik}=\Delta A(q_i,\ q_k)+\Delta A(q_i,\ \sigma_k)+\Delta A(\sigma_i,\ q_k)+\Delta A(\sigma_i,\ \sigma_k). \qquad \text{(a)}$$

Bestimmen wir im einzelnen jedes der Glieder, das im Ausdruck (a) vorkommt:

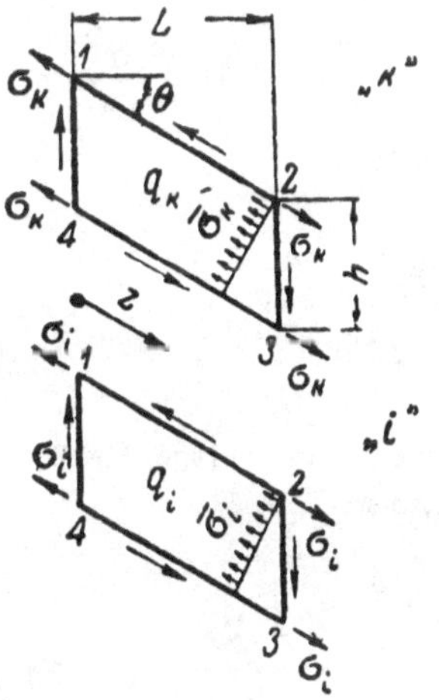

Bild 197

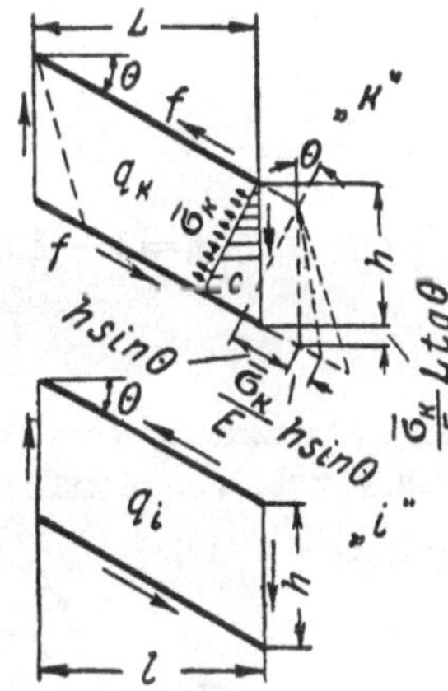

Bild 198

Bei homogenem Spannungszustand kann man aus der Gleichgewichtsbedingung am Element "c" (Bild 198) schreiben:

$$(2f+h\delta\cos\theta)\bar{\sigma}=2q_k h\sin\theta$$

oder:

$$\bar{\sigma}=q_k\frac{2\operatorname{tg}\theta}{\dfrac{2f}{h\cos\theta}+\delta}.$$

Weil in der Beplankung im Zustand "k" außer q_k auch noch $\bar{\sigma}_k$ vorkommt, ist die Arbeit gleich:

$$\Delta A(q_i,\ q_k)=\Delta a(q_i q_k)+\Delta a(q_i\bar{\sigma}_k)=\frac{q_i q_k F}{G\delta}+\Delta a(q_i\bar{\sigma}_k).$$

Zur Bestimmung von $\Delta a(q_i,\bar{\sigma}_k)$ muß man die Projektion der Verschiebungen infolge $\bar{\sigma}_K$ auf die Richtung der Kraftwirkung von q_i kennen. Die Projektionen der Verschiebungen in Richtung der Kräfte $q_i\cdot h$ und $q_i\, L/\cos\theta$ sind entsprechend (s. Bild 198):

$$\frac{\bar{\sigma}_k}{E}L\operatorname{tg}\theta \quad \text{und} \quad \frac{\bar{\sigma}_k}{E}h\sin\theta.$$

Folglich ist:

$$\Delta a(q_i,\ \bar{\sigma}_k) = q_i h \frac{\bar{\sigma}_k}{E} L \operatorname{tg}\theta + q_i \frac{L}{\cos\theta} \frac{\bar{\sigma}_k}{E} h \sin\theta =$$

$$= \frac{q_i \bar{\sigma}_k F}{E} \cdot 2 \operatorname{tg}\theta = \frac{q_i q_k F}{E} \frac{4 \operatorname{tg}^2\theta}{\frac{2f}{h\cos\theta} + \delta}.$$

Auf diese Weise wird bei: $E = 2{,}6G$

$$\Delta A(q_i,\ q_k) = \frac{q_i q_k F}{G\delta}\left(1 + 1{,}538 \frac{\operatorname{tg}^2\theta}{\frac{2f}{\delta h \cos\theta} + 1}\right) = \frac{q_i q_k F}{G\delta}\eta, \qquad \text{(b)}$$

dabei ist:

$$\eta = 1 + 1{,}538 \frac{\operatorname{tg}^2\theta}{\frac{2f}{\delta h \cos\theta} + 1}^{*}.$$

Zu diesem Ergebnis kann man auch anders kommen: Man zerlege die Zustände "k" und "i" (s. Bild 198) wie in Bild 199 angegeben:

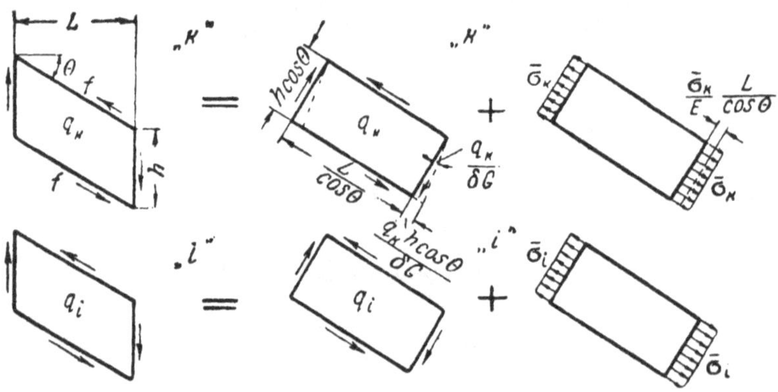

Bild 199

Aus Bild 199 rechts ist ersichtlich, daß die Kraft $q_i \frac{L}{\cos\theta}$ bei der Verschiebung Arbeit verrichtet gleich $\frac{q_k h \cos\theta}{\delta G}$, u. die Kraft $(2f + h\delta\cos\theta)\bar{\sigma}_i$ die Verschiebungsarbeit verrichtet gleich $\frac{\bar{\sigma}_k L}{E\cos\theta}$.

*) Die Ermittelung des Koeffizienten η ohne Berücksichtigung des Einflusses von Stäben, die mit der Beplankung verbunden sind, siehe Aufsatz von Levi, "Berechnung von Einflußkoeffizienten für Flugzeugkonstruktionen mit Aussparungen und Pfeilform"

Folglich beträgt die Arbeit

$$\Delta A(q_i,\ q_k) = q_i \frac{L}{\cos\theta}\ \frac{q_k h \cos\theta}{\delta G} + (2f + h\delta\cos\theta)\,\bar{\sigma}_i\,\frac{\bar{\sigma}_k L}{E\cos\theta}\,.$$

Beachtet man, daß

$$\bar{\sigma}_k = q_k \frac{2\operatorname{tg}\theta}{\dfrac{2f}{h\cos\theta}+\delta} \quad \text{und} \quad \bar{\sigma}_i = \frac{2q_i h\sin\theta}{(2f+h\delta\cos\theta)}\,, \quad \text{ist}$$

so erhält man nach einigen Umformungen:

$$\Delta A(q_i,\ q_k) = \frac{q_i q_k F}{G\delta}\left(1 + 1{,}538\,\frac{\operatorname{tg}^2\theta}{\dfrac{2f}{\delta h\cos\theta}+1}\right).$$

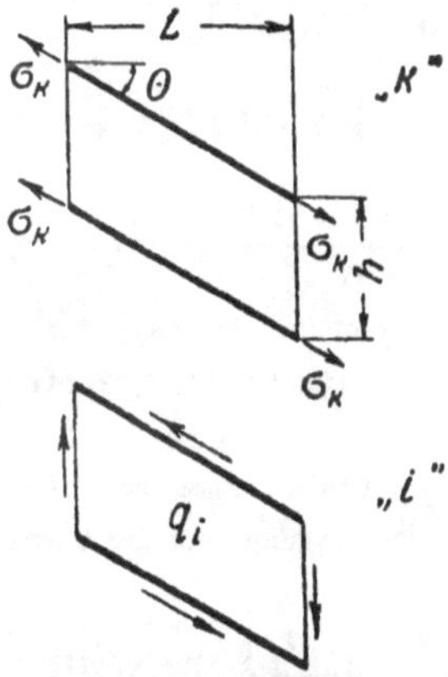

Bild 200

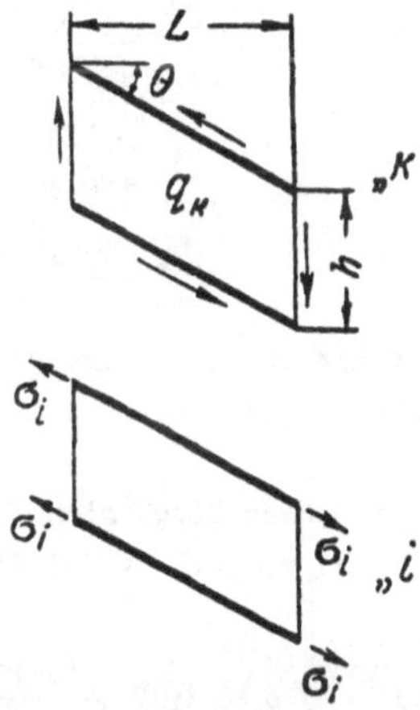

Bild 201

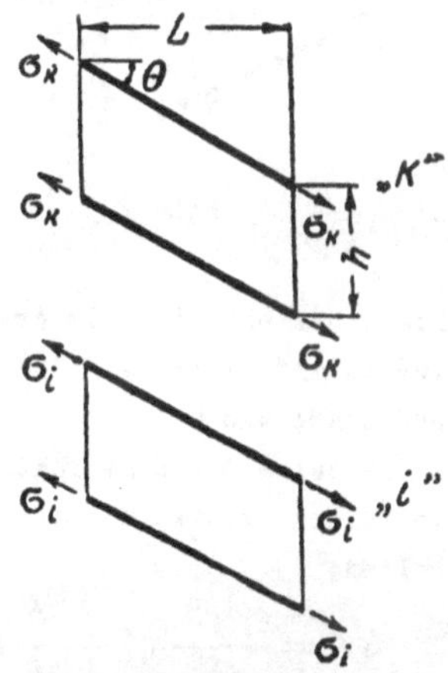

Bild 202

Analog findet man (Bild 200)

$$\Delta A(q_i,\ \sigma_k) = q_i h \frac{\sigma_k}{E} L \operatorname{tg}\theta + q_i \frac{L}{\cos\theta}\ \frac{\sigma_k}{E} h\sin\theta$$

oder

$$\Delta A(q_i,\ \sigma_k) = \frac{q_i \sigma_k F}{E}\, 2\operatorname{tg}\theta, \tag{c}$$

und ebenso (Abb. 201):

$$\Delta A(\sigma_i,\ q_k) = \frac{q_k \sigma_i F}{E}\, 2\operatorname{tg} 0. \tag{d}$$

Die Verschiebung, hervorgerufen durch die Spannungen σ_k (Bild 202) in Richtung der Kraft $\sigma_i(2f + h\delta\cos\theta)$ ist gleich: $\dfrac{\sigma_k}{E}\ \dfrac{L}{\cos\theta}$.

Folglich ist:

$$\Delta A(\sigma_i, \sigma_k) = \frac{\sigma_i \sigma_k (2f + h\delta \cos\theta) L}{E \cos\theta}. \tag{e}$$

So ergibt sich gemäß Formel (a):

$$\Delta A_{ik} = \frac{q_i q_k F}{G\delta}\eta + \frac{F}{E}(q_i\sigma_k + q_k\sigma_i)\, 2\,\mathrm{tg}\,\theta + \frac{\sigma_i\sigma_k(2f + h\delta\cos\theta)L}{E\cos\theta},$$

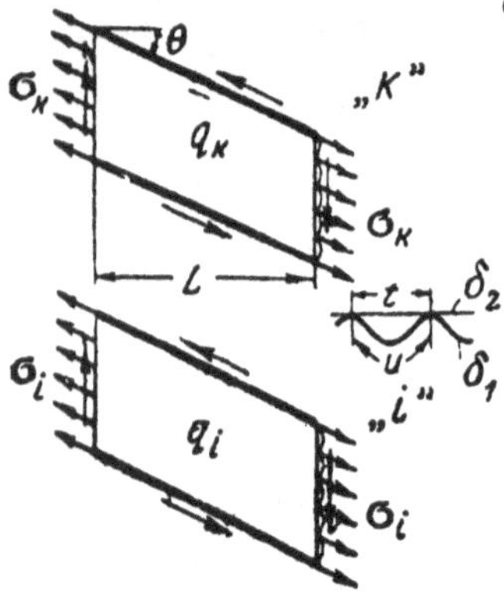

Bild 203

dabei ist:

$$\eta = 1 + 1{,}538 \frac{\mathrm{tg}^2\,\theta}{\dfrac{2f}{\delta h \cos\theta} + 1}.$$

Die Formel für die Bestimmung der Formänderung infolge der Kräfte aus Zustand "P" in Richtung der Kraft X = 1 nimmt für einen Flügel des Typus 2 die Form an:

$$\Delta_{iP} = \sum \frac{q_i q_P F}{G\delta} + \sum \frac{q_i q_P F}{G\delta}\eta + \sum \frac{F}{E}(q_i\sigma_P + q_P\sigma_i)\, 2\,\mathrm{tg}\,\theta + \sum \frac{\sigma_i\sigma_P(2f + h\delta\cos\theta)L}{E\cos\theta}, \tag{VII. 12}$$

Dabei bezieht sich die erste Summe auf die Stege von Rippen und Holmen, die zweite und dritte auf die Beplankung der Ober- und Unterseite und die vierte auf Stäbe und Haut.

Falls bei einer Konstruktion das ebene Blech nicht durch Stäbe, sondern durch Wellblech versteift ist (Bild 203), wiederholt man die Überlegung und kann erhalten:

$$\Delta A = \frac{q_i q_k F}{G}\eta^* + \frac{F}{E}(q_i\sigma_k + q_k\sigma_i)\, 2\,\mathrm{tg}\,\theta + \frac{\sigma_i\sigma_k F}{E}\left(\delta_2 + \frac{u}{t}\delta_1\right), \tag{VII. 13}$$

dabei ist:

$$\eta^* = \frac{1}{\delta_2 + \dfrac{t}{u}\delta_1} + 1{,}538 \frac{\mathrm{tg}^2\,\theta}{\delta_2 + \dfrac{u}{t}\delta_1}$$

und F die Fläche des Feldes.

Kapitel VIII

Kräfteermittelung im Bereich von Aussparungen

§ 28 Einführende Bemerkungen

Für einen zweiholmigen rechteckigen Kastenohne Ausschnitte mit beliebig vielen Stringern, der aus lauter geometrisch und elastisch gleichartigen Einzelzellen besteht, führt die Ermittelung der inneren Kräfte in einem beliebigen Querschnitt infolge eines Drillmoments, das an dem freien Endquerschnitt angreift,

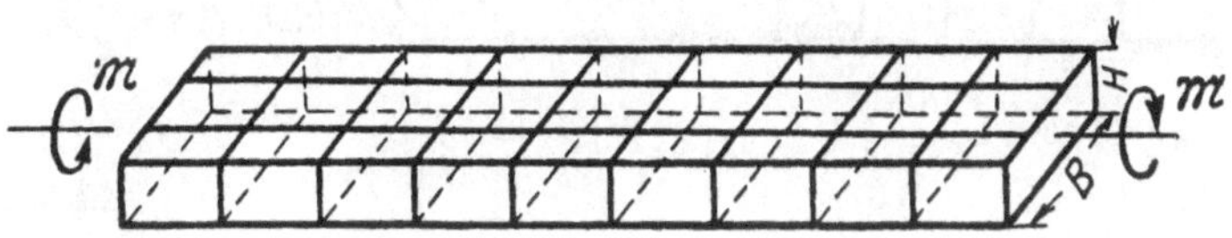

Bild 204

(Bild 204), auf die Berechnung des Schubes q nach der bekannten Formel für die Torsion von dünnwandigen Rohren:

$$q = \frac{\mathfrak{M}}{2F} = \frac{\mathfrak{M}}{2BH}. \qquad \text{(VIII.1)}$$

Wegen des Ausschnittes sind aber nicht mehr alle Zellen gleich und daher der Schub nicht mehr gleichmäßig. Wir zerlegen den wirklichen Spannungszustand einer Konstruktion, die einen Ausschnitt aufweist (Bild 205 a) in zwei Zustände (Bild 205 b und c).

Nach dem Prinzip von Saint Venant ruft eine Belastung durch eine Gleichgewichtsgruppe (Bild 205 c), die an den Rändern des Ausschnittes angreift, innere Kräfte nur in den Einzelzellen hervor, die sich in unmittelbarer Nähe des Ausschnittes befinden. In solch' einem Falle können wir alle Abschnitte, auf die die Störungskräfte keinen Einfluß haben, aus der Betrachtung ausschließen und eben dadurch die Rechenaufgabe beträchtlich vereinfachen.

Auf welche Weise man sich einer großen Zahl von Abschnitten entledigen kann, die den Abschnitt mit der Aussparung begrenzen, wird am Ende dieses Kapitels gezeigt werden. Aber in erster Näherung wollen wir rechnen, daß die Sekundärspannungen, die linear abklingen, ihren Einfluß nur auf zwei Abschnitte von der Länge $\ell_1^* \approx B$

und $l_3^* \approx B$ ausdehnen, die an den Abschnitt mit der Aussparung rechts und links angrenzen.

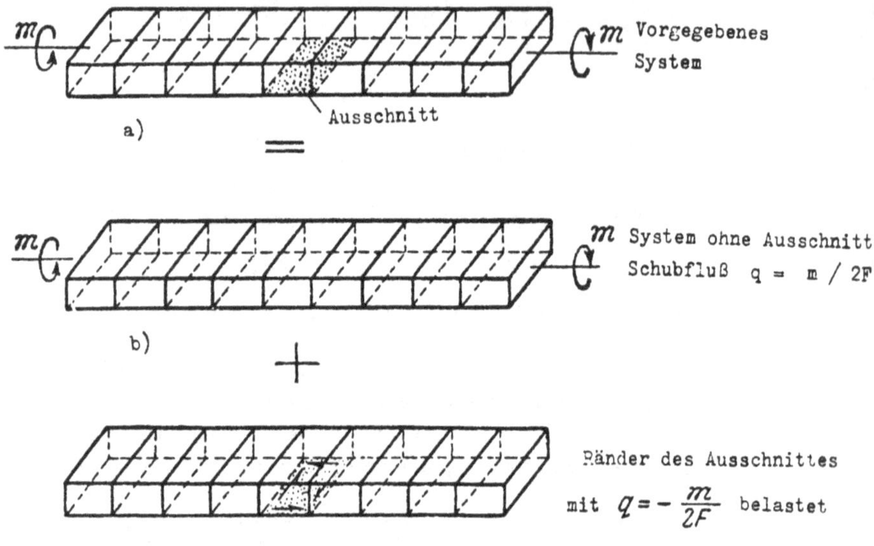

Bild 205

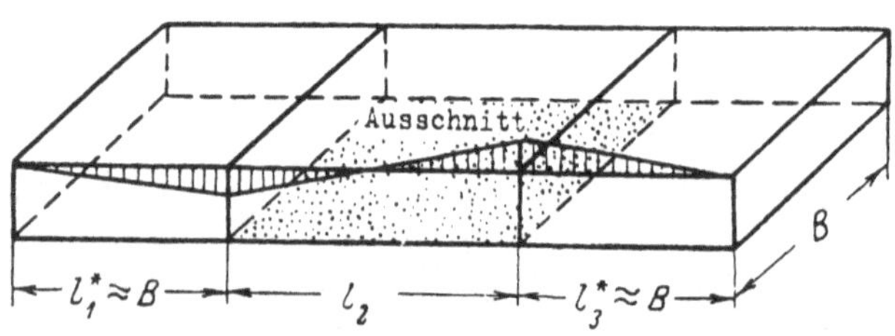

Bild 206

Dann umfaßt das Rechenschema für die Bestimmung der Gurtlängskräfte im Gebiet der Aussparung drei Einzelzellen (Bild 206).

Wenn die Spanten rechts und links der Zelle mit der Aussparung in verschiedenen Abständen gelegen sind, so erzeigen sich die Abmessungen l_1^* und l_3^* als verschieden.

§ 29 Die rechteckige Zelle mit einer Aussparung.

Wir betrachten eine Zelle, die unten eine Aussparung hat, und an einem Ende an einem Auflager befestigt ist. An der freien Stirnseite hat sie eine Rippe, die in ihrer Ebene starr ist. An ihr greift das Verdrehmoment $\mathfrak{M}$ an (Bild 207). Wäre der Ausschnitt nicht da, so wäre die Aufgabe, die inneren Kräfte zu ermitteln, einfach statisch unbestimmt. Der Ausschnitt setzt den Grad der statischen

Unbestimmtheit um 1 herab. Und so haben wir eine statisch bestimmte Aufgabe vor uns. Aus der Gleichgewichtsbedingung finden wir leicht die inneren Kräfte (Bild 208).:

$$q^{\mathrm{I}} = q^{\mathrm{II}} = \frac{\mathfrak{M}}{BH}; \qquad N_1 = -N_2 = N_3 = -N_4 = \frac{\mathfrak{M}l}{BH}.$$

Nunmehr nehmen wir die gleiche Zelle mit der Aussparung, nehmen aber die Stirn-

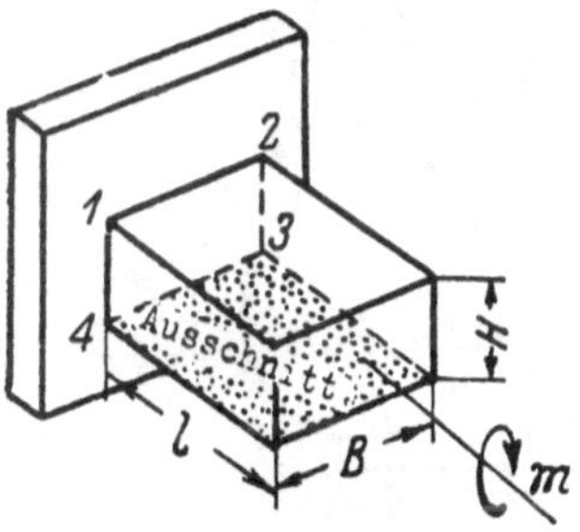

Bild 207

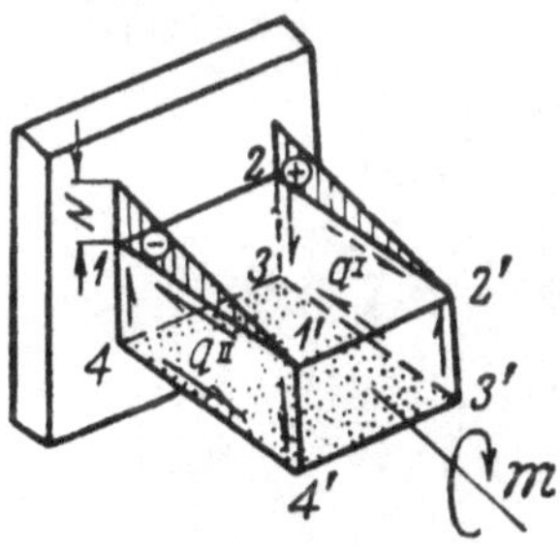

Bild 208

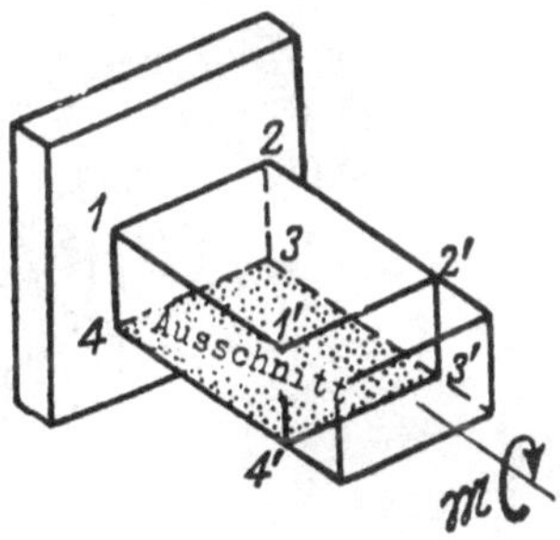

Bild 209

rippe als starr in beliebiger Richtung an, was damit gleichbedeutend ist, daß wir wir der Zelle mit der Aussparung noch eine starre Zelle anfügen (Bild 209). Auf diese Weise hat der Kasten eine querlaufende Symmetrieebene. Bei der gegebenen antisymmetrischen Belastung sind die inneren Kräfte gleichfalls antisymmetrisch.

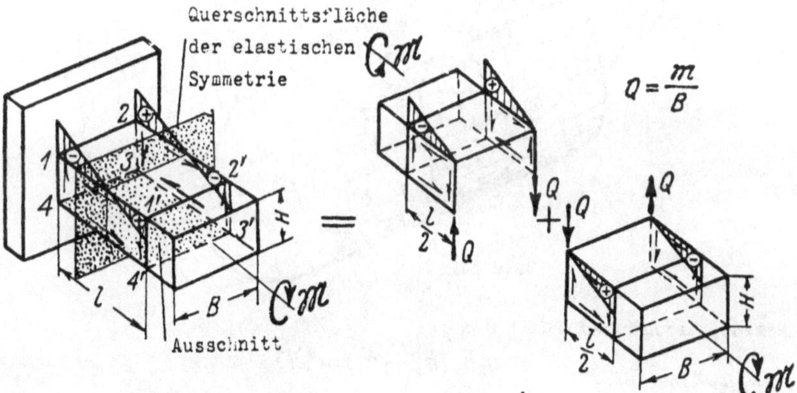

a b

Bild210

Die Längskräfte im mittleren Querschnitt sind gleich Null. Schneiden wir den Kasten durch die Symmetrieebene in zwei Teile (Bild 210 a und b), so erhalten wir zwei einfache statisch bestimmte Systeme, die an den freien Enden durch die Kräfte $Q = \mathfrak{M}/B$ belastet sind.

§ 30 Zylindrischer Kasten mit einer Aussparung.

An eine Zelle mit einem Ausschnitt mögen beiderseits je eine geschlossene Zelle anschließen. (Bild 211) Die Belastung sei ein Drehmoment $\mathfrak{M}$.
Der Querschnitt der Zelle mit der Aussparung sei in Bild 211b gezeigt
Die Schubkräfte q_1 und q_2 in diesem Schnitt bestimmen wir aus dem Gleichge-

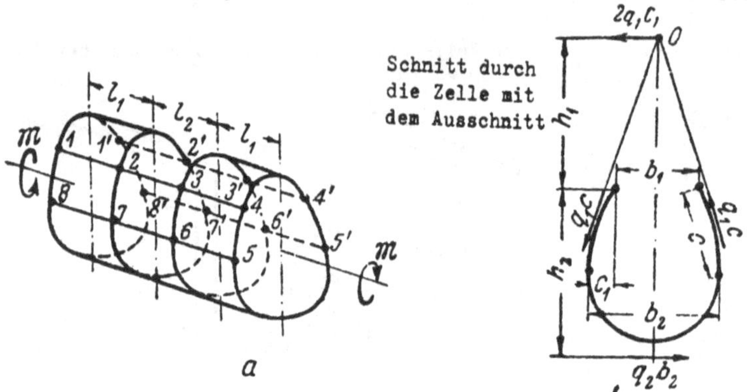

Bild 211

wicht aller Kräfte, die auf den ausgeschnittenen Teil der Konstruktion wirken.
Die Summe der Projektionen aller Kräfte auf die wagerechte Achse ist:

$$2q_1c_1 - q_2b_2 = 0.$$

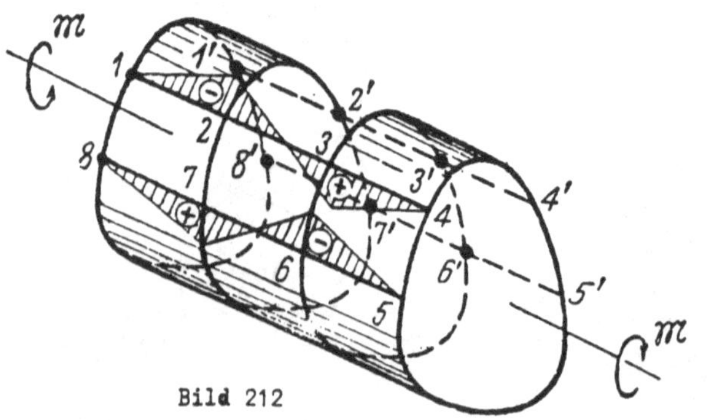

Bild 212

Moment, bezogen auf Punkt 0 :

$$q_2b_2(h_1 + h_2) = \mathfrak{M}.$$

daraus folgt:

$$q_2 = \frac{\mathfrak{M}}{b_2(h_1+h_2)}, \quad q_1 = \frac{q_2b_2}{2c_1} = \frac{\mathfrak{M}}{2c_1(h_1+h_2)};$$

$$N_2 = -N_{2'} = N_{3'} = -N_3 = -q_1\frac{l_2}{2} = -\frac{\mathfrak{M}l_2}{4c_1(h_1+h_2)};$$

$$N_7 = -N_{7'} = N_{6'} = -N_6 = (q_1 - q_2)\frac{l_2}{2} = \frac{\mathfrak{M}l_2}{2(h_1+h_2)}\left(\frac{1}{2c_1} - \frac{1}{b_2}\right).$$

Der Verlauf der Längskräfte ist in Bild 212 gezeigt.

§ 31 Viergurtiger Kasten ohne querliegende Symmetrieebene

Wenn sich an die Zelle mit der Aussparung Zellen anschließen, die keine an sich gleichwertigen geometrischen und elastischen Charakteristiken haben (Bild 213), so ist der Nullwert der Längskräfte in der Zelle mit der Aussparung von der Mitte zu der Seite der weniger steifen Zelle hin verschoben.

Vorgegebenes System

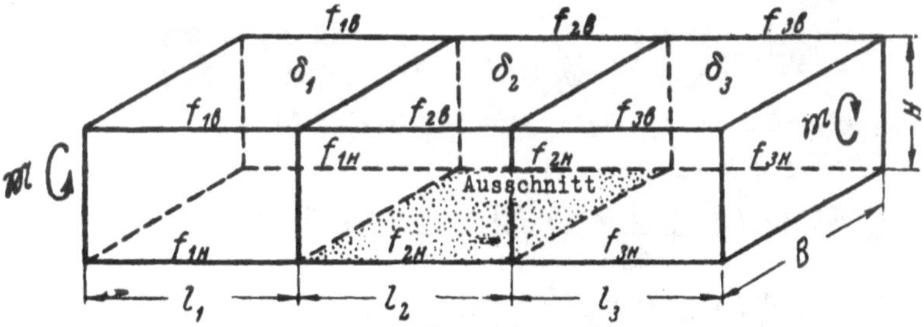

Bild 213

Zustand "P"

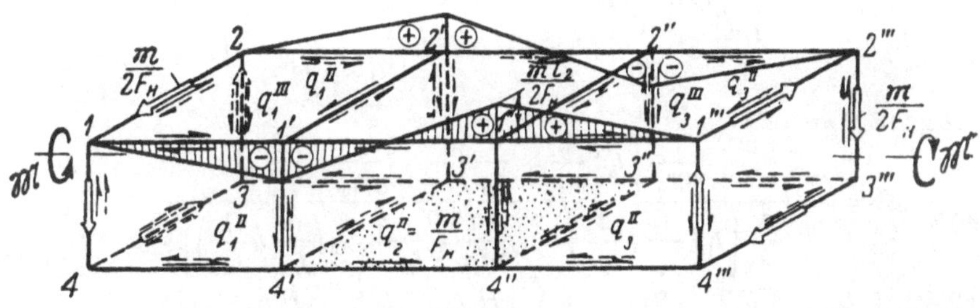

Bild 214

Zustand "1"

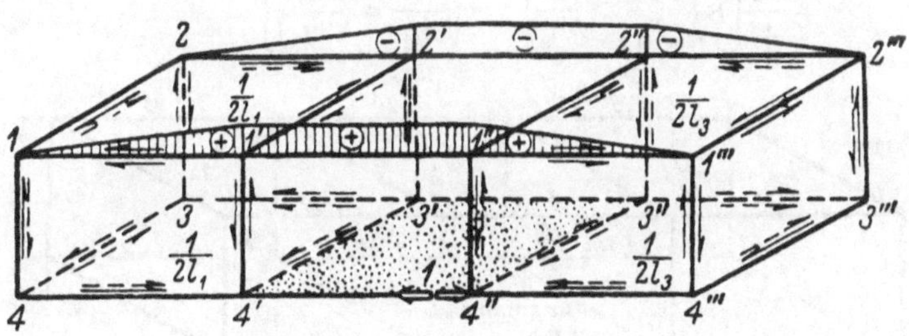

Bild 215

Um die Verschiebung des Nullpunktes in Abhängigkeit von der Steifigkeit zu bestimmen, lösen wir das einfach statisch unbestimmte System. Als Zustand "P" nehmen wir den antisymmetrischen Spannungszustand, wie er in Bild 214 gezeigt ist. Dann ist als die überzählige Unbekannte X (der "Einheitszustand" in Bild 215) nur der Einfluß der Unsymmetrie der Konstruktion zu berücksichtigen.

Aus der Gleichgewichtsbedingung des rechten Teils im Zustand "P" erhalten wir:

$$\frac{\mathfrak{M} l_2}{2F_\text{н}} + q_3^{\text{II}} l_3 - q_3^{\text{III}} l_3 = 0 \quad \text{und} \quad q_3^{\text{III}} F_\text{н} + q_3^{\text{II}} F_\text{н} = \mathfrak{M},$$

daraus folgt:

$$q_3^{\text{III}} = \frac{\mathfrak{M}}{2F_\text{н}}\left(1 + \frac{l_2}{2l_3}\right) \quad \text{und} \quad q_3^{\text{II}} = \frac{\mathfrak{M}}{2F_\text{н}}\left(1 - \frac{l_2}{2l_3}\right).$$

Analog ist für den linken Teil

$$q_1^{\text{III}} = \frac{\mathfrak{M}}{2F_\text{н}}\left(1 + \frac{l_2}{2l_1}\right) \quad \text{und} \quad q_1^{\text{II}} = \frac{\mathfrak{M}}{2F_\text{н}}\left(1 - \frac{l_2}{2l_1}\right).$$

Die Bestimmung von Δ_{1P} und δ_{11} ergibt sich aus Tabelle 28

Aus Tabelle 28 entnehmen wir:

$$E\Delta_{1P} = \frac{\mathfrak{M} l_2}{6F_\text{н}}\left[l_3\left(\frac{1}{f_{3\text{в}}} + \frac{1}{f_{3\text{н}}}\right) - l_1\left(\frac{1}{f_{1\text{в}}} + \frac{1}{f_{1\text{н}}}\right)\right] + \frac{2{,}6\mathfrak{M}}{4F_\text{н}}\left[-\frac{B}{\delta^{\text{I}}}\left(1 + \frac{l_2}{2l_1}\right) + \right.$$
$$\left. + \frac{B}{\delta^{\text{III}}}\left(1 + \frac{l_2}{2l_3}\right) + \frac{H}{\delta^{\text{I}}}\left(1 - \frac{l_2}{2l_1}\right) - \frac{H}{\delta^{\text{III}}}\left(1 - \frac{l_2}{2l_3}\right)\right];$$

$$E\delta_{11} = \frac{1}{3}\left[l_1\left(\frac{1}{f_{1\text{в}}} + \frac{1}{f_{1\text{н}}}\right) + 3l_2\left(\frac{1}{f_{2\text{в}}} + \frac{1}{f_{2\text{н}}}\right) + l_3\left(\frac{1}{f_{3\text{в}}} + \frac{1}{f_{3\text{н}}}\right)\right] +$$
$$+ \frac{2{,}6}{4}\left[B\left(\frac{1}{\delta^{\text{I}} l_1} + \frac{1}{\delta^{\text{III}} l_3}\right) + H\left(\frac{1}{\delta^{\text{I}} l_1} + \frac{1}{\delta^{\text{III}} l_3}\right)\right].$$

Folglich ist

$$X = -\frac{\frac{\mathfrak{M} l_2}{6F_\text{н}}\left[l_3\left(\frac{1}{f_{3\text{в}}} + \frac{1}{f_{3\text{н}}}\right) - l_1\left(\frac{1}{f_{1\text{в}}} + \frac{1}{f_{1\text{н}}}\right)\right] + \frac{2{,}6\mathfrak{M}}{4F_\text{н}}\left[\frac{B}{\delta^{\text{III}}}\left(1 + \frac{l_2}{2l_3}\right) - \frac{B}{\delta^{\text{I}}}\left(1 + \frac{l_2}{2l_1}\right) + \frac{H}{\delta^{\text{I}}}\left(1 - \frac{l_2}{2l_1}\right) - \frac{H}{\delta^{\text{III}}}\left(1 - \frac{l_2}{2l_3}\right)\right]}{\frac{1}{3}\left[l_1\left(\frac{1}{f_{1\text{в}}} + \frac{1}{f_{1\text{н}}}\right) + 3l_2\left(\frac{1}{f_{2\text{в}}} + \frac{1}{f_{2\text{н}}}\right) + l_3\left(\frac{1}{f_{3\text{в}}} + \frac{1}{f_{3\text{н}}}\right)\right] + \frac{2{,}6}{4}\left[B\left(\frac{1}{\delta^{\text{I}} l_1} + \frac{1}{\delta^{\text{III}} l_3}\right) + H\left(\frac{1}{\delta^{\text{I}} l_1} + \frac{1}{\delta^{\text{III}} l_3}\right)\right]}. \quad \text{(VIII. 2)}$$

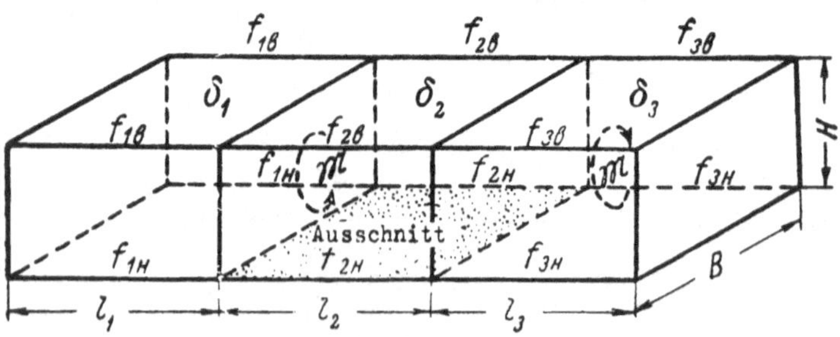

Bild 216

Aus Formel (VIII,2) ist ersichtlich, daß X = 0, wenn die äußersten Zellen gleichwertig sind.

Jetzt betrachten wir den Fall, daß Verdrehmomente wirken, die am Spant der Zelle mit der Aussparung angreifen (Bild 216).

Tabelle 28

Stab Hautfeld	$k=\frac{l}{f}$ $k=2{,}6\,\frac{F}{\delta}$	N_P q_P	N_1 q_1	$(E\Delta_{1P})$	$(E\delta_{11})$
$1-1'$	$\frac{l_1}{f_{1\text{в}}}$	0 $-\frac{\mathfrak{M}l_2}{2\,F_\text{н}}$	0 1	$-\frac{1}{3}\,\frac{l_1\mathfrak{M}l_2}{f_{1\text{в}}2F_\text{н}}$	$\frac{1}{3}\,\frac{l_1}{f_{1\text{в}}}$
$1'-1''$	$\frac{l_2}{f_{2\text{в}}}$	$-\frac{\mathfrak{M}l_2}{2F_\text{н}}$ $\frac{\mathfrak{M}l_2}{2F_\text{н}}$	1 1	0	$\frac{l_2}{f_{2\text{в}}}$
$1''-1'''$	$\frac{l_3}{f_{3\text{в}}}$	$\frac{\mathfrak{M}l_2}{2F_\text{н}}$ 0	1 0	$\frac{1}{3}\,\frac{l_3\mathfrak{M}l_3}{f_{3\text{в}}\,2F_\text{н}}$	$\frac{1}{3}\,\frac{l_3}{f_{3\text{в}}}$
$4-4'$	$\frac{l_1}{f_{1\text{н}}}$	0 $\frac{\mathfrak{M}l_2}{2F_\text{н}}$	0 -1	$-\frac{1}{3}\,\frac{l_1\mathfrak{M}l_2}{f_{1\text{н}}2F_\text{н}}$	$\frac{1}{3}\,\frac{l_1}{f_{1\text{н}}}$
$4'-4''$	$\frac{l_2}{f_{2\text{н}}}$	$\frac{\mathfrak{M}l_2}{2F_\text{н}}$ $-\frac{\mathfrak{M}l_2}{2F_\text{н}}$	-1 -1	0	$\frac{l_2}{f_{3\text{н}}}$
$4''-4'''$	$\frac{l_3}{f_{3\text{н}}}$	$-\frac{\mathfrak{M}l_2}{2F_\text{н}}$ 0	-1 0	$\frac{1}{3}\,\frac{l_3\mathfrak{M}l_2}{f_{3\text{н}}\,2F_\text{н}}$	$\frac{1}{3}\,\frac{l_3}{f_{3\text{н}}}$
$1-2-2'-1'$	$2{,}6\,\frac{Bl_1}{2\delta\text{I}}$	$\frac{\mathfrak{M}}{2F_\text{н}}\left(1+\frac{l_2}{2l_1}\right)$	$-\frac{1}{2l_1}$	$-2{,}6\frac{B\mathfrak{M}}{8\delta\text{I}F_\text{н}}\left(1+\frac{l_2}{2l_1}\right)$	$2{,}6\,\frac{B}{8\,\delta\text{I}l_1}$
$1''-2''-2'''-1'''$	$2{,}6\,\frac{Bl_3}{2\delta\text{III}}$	$\frac{\mathfrak{M}}{2F_\text{н}}\left(1+\frac{l_2}{2l_3}\right)$	$\frac{1}{2l_3}$	$2{,}6\,\frac{B\mathfrak{M}}{8\delta\text{III}F_\text{н}}\left(1+\frac{l_2}{2l_3}\right)$	$2{,}6\,\frac{B}{8\delta\text{III}l_3}$
$1-1'-4'-4$	$2{,}6\,\frac{Hl_1}{\delta\text{I}}$	$\frac{\mathfrak{M}}{2F_\text{н}}\left(1-\frac{l_2}{2l_1}\right)$	$\frac{1}{2l_1}$	$2{,}6\,\frac{H\mathfrak{M}}{4\delta\text{I}F_\text{н}}\left(1-\frac{l_3}{2l_1}\right)$	$2{,}6\,\frac{H}{4\delta\text{I}l_1}$
$1''-1'''-4'''-4''$	$2{,}6\frac{Hl_3}{\delta\text{III}}$	$\frac{\mathfrak{M}}{2F_\text{н}}\left(1-\frac{l_2}{2l_3}\right)$	$-\frac{1}{2l_3}$	$-2{,}6\,\frac{H\mathfrak{M}}{4\delta\text{III}F_\text{н}}\left(1-\frac{l_2}{2l_3}\right)$	$2{,}6\,\frac{H}{4\delta\text{III}l_3}$
$4-3-3'-4'$	$2{,}6\,\frac{Bl_1}{2\delta\,\text{I}}$	$\frac{\mathfrak{M}}{2F_\text{н}}\left(1+\frac{l_2}{2l_1}\right)$	$-\frac{1}{2l_1}$	$-2{,}6\,\frac{B\mathfrak{M}}{8\delta\text{I}F_\text{н}}\left(1+\frac{l_2}{2l_1}\right)$	$2{,}6\,\frac{B}{8\delta\text{I}l_1}$
$4''-3''-3'''-4'''$	$2{,}6\,\frac{Bl_3}{2\delta\text{III}}$	$\frac{\mathfrak{M}}{2F}\left(1+\frac{l_2}{2l_3}\right)$	$\frac{1}{2l_3}$	$2{,}6\,\frac{B\mathfrak{M}}{8\delta\text{III}F}\left(1+\frac{l_3}{2l_3}\right)$	$2{,}6\,\frac{B}{8\delta\text{III}l_3}$
				$\Sigma=E\Delta_{1P}$	$E\delta_{11}$

Der Zustand "P" ist ebenfalls für diesen Fall antisymmetrisch genommen (Bild 217), aber der Zustand "1" war schon früher bestimmt (s.Bild 215). Wir erhalten :

$$q_1^{III} = -q_1^{II} = \frac{\mathfrak{M} l_2}{4F_н l_1}, \quad q_3^{III} = -q_3^{II} = \frac{\mathfrak{M} l_2}{4F_н l_3}$$

und ferner:

$$X = -\frac{\frac{\mathfrak{M} l_2}{6F_н}\left[l_3\left(\frac{1}{f_{3в}}+\frac{1}{f_{3н}}\right)-l_1\left(\frac{1}{f_{1в}}+\frac{1}{f_{1н}}\right)\right]+\frac{2{,}6\,\mathfrak{M}}{8F_н}\left[\frac{Bl_2}{\delta^{III} l_3}+\frac{Hl_2}{\delta^{III} l_3}-\frac{Bl_2}{\delta^{I} l_1}-\frac{Hl_2}{\delta^{I} l_1}\right]}{\frac{1}{3}\left[l_1\left(\frac{1}{f_{1в}}+\frac{1}{f_{1н}}\right)+3l_2\left(\frac{1}{f_{2в}}+\frac{1}{f_{2н}}\right)+l_3\left(\frac{1}{f_{3в}}+\frac{1}{f_{3н}}\right)\right]+\frac{2{,}6}{4}\times\left[B\left(\frac{1}{\delta^{I} l_1}+\frac{1}{\delta^{III} l_3}\right)+H\left(\frac{1}{\delta^{I} l_1}+\frac{1}{\delta^{III} l_3}\right)\right]}. \quad \text{(VIII. 3)}$$

Zustand "p"

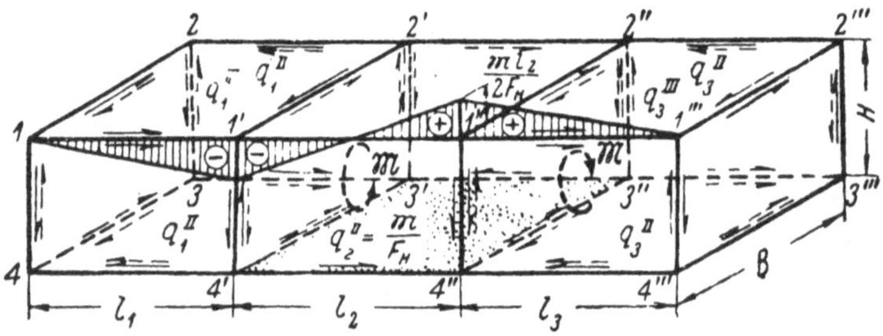

Bild 217

Wenn wir bei der Anwendung der Formel (VIII,2) oder (VIII,3) die Haut als starr gegen Schub ansehen, so erhalten wir:

$$X = -\frac{\frac{\mathfrak{M} l_2}{2E_н}\left[l_3\left(\frac{1}{f_{3в}}+\frac{1}{f_{3н}}\right)-l_1\left(\frac{1}{f_{1в}}+\frac{1}{f_{1н}}\right)\right]}{l_1\left(\frac{1}{f_{1в}}+\frac{1}{f_{1н}}\right)+3l_2\left(\frac{1}{f_{2в}}+\frac{1}{f_{2н}}\right)+l_3\left(\frac{1}{f_{3в}}+\frac{1}{f_{3н}}\right)}$$

oder

$$X = -\frac{\frac{\mathfrak{M} l_3}{2F_н}\left[l_3\sum\frac{1}{f_3}-l_1\sum\frac{1}{f_1}\right]}{l_1\sum\frac{1}{f_1}+3l_2\sum\frac{1}{f_2}+l_3\sum\frac{1}{f_3}},$$

Dabei sind die Indices 1, 2 und 3 auf die Abschnitte 1, 2 und 3 (Bild 213) bezogen, und die Summierung erstreckt sich auf die Hälfte der Konstruktion nach einer Seite von der Längsebene der Symmetrie.

Dividieren wir nunmehr Zähler und Nenner der letztgenannten Formel durch den Wert $l_3 \sum \frac{1}{f_3}$, so erhalten wir:

$$X = -\frac{\frac{\mathfrak{M}\, l_2}{2F_{\text{н}}}\left[1 - \frac{l_1 \sum \frac{1}{f_1}}{l_3 \sum \frac{1}{f_3}}\right]}{\frac{l_1 \sum \frac{1}{f_1}}{l_3 \sum \frac{1}{f_3}} + 3\,\frac{l_2 \sum \frac{1}{f_2}}{l_3 \sum \frac{1}{f_3}} + 1} \qquad \text{(VIII. 4)}$$

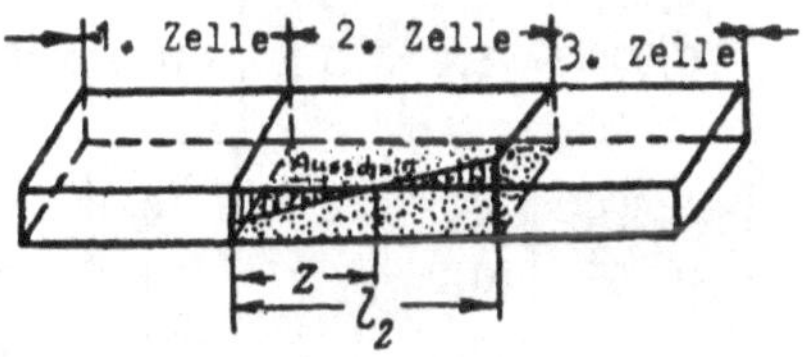

Bild 218

Kennen wir die Größe X, so ermitteln wir die Lage der Nullwerte der Längskräfte des Abschnittes mit der Aussparung (s. Bild 218):

$$z = l_2 \frac{1}{\frac{\frac{\mathfrak{M}\, l_2}{2F_{\text{н}}} + X}{\frac{\mathfrak{M}\, l_2}{2F_{\text{н}}} - X} + 1} = 0{,}5\, l_2 \left[1 + \frac{1 - \frac{l_1 \sum \frac{1}{f_1}}{l_3 \sum \frac{1}{f_3}}}{\frac{l_1 \sum \frac{1}{f_1}}{l_3 \sum \frac{1}{f_3}} + 3\,\frac{l_2 \sum \frac{1}{f_2}}{l_3 \sum \frac{1}{f_3}} + 1}\right]$$

oder:

$$\frac{z}{l_2} = 0{,}5 \left[1 + \frac{1 - \frac{l_1 \sum \frac{1}{f_1}}{l_3 \sum \frac{1}{f_3}}}{\frac{l_1 \sum \frac{1}{f_1}}{l_3 \sum \frac{1}{f_3}} + 3\,\frac{l_2 \sum \frac{1}{f_2}}{l_3 \sum \frac{1}{f_3}} + 1}\right]$$

In Tabelle 29 ist der Bereich der Veränderung der Wechselbeziehungen der Steifigkeiten der Zellen und die entsprechenden Größen z/l_2 angeführt (s. Sp. 1, 2 u.3)

Tabelle 29

0	1	2	3	4	5	6	7	8	9
Nummer der Variante	$\dfrac{\sum \frac{1}{f_1} l_1}{\sum \frac{1}{f_3} l_3}$	$\dfrac{\sum \frac{1}{f_2} l_2}{\sum \frac{1}{f_3} l_3}$	lt. Formel VIII. 4 $\dfrac{z}{l_2}$	$\dfrac{f_3}{f_1}$	$\dfrac{f_3}{f_2}$	$\dfrac{f_3}{\delta III}$	$\dfrac{f_3}{\delta I}$	lt. Formel VIII. 5 $\dfrac{z'}{l_2}$	lt. Formel VIII. 6 $\dfrac{z''}{l_2}$
	0	10	0,516	0	10	10	0	0,521	0,521
	0,2	10	0,513	0,2	10	10	2	0,516	0,516
	0,4	10	0,509	0,4	10	10	4	0,512	0,512
1	0,6	10	0,506	0,6	10	10	6	0,508	0,508
	0,8	10	0,503	0,8	10	10	8	0,504	0,504
	1,0	10	0,500	1,0	10	10	10	0,500	0,500
	0	2	0,570	0	2	10	0	0,590	0,590
	0,2	2	0,555	0,2	2	10	2	0,568	0,570
	0,4	2	0,540	0,4	2	10	4	0,550	0,551
2	0,6	2	0,526	0,6	2	10	6	0,533	0,533
	0,8	2	0,513	0,8	2	10	8	0,516	0,516
	1,0	2	0,500	1	2	10	10	0,500	0,500
	0	1,4	0,596	0	1,4	10	0	0,619	0,625
	0,2	1,4	0,573	0,2	1,4	10	2	0,591	0,591
	0,4	1,4	0,553	0,4	1,4	10	4	0,565	0,565
3	0,6	1,4	0,533	0,6	1,4	10	6	0,541	0,541
	0,8	1,4	0,517	0,8	1,4	10	8	0,520	0,520
	1,0	1,4	0,500	1	1,4	10	10	0,500	0,500
	0	1,2	0,607	0	1,2	10	0	0,634	0,635
	0,2	1,2	0,593	0,2	1,2	10	2	0,602	0,602
	0,4	1,2	0,560	0,4	1,2	10	4	0,572	0,573
4	0,6	1,2	0,538	0,6	1,2	10	6	0,546	0,546
	0,8	1,2	0,518	0,8	1,2	10	8	0,522	0,522
	1,0	1,2	0,500	1	1,2	10	10	0,500	0,500
	0	1	0,625	0	1	10	0	0,652	0,653
	0,2	1	0,595	0,2	1	10	2	0,616	0,616
5	0,4	1	0,568	0,4	1	10	4	0,581	0,582
	0,6	1	0,543	0,6	1	10	6	0,550	0,552
	0,8	1	0,521	0,8	1	10	8	0,524	0,524
	1	1	0,500	1	1	10	10	0,500	0,500

Tabelle 29 Fortsetzung

0	1	2	3	4	5	6	7	8	9
Nummer der Variante	$\frac{\sum \frac{1}{f_1} l_1}{\sum \frac{1}{f_3} l_3}$	$\frac{\sum \frac{1}{f_2} l_2}{\sum \frac{1}{f_3} l_3}$	lt. Formel VIII. 4 $\frac{z}{l_2}$	$\frac{f_3}{f_1}$	$\frac{f_3}{f_2}$	$\frac{f_3}{\delta^{III}}$	$\frac{f_3}{\delta^{I}}$	lt. Formel VIII. 5 $\frac{z'}{l_2}$	lt. Formel VIII. 6 $\frac{z''}{l_2}$
6	0	0,8	0,647	0	0,8	10	0	0,680	0,678
	0,2	0,8	0,604	0,2	0,8	10	2	0,633	0,633
	0,4	0,8	0,578	0,4	0,8	10	4	0,594	0,593
	0,6	0,8	0,550	0,6	0,8	10	6	0,559	0,558
	0,8	0,8	0,523	0,8	0,8	10	8	0,527	0,528
	1,0	0,8	0,500	1	0,8	10	10	0,500	0,500
7	0	0,6	0,679	0	0,6	10	0	0,711	0,712
	0,2	0,6	0,633	0,2	0,6	10	2	0,656	0,656
	0,4	0,6	0,593	0,4	0,6	10	4	0,608	0,608
	0,6	0,6	0,558	0,6	0,6	10	6	0,566	0,567
	0,8	0,6	0,528	0,8	0,6	10	8	0,531	0,531
	1,0	0,6	0,500	1	0,6	10	10	0,500	0,500
8	0	0,4	0,728	0	0,4	10	0	0,761	0,763
	0,2	0,4	0,667	0,2	0,4	10	2	0,688	0,690
	0,4	0,4	0,615	0,4	0,4	10	4	0,630	0,630
	0,6	0,4	0,572	0,6	0,4	10	6	0,579	0,580
	0,8	0,4	0,533	0,8	0,4	10	8	0,536	0,537
	1,0	0,4	0,500	1	0,4	10	10	0,500	0,500
9	0	0,2	0,812	0	0,2	10	0	0,843	0,844
	0,2	0,2	0,723	0,2	0,2	10	2	0,741	0,742
	0,4	0,2	0,650	0,4	0,2	10	4	0,661	0,662
	0,6	0,2	0,591	0,6	0,2	10	6	0,597	0,597
	0,8	0,2	0,542	0,8	0,2	10	8	0,544	0,544
	1,0	0,2	0,500	1	0,2	10	10	0,500	0,500
10	0	0,01	0,885	0	0,01	10	0	0,988	0,990
	0,2	0,01	0,767	0,2	0,01	10	2	0,825	0,827
	0,4	0,01	0,677	0,4	0,01	10	4	0,711	0,711
	0,6	0,01	0,606	0,6	0,01	10	6	0,622	0,623
	0,8	0,01	0,547	0,8	0,01	10	8	0,554	0,554
	1,0	0,01	0,500	1	0,01	10	10	0,500	0,500

Zur Bewertung des Einflusses der Verformung der Haut auf die Größen X und folglich auch auf z/l_L führen wir ein Zahlenbeispiel durch. Wir nehmen:

$$f_{1B} = f_{1H} = f_1; \quad f_{2B} = f_{2H} = f_2; \quad f_{3B} = f_{3H} = f_3; \quad l_1 = l_2 = l_3 = B.$$

Dann nehmen die Formeln (VIII,2) und (VIII,3) die Form an:

$$X = -\frac{\mathfrak{M}\, l_2}{2F_H} \; \frac{2B\left(1 - \frac{f_2}{f_1}\right) + \frac{1{,}95\,(3B - H)}{B}\left(\frac{f_3}{\delta^{\mathrm{III}}} - \frac{f_3}{\delta^{\mathrm{I}}}\right)}{2B\left(\frac{f_3}{f_1} + 3\frac{f_3}{f_2} + 1\right) + \frac{1{,}95\,(B+H)}{B}\left(\frac{f_3}{\delta^{\mathrm{III}}} + \frac{f_3}{\delta^{\mathrm{I}}}\right)}. \quad \text{(VIII. 5)}$$

$$X = -\frac{\mathfrak{M}\, l_2}{2F_H} \; \frac{2B\left(1 - \frac{f_2}{f_1}\right) + \frac{1{,}95\,(B+H)}{B}\left(\frac{f_3}{\delta^{\mathrm{III}}} - \frac{f_3}{\delta^{\mathrm{I}}}\right)}{2B\left(\frac{f_3}{f_1} + 3\frac{f_3}{f_2} + 1\right) + \frac{1{,}95\,(B+H)}{B}\left(\frac{f_3}{\delta^{\mathrm{III}}} + \frac{f_3}{\delta^{\mathrm{I}}}\right)}. \quad \text{(VIII. 6)}$$

Weil in wirklichen Konstruktionen eine Zelle mit kräftigeren Stäben gewöhnlich dafür schwächere Beplankung hat, kann man ohne großen Fehler annehmen, daß das Verhältnis $\delta^{\mathrm{III}}/\delta^{\mathrm{I}}$ der Dicken der rechten und der linken Zelle gleich ist dem Verhältnis f_3/f_1 der Stabquerschnitte.
In Tabelle 29 sind die Werte z/l_L bei der Bestimmung von X nach den Formeln (VIII,4) (VIII,5) und (VIII,6) für eine Reihe von Werten f_1 und δ^{I} angegeben.

Die in die Formeln (VIII,5) und (VIII,6) eingehenden Größen B und H ändern sich in Konstruktionen der Rümpfe in den Grenzen B = 0,8 H und B = 1,2 H.

Aus dem Vergleich der Werte z/l_L, die ohne Berücksichtigung des Einflusses der Hautverformung gerechnet sind (Tab.29 Spalte 3), mit jenen unter Berücksichtigung derselben (Spalte 8 und 9), geht hervor, daß die Benutzung der Formel (VIII,4) keinen großen Fehler in der Bestimmung der Lage der Nullwerte für die Längskräfte in der Zelle mit der Aussparung mit sich bringt.

Der Vergleich der Werte z/l_L der Spalten 8 und 9 zeigt, daß wir danach ein Schaubild z/l_L zeichnen können, das sowohl für den Fall zu gebrauchen ist, daß die Torsionsmomente an den beiden äußeren Spanten als auch für den Fall, daß sie an den beiden inneren angreifen. Außerdem ergibt die Benutzung des Schaubildes genauere Werte z/l_L als die Formel (VIII,4), die die Hautverformung nicht berücksichtigt.
Ein solches Schaubild ist in Bild 219 dargestellt *).

*) Wenn die Steifigkeit der Spanten in ihren Ebenen nicht groß ist, kann man ihre Verformungen nicht mehr vernachlässigen und folglich auch nicht das Schaubild (Bild 219) benutzen. In solch'einem Falle können die Längskräfte in den Gurten sogar garkeinen Nullwert im Bereich der Aussparung haben.

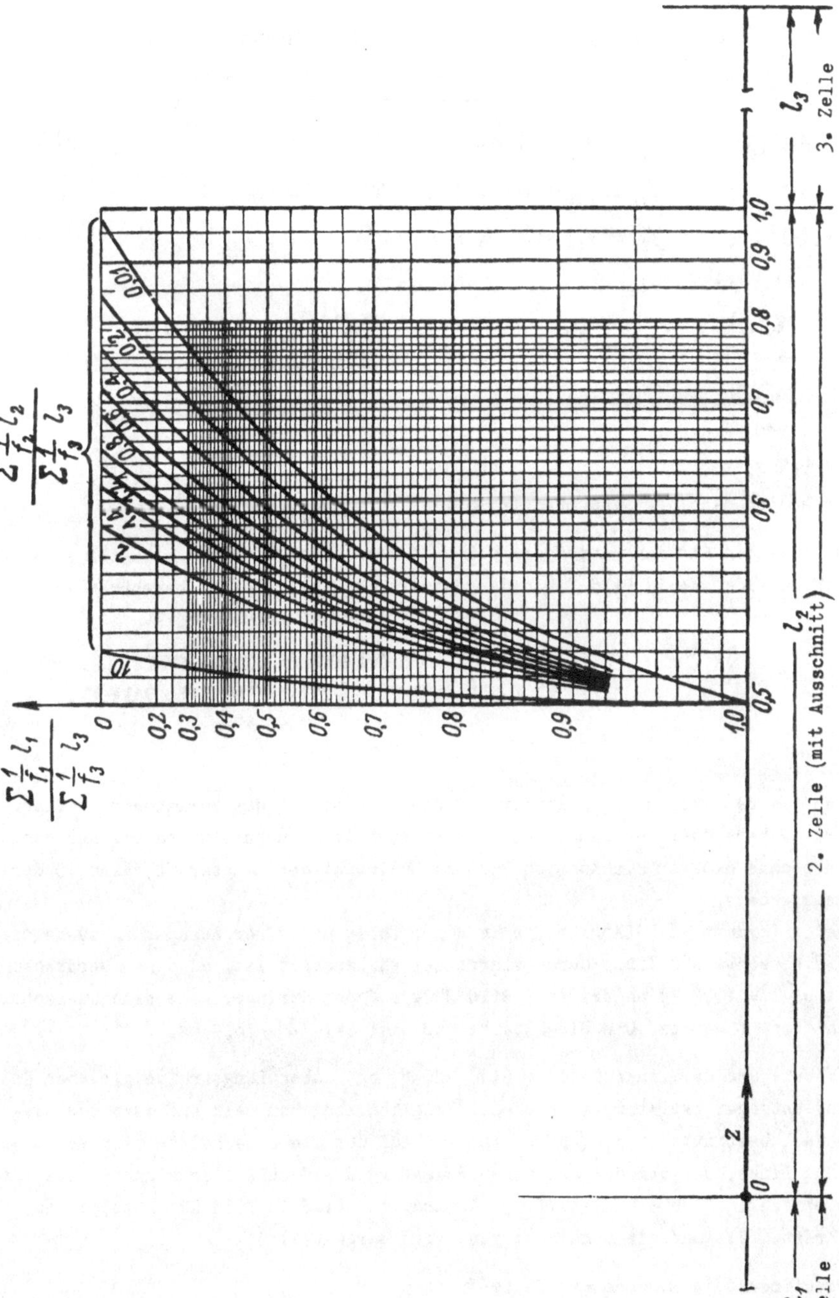

$\frac{\Sigma \frac{1}{f_1} l_1}{\Sigma \frac{1}{f_3} l_3}$
$\frac{\Sigma \frac{1}{f_2} l_2}{\Sigma \frac{1}{f_3} l_3}$
1. Zelle
2. Zelle (mit Ausschnitt)
3. Zelle
l_1
l_2
l_3

Bild 219

B e i s p i e l : Es sei gefordert, die Lage der Nullpunkte für die Längskräfte der mittleren Zelle mit der Aussparung in einem vierholmigen Kasten mit den folgenden Daten zu bestimmen (Bild 213).

$l_1 = 60$ см; $f_{1B} = f_{1H} = 5$ см²; $\delta^{I} = 0{,}2$ см; $B = 120$ см;

$l_2 = 120$ " ; $f_{2B} = f_{2H} = 6$ " ; $\delta^{II} = 0{,}3$ " ; $H = 100$ " ;

$l_3 = 100$ " ; $f_{3B} = f_{3H} = 3$ " ; $\delta^{III} = 0{,}1$ " ; $\mathfrak{M} = 1000$ mkg

Eingesetzt ergibt sich:

$$\frac{\sum \frac{1}{f_1} l_1}{\sum \frac{1}{f_3} l_3} = \frac{\frac{2}{5}\,60}{\frac{2}{3}\,100} = 0{,}36 \quad \text{und} \quad \frac{\sum \frac{1}{f_2} l_2}{\sum \frac{1}{f_3} l_3} = \frac{\frac{2}{6}\,120}{\frac{2}{3}\,100} = 0{,}6$$

und erhalten nach dem Schaubild (Bild 219) : $z = 0{,}613$

Nunmehr teilen wir den Kasten im Nullpunkt der Längskräfte und erhalten konsolartige Gebilde wie in Bild 210 b dargestellt, die sich leicht berechnen lassen.

§ 32 Kasten mit vielen Stringern, mit einer Symmetrieebene quer.

Ebenso wie bei viergurtigen Konstruktionen erleichtert das Vorhandensein einer Symmetrieebene quer zur Längsachse des Kastens in Ausschnittmitte die Rechnung. Wieder schneiden wir die Konstruktion im Nullpunkt der Längskraft, also in der Symmetrieebene.

Es sei gefordert, die Längskräfte in einer Zelle mit einer Aussparung zu bestimmen, die rechts und links durch starre Zellen begrenzt ist, an denen Verdrehmomente $\mathfrak{M}$ = 1000 kg angreifen (Bild 220a). Jeder Stringer habe eine Querschnittsfläche von $f = 5$ cm. Die Blechstärke der Haut sei $\delta = 0{,}2$ cm.

Der rechte und der linke Teil (Bild 220 b, c) haben Längskräfte gleicher Größe und entgegengesetzten Vorzeichens. Folglich kann man beim Auflösen der statischen Unbestimmtheit die Aufmerksamkeit auf nur die eine Hälfte richten, z.B. auf die linke, die bei der gegebenen Belastung dreifach statisch unbestimmt ist. Die überzähligen Unbekannten X_1 , X_2 und X_3 sind in Bild 221 gezeigt (nur die Kräfte, die auf die Schale wirken, sind dargestellt).

Wir bestimmen die inneren Kräfte im Zustand "P".

Die Belastung ist ein Verdrehmoment, folglich müssen die Längskräfte untereinander im Gleichgewicht sein. Der Schubfluß q am Umriß des Querschnittes sollte ein Moment ergeben, das der Größe nach gleich und der Richtung nach entgegengesetzt ist dem äußeren Moment. Dieser Bedingung kann man durch verschiedene Zusammenstellungen der Längskräfte genügen. Jedoch muß man danach streben, eine solche Verteilung der Längskräfte im Zustand "P" anzuwenden, daß sie sich

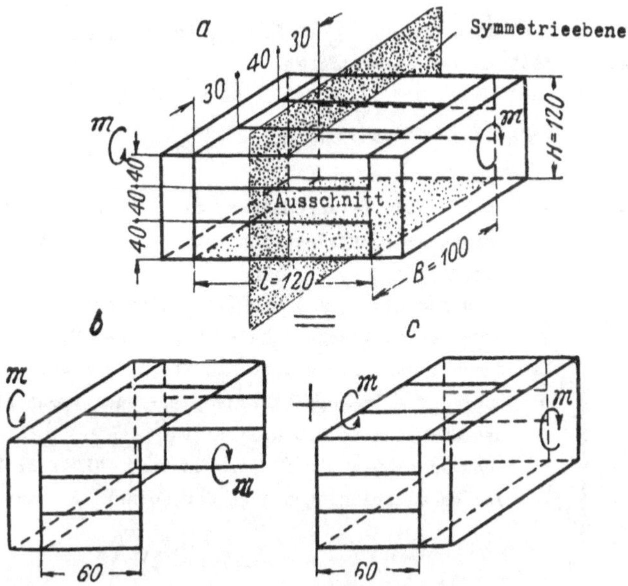

Bild 220

nur wenig von der Verteilung der wirklichen Kräfte unterscheiden, sodaß es möglich ist, genügend genau die Querschnittsflächen anzugeben.

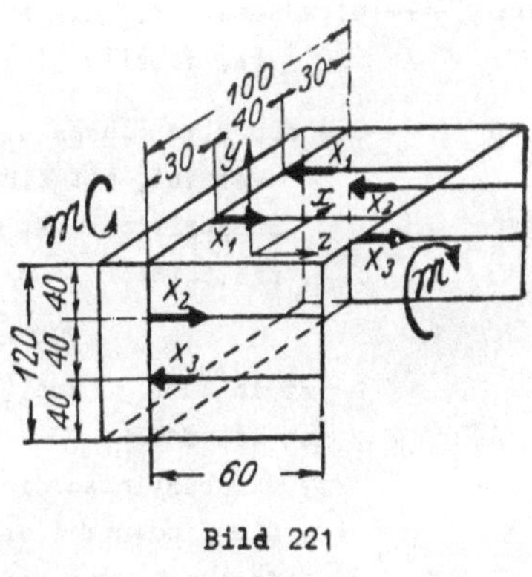

Bild 221

Wir wählen als Zustand "P" den Verlauf der Längsspannungen in den Stringern längs der Kontur des Querschnitts proportional der Sektorfläche ω aus dem Schubmittelpunkt 0 des offenen Querschnitts (vergl. Bild 222).

$$\sigma_P = \frac{B}{C}\,\omega, \qquad \text{(a)}$$

dabei ist $B = \int_z^l \mathfrak{M}\,dz$ — das Bimoment im gegeb. Zellenquerschnitt

$C = \int \omega^2 t\,ds$ oder $C = \sum \omega^2 f$ — das Trägheitsbiegemoment des Querschnitts bezogen auf den Schubmittelpunkt

Dann entfällt auf die unbekannten Kräfte X_1, X_2 und X_3 nur eine Korrektur auf Grund des Einflusses der Schubkräfte, die durch die Formel (a) nicht berücksichtigt sind.

Bezeichnen wir die konstanten Größen $\frac{\mathfrak{M}\cdot l}{C}$ mit k, so erhalten wir als Wert für den Querschnitt an der Anschlußstelle:

$$\sigma_P = k\omega. \tag{b}$$

Als positiv sind die Sektorflächen ω angenommen, die sich als Ergebnis des Umfahrens der Kontur entgegen dem Uhrzeigersinn um den Schubmittelpunkt ergeben.

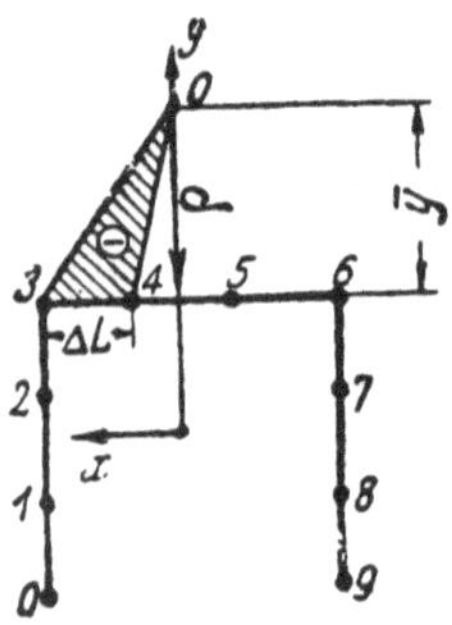

Bild 222

Die Formeln (a) und (b) sind für offene runde oder prismatische Schalen beliebiger Form anwendbar, sowohl wenn sie aus ebenen Stegen der Art eines Doppel - T - Trägers bestehen, als auch, wenn sie gekrümmten Querschnitt haben.

Und so nehmen wir für den Zustand "P" eine Verteilung der Normalspannungen nach der Formel (b) an:

$$\sigma_P = k\omega = k\sum\rho\Delta L$$

und folglich

$$N_P = kf\sum\rho\,\Delta L,$$

dabei ist: f — die Querschnittsfläche des Stringers

$k = \frac{\mathfrak{M}l}{C}$ — eine Konstante, die bestimmt wird, nachdem man die Werte $C = \sum \omega^2 \cdot f$ (s. Tabelle 31) errechnet hat.

$\rho\Delta L$ — die doppelte Fläche des Dreiecks, die in Bild 222 gestrichelt gezeichnet ist, mit einer Höhe gleich der Senkrechten ρ, die aus dem Schubmittelpunkt O auf die Umrißlinie an der gegebenen Stelle gefällt ist. Die Bestimmung der Größen

$$N_P = kf\omega = kf\sum\rho\Delta L$$

ist in Tab. 30 und 31 gegeben. Die Reihenfolge im Rechnungsgang ist wie folgt:

1) wir bestimmen die Ordinaten des Schubmittelpunktes $\bar{y}$ (Tab. 30).
2) wir finden aus der Kenntnis der Lage des Schubmittelpunktes die Werte ρ und weiterhin $\omega = \sum \rho \cdot \Delta l$ (Tab. 31, Sp. 1, 2, 3).
3) wir berechnen

$$C = \sum\omega^2 f = 21{,}4\cdot10^6\cdot2\cdot5 = 214\cdot10^6 \text{ cm}^6;$$

$$k = \frac{\mathfrak{M}l}{C} = \frac{100000\cdot60}{214\cdot10^6} = 0{,}028;$$

Tabelle 30

No. des Stabes	f	x	fx	$S=\sum fx$	ΔL	$S\Delta L$	r	$S\Delta Lr$
0	5	50	250	250	40	10000	50	500000
1	5	50	250	500	40	20000	50	1000000
2	5	50	250	750	40	30000	50	1500000
3	5	50	250	1000	30	30000		3000000
4	5	20	100	1100	20	22000		
						52000		

$$\overline{y}=\frac{3000000}{52000}=57,7\ \text{см}$$

Tabelle 31

0	1	2	3	4	5	6
No. des Stabes	ρ	$\rho\Delta L$	ω	ω^2	N_P	$q_P=\frac{\sum N_P}{60}$
0			+3120	$9,74\cdot10^6$	+439	
	50	2000				+7,3
1			+1120	$1,26\cdot10^6$	+156	
	50	2000				+9,9
2			− 880	$0,77\cdot10^6$	−125	
	50	2000				+7,82
3			−2880	$8,30\cdot10^6$	−107	
	57,7	−1730				+1,08
4			−1150	$1,32\cdot10^6$	−162	−1,62
	57,7	−1150				
				$21,4\cdot10^6$		

4) wir bestimmen die Kräfte

$$N_P = kf\sum\rho\Delta L \text{ und } q_P = \frac{\sum N_P}{l} \quad (\text{ Schaubild 5 und 6 })$$

Der Zustand "P" ist in Bild 223 gezeigt. Die Einheitszustände "1", "2" und "3" sind in Bild 224 - 226 wiedergegeben. Jeder Verlauf ist nur für die halbe Kontur dargestellt.

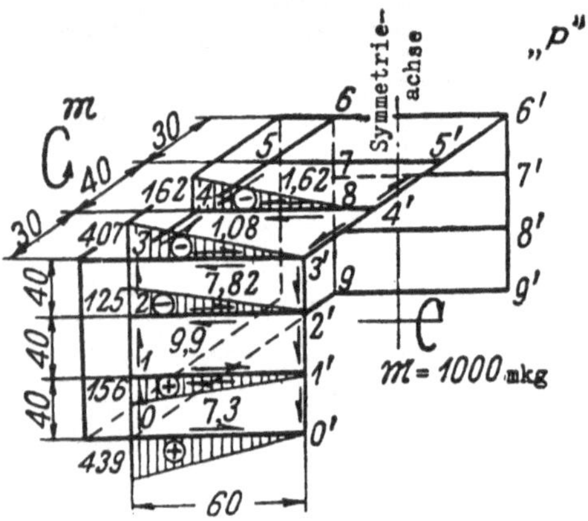

Bild 223

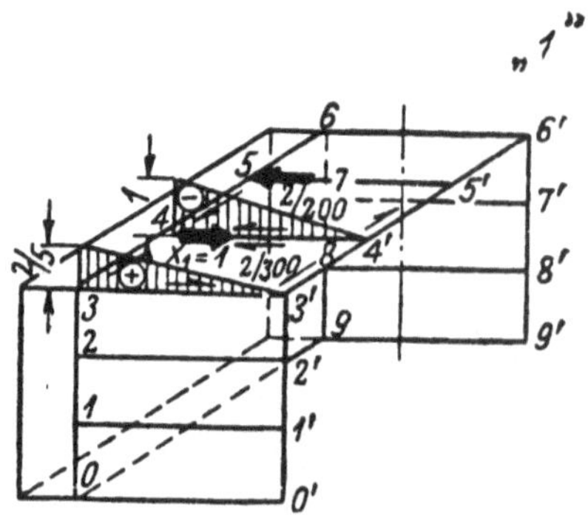

Bild 224

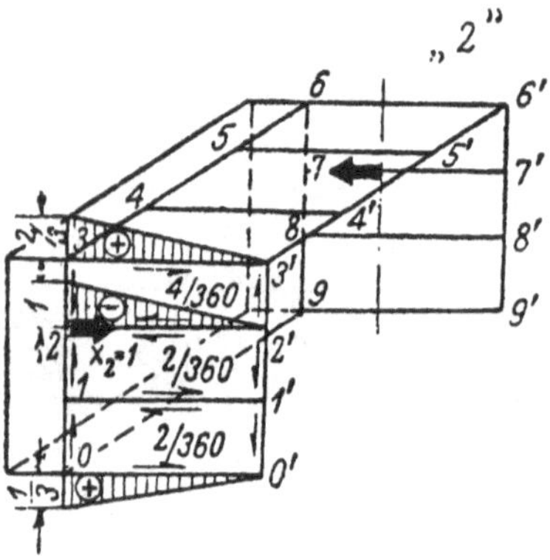

Bild 225

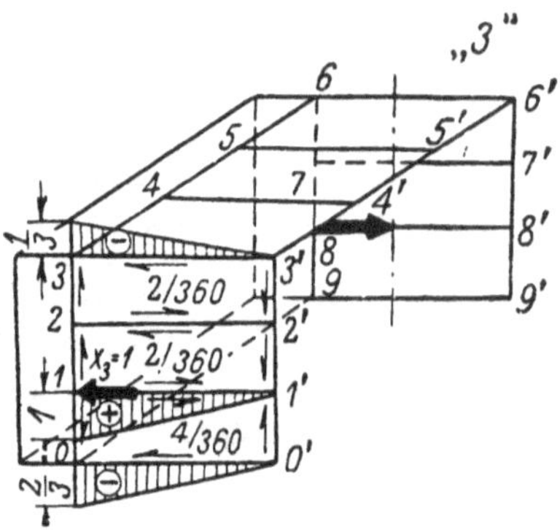

Bild 226

Die Unbekannten X_1, X_2 und X_3 bestimmen wir aus den kanonischen Gleichungen:

$$\Delta_{1P} + X_1\delta_{11} + X_2\delta_{12} + X_3\delta_{13} = 0,$$

$$\Delta_{2P} + X_1\delta_{21} + X_2\delta_{22} + X_3\delta_{23} = 0,$$

$$\Delta_{3P} + X_1\delta_{31} + X_2\delta_{32} + X_3\delta_{33} = 0.$$

Die Ermittelung der freien Glieder und Koeffizienten der Gleichungen ist in Tabelle 32 angegeben.

Tabelle 32

Stab Hautfeld	$k=l/f$ $k=2{,}6F/\delta$	N_1 q_1	N_2 q_2	N_3 q_3	N_P q_P	$E\Delta_{1P}$	$E\delta_{11}$	$E\delta_{12}$	$E\delta_{13}$	$E\Delta_{2P}$	$E\delta_{22}$	$E\delta_{23}$	$E\Delta_{3P}$	$E\delta_{33}$
4–4'	12	−1 0	0 0	0 0	−162 0	650	4	0	0	0	0	0	0	0
3–3'	12	2/5 0	2/3 0	−1/3 0	−407 0	−650	0,64	1,07	−0,535	−1085	1,78	−0,89	542	0,445
2–2'	12	0 0	−1 0	0 0	−125 0	0	0	0	0	500	4,00	0	0	0
1–1'	12	0 0	0 0	1 0	156 0	0	0	0	0	0	0	0	625	4
0–0'	12	0 0	1/3 0	−2/3 0	439 0	0	0	0	0	585	0,445	−0,89	−1167	1,78
5–5'–4'–4/2	$1{,}56\cdot10^4$	−2/200	0	0	−1,62	253	1,56	0	0	0	0	0	0	0
4–4'–3'–3	$2{,}34\cdot10^4$	2/300	0	0	1,08	168	1,04	0	0	0	0	0	0	0
3–3'–2'–2	$3{,}12\cdot10^4$	0	−4/360	2/360	7,82	0	0	0	0	−2710	3,84	−1,93	1355	0,96
2–2'–1'–1	$3{,}12\cdot10^4$	0	2/360	2/360	9,9	0	0	0	0	1720	0,96	0,96	1720	0,96
1–1'–0'–0	$3{,}12\cdot10^4$	0	2/360	−4/360	7,3	0	0	0	0	1265	0,96	−1,93	−2530	3,84
						421	7,24	1,07	−0,535	275	11,99	−4,68	545	11,99

Die kanonischen Gleichungen haben die Form:

$$+421+7{,}24\,X_1+1{,}07\,X_2-0{,}535\,X_3=0,$$
$$+275+1{,}07\,X_1+11{,}99\,X_2-4{,}68\,X_3=0,$$
$$+545-0{,}535\,X_1-4{,}68\,X_2+11{,}99\,X_3=0.$$

Lösen wir die Gleichungen, so erhalten wir:

$$X_1=-56,\ X_2=-43,\ X_3=-65.$$

So wird

$$N=N_P+N_1X_1+N_2X_2+N_3X_3$$

und

$$q=q_P+q_1X_1+q_2X_2+q_3X_3$$

Die vollen Kräfte sind dann ohne Mühe zu finden (Bild 227):

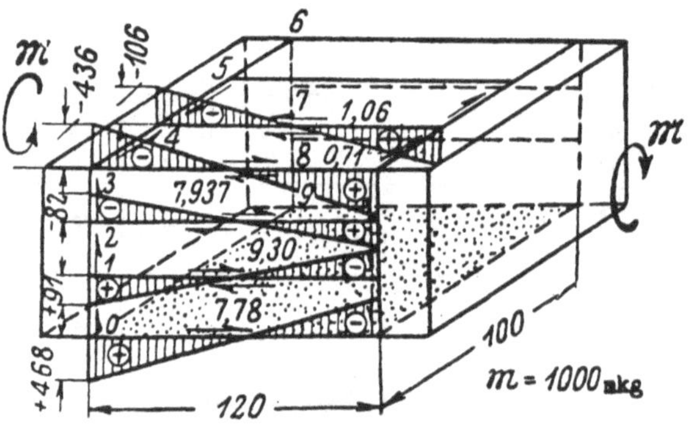

Bild 227

Bei einer großen Zahl von Stringern ist nicht möglich, die Aufgabe genau zu lösen (wie es im oben dargelegten Falle gemacht war). Für die praktische Rechnung jedoch sind die Längskräfte genügend genau nach der Formel $N\cdot k\cdot f\cdot\omega$ zu bestimmen und man kann sie dann als endgültig ansehen. Der Fehler bei den größten Kräften ist dabei unerheblich. Die Längskräfte in den mittleren Stringern ergeben sich als etwas zu groß, die in den äußeren als etwas zu klein.

Bei ausgeführten Konstruktionen sind die Zellen links und rechts der Zelle mit der Aussparung nicht starr, wie das angenommen war, sondern sie haben eine nur endliche Steifigkeit und folglich ist der Unterschied zwischen der genauen Bestimmung der Längskräfte und ihrer Bestimmung nach der Formel $N\cdot k\cdot f\cdot\omega$ noch kleiner als in Bild 228 angegeben. Daher kann man den Zustand "P" (s. Bild 223) als tatsächlichen Zustand nehmen und auf diese Weise die Längskräfte für alle drei Zellen bestimmen (Bild 229).

Kennt man die Längskräfte, so läßt sich der Schubfluß q in den Zellen 1 und 3 auf folgende Art bestimmen:

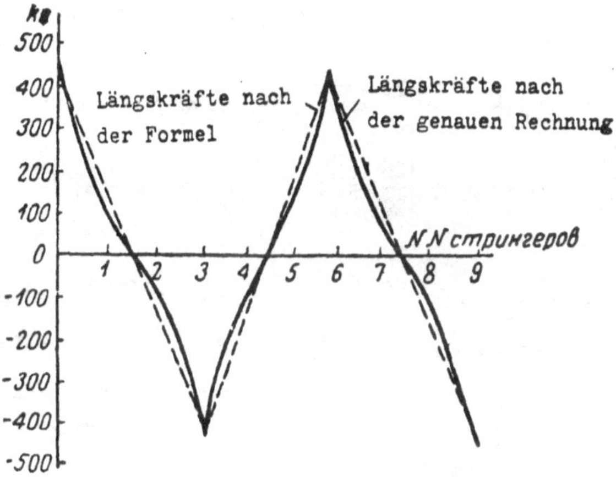

Bild 228

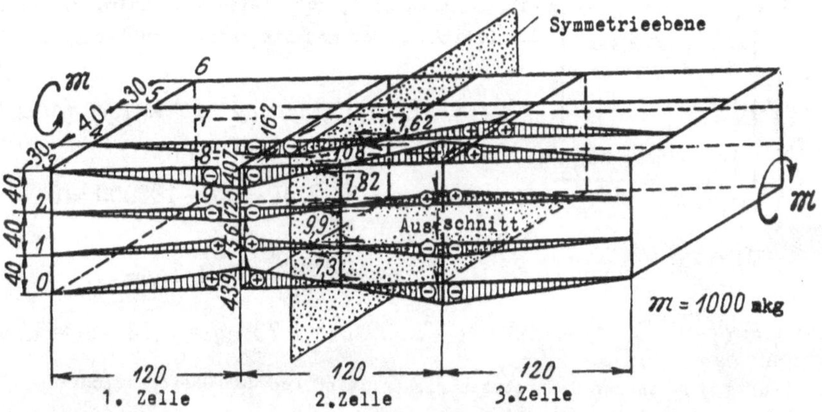

Bild 229

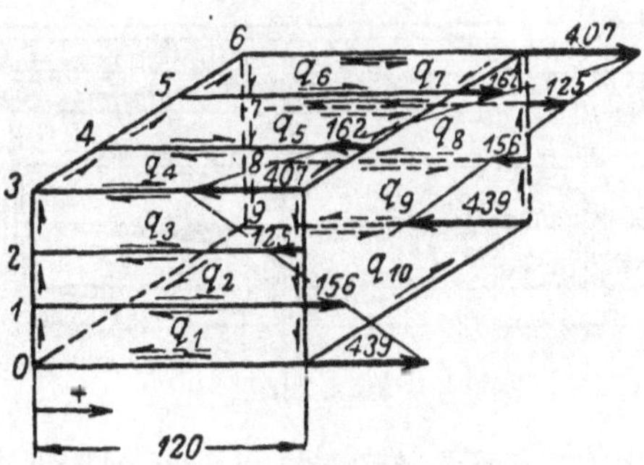

Bild 230

Wir setzen den Schubfluß nach Bild 230 an und drücken gemäß der Gleichgewichtsbedingung der Stringerstücke die Größen q_1 bis q_9 in Abhängigkeit von q_{10} aus.

$$-q_{10}+q_1+\frac{439}{120}=0; \qquad q_1=q_{10}-3{,}66$$

$$-q_1+q_2+\frac{156}{120}=0; \qquad q_2=q_{10}-4{,}96$$

usw.

$$q_3=q_{10}-3{,}92; \quad q_4=q_{10}-0{,}53; \quad q_5=q_{10}+0{,}82; \quad q_6=q_{10}-0{,}53;$$
$$q_7=q_{10}-3{,}92; \quad q_8=q_{10}-4{,}96; \quad q_9=q_{10}-3{,}66.$$

Der unbekannte Fluß der Schubkräfte q läßt sich aus der Gleichgewichtsbedingung des Stirnspantes bestimmen.

Das Moment aller äußeren Kräfte, die auf den Endspant wirken (Bild 231), muß gleich Null sein. Wir stellen die Gleichung der Momente bezogen auf Punkt 6 auf:

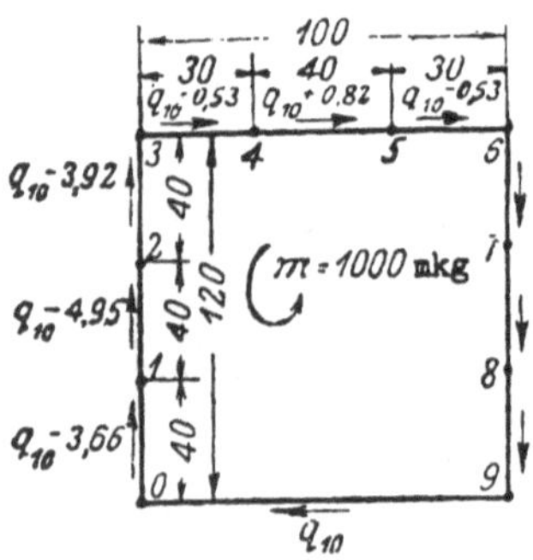

Bild 231

$$M_6=q_{10}\cdot 100\cdot 120+(q_{10}-3{,}66)\,40\cdot 100+$$
$$+(q_{10}-4{,}96)\,40\cdot 100+$$
$$+(q_{10}-3{,}92)\,40\cdot 100-100000=0.$$

Wir erhalten

$$q_{10}=\frac{1500}{240}=6{,}31 \text{ kg/cm}$$

und weiterhin: $q_1=2{,}65$; $q_2=1{,}35$; $q_3=2{,}39$; $q_4=5{,}78$; $q_5=7{,}13$; $q_6=5{,}78$; $q_7=2{,}39$; $q_8=1{,}35$; $q_9=2{,}65$.

Die Schubkräfte, die in den Spantstegen wirken, sind aus der Gleichgewichtsbedingung für den Spant zu bestimmen:

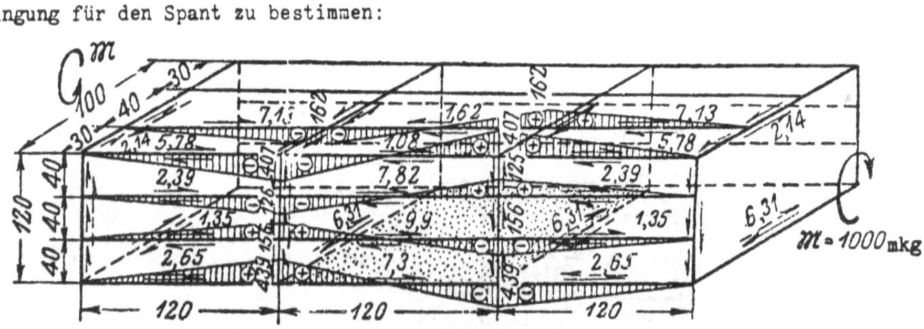

Bild 232

So ist in den Stegen der Spante der Zelle mit dem Ausschnitt gemäß der Gleichgewichtsbedingung des unteren Spantgurtes:

$$q_{\text{ш}\pi}=q_{10}=6{,}31 \text{ kg/cm}.$$

Den Schubfluß in den Stegen der Stirnspante bestimmen wir aus der Gleichgewichtsbedingung des Gurtes 0 – 9 (Bild 229):

$$q_{шп}^{T} 100 + 6{,}31 \cdot 100 - 4{,}17 \cdot 100 = 0, \text{ dabei ist } 4{,}17 = \frac{100000}{2 \cdot 120 \cdot 100} -$$

— die mittlere Kraft längs der Kontur

Folglich ist: $q_{шп}^{T} = -2{,}14$ kg/cm.

Die für den Schubfluß erhaltenen Werte sind in Bild 232 aufgetragen, wo der Verlauf der Werte N dargestellt ist, der vorher in Bild 229 gezeigt war.

§ 33 Kästen mit vielen Stringern ohne mittlere Symmetrieebene

Ebenso wie in Konstruktionen mit vier Stringern hängt die Lage der Nullpunkte der Längskräfte der Zelle mit der Aussparung bei Kästen mit vielen Stringern von dem Verhältnis der Steifigkeiten der Zellen ab. Wenn die Annahme möglich

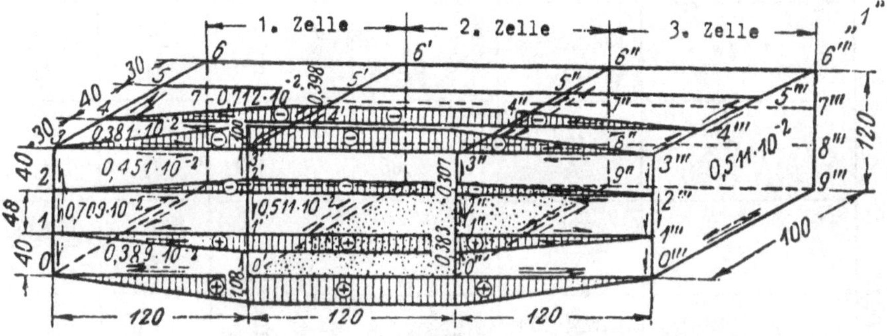

Bild 233

ist, daß in allen Stringern die Nullpunkte der Kräfte in ein und demselben Querschnitt liegen, so geht die Aufgabe auf eine einfach statisch unbestimmte zurück. Wir wollen einen solchen Kasten untersuchen. Abermals nehmen wir als Zustand "P" den Zustand, der dem Vorhandensein einer Symmetrieebene entspricht (Bild 232). Als Einheitszustand ist der in Bild 233 gezeigte gedacht (er ist aus den Daten des Bildes 230 durch Dividieren der Zahlenwerte durch 407 entstanden.

Haben wir die Zustaände "P" und "1", so bestimmen wir Δ_{1P} und δ_{11} (Tab. 33). Aus der Tabelle entnehmen wir:

$$E\Delta_{1P} = 41775 \left(\frac{1}{f_1} - \frac{1}{f_3}\right) + 642 \left(\frac{1}{\delta^{I}} - \frac{1}{\delta^{III}}\right),$$

$$E\delta_{11} = 102{,}65 \left(\frac{1}{f_1} + \frac{1}{f_3}\right) + 307{,}9 \frac{1}{f_2} + 1{,}93 \left(\frac{1}{\delta^{I}} + \frac{1}{\delta^{III}}\right).$$

Folglich ist:

$$X = -\frac{41775 \left(\frac{1}{f_1} - \frac{1}{f_3}\right) + 642 \left(\frac{1}{\delta^{I}} - \frac{1}{\delta^{III}}\right)}{102{,}65 \left(\frac{1}{f_1} + \frac{1}{f_3}\right) + 307{,}9 \frac{1}{f_2} + 1{,}93 \left(\frac{1}{\delta^{I}} + \frac{1}{\delta^{III}}\right)}. \quad \text{(VIII.7)}$$

Tabelle 33

	Stab Hautfeld	$k=\frac{l}{f}$ $k=2,6\frac{F}{\delta}$	N_1 q_1	N_P q_P	$E\Delta_{1P}$	$E\delta_{11}$
1. Zelle	*1—1'*	$\frac{120}{f_1}$	0 −0,398	0 −162	$\frac{2600}{f_1}$	$\frac{6,33}{f_1}$
	2—2'	$\frac{120}{f_1}$	0 −1,00	0 −407	$\frac{16300}{f_1}$	$\frac{40}{f_1}$
	3—3'	$\frac{120}{f_1}$	0 −0,307	0 −125	$\frac{1535}{f_1}$	$\frac{3,76}{f_1}$
	4—4'	$\frac{120}{f_1}$	0 0,383	0 156	$\frac{2390}{f_1}$	$\frac{5,86}{f_1}$
	5—5'	$\frac{120}{f_1}$	0 1,08	0 439	$\frac{18950}{f_1}$	$\frac{46,7}{f_1}$
					$\frac{41775}{f_1}$	$\frac{102,65}{f_1}$
	(0—0'—1'—1)/2	$\frac{0,624\cdot 10^4}{\delta^I}$	$0,712\cdot 10^{-2}$	7,13	$\frac{316}{\delta^I}$	$\frac{0,316}{\delta^I}$
	1—1'—2'—2	$\frac{0,936\cdot 10^4}{\delta^I}$	$0,381\cdot 10^{-2}$	5,78	$\frac{206}{\delta^I}$	$\frac{0,136}{\delta^I}$
	2—2'—3'—3	$\frac{1,25\cdot 10^4}{\delta^I}$	$-0,451\cdot 10^{-2}$	2,39	$\frac{-134}{\delta^I}$	$\frac{0,254}{\delta^I}$
	3—3'—4'—4	$\frac{1,25\cdot 10^4}{\delta^I}$	$-0,709\cdot 10^{-2}$	1,35	$\frac{-120}{\delta^I}$	$\frac{0,627}{\delta^I}$
	4—4'—5'—5	$\frac{1,25\cdot 10^4}{\delta^I}$	$-0,389\cdot 10^{-2}$	2,65	$\frac{-129}{\delta^I}$	$\frac{0,189}{\delta^I}$
	(5—5'—6'—6)/2	$\frac{1,56\cdot 10^4}{\delta^I}$	$0,511\cdot 10^{-2}$	6,31	$\frac{503}{\delta^I}$	$\frac{0,408}{\delta^I}$
					$\frac{642}{\delta^I}$	$\frac{1,93}{\delta^I}$

	Stab Hautfeld	$k=\frac{l}{f}$ $k=2,6\frac{F}{\delta}$	N_1 q_1	N_P q_P	$E\Delta_{1P}$	$E\delta_{11}$
2. Zelle	$1'-1''$	$\frac{120}{f_2}$	−398 −398	−162 162	0	$\frac{19,0}{f_2}$
	$2'-2''$	$\frac{120}{f_2}$	−1 −1	−407 407	0	$\frac{120}{f_2}$
	$3'-3''$	$\frac{120}{f_2}$	−0,307 −307	−125 125	0	$\frac{11,3}{f_2}$
	$4'-4''$	$\frac{120}{f_2}$	−0,383 −0,383	156 −156	0	$\frac{17,6}{f_2}$
	$5'-5''$	$\frac{120}{f_2}$	−1,08 −1,08	439 −439	0	$\frac{140}{f_2}$
						$\frac{307,9}{f_2}$
3. Zelle	$1''-1'''$	$\frac{120}{f_3}$	−0,398 0	162 0	$\frac{-2600}{f_3}$	$\frac{6,33}{f_3}$
	$2''-2'''$	$\frac{120}{f_3}$	−1 0	407 0	$\frac{-16300}{f_3}$	$\frac{40}{f_3}$
	$3''-3'''$	$\frac{120}{f_3}$	−0,307 0	125 0	$\frac{-1535}{f_3}$	$\frac{3,76}{f_3}$
	$4''-4'''$	$\frac{120}{f_3}$	0,383 0	−156 0	$\frac{-2390}{f_3}$	$\frac{5,86}{f_3}$
	$5''-5'''$	$\frac{120}{f_3}$	1,08 0	−439 0	$\frac{-18950}{f_3}$	$\frac{46,7}{f_3}$
					$\frac{-41775}{f_3}$	$\frac{102,65}{f_3}$

Fortsetzung Tabelle 33

	Stab Hautfeld	$k=\frac{l}{f}$ $k=2{,}6\frac{F}{\delta}$	N_1 q_1	N_P q_P	$E\Delta_{1P}$	$E\delta_{11}$
3. Zelle	$(0''-0'''-1'''-1'')/2$	$\frac{0{,}624\cdot10^4}{\delta^{III}}$	$-0{,}712\cdot10^{-2}$	7,13	$\frac{-316}{\delta^{III}}$	$\frac{0{,}316}{\delta^{III}}$
	$1''-1'''-2'''-2''$	$\frac{0{,}936\cdot10^4}{\delta^{III}}$	$-0{,}381\cdot10^{-2}$	5,78	$\frac{-206}{\delta^{III}}$	$\frac{0{,}136}{\delta^{III}}$
	$2''-2'''-3'''-3''$	$\frac{1{,}25\cdot10^4}{\delta^{III}}$	$0{,}451\cdot10^{-2}$	2,39	$\frac{134}{\delta^{III}}$	$\frac{0{,}254}{\delta^{III}}$
	$3''-3'''-4'''-4''$	$\frac{1{,}25\cdot10^4}{\delta^{III}}$	$0{,}709\cdot10^{-2}$	1,35	$\frac{120}{\delta^{III}}$	$\frac{0{,}627}{\delta^{III}}$
	$4''-4'''-5'''-5''$	$\frac{1{,}25\cdot10^4}{\delta^{III}}$	$0{,}389\cdot10^{-2}$	2,65	$\frac{129}{\delta^{III}}$	$\frac{0{,}189}{\delta^{III}}$
	$(5''-5'''-6'''-6'')/2$	$\frac{1{,}56\cdot10^4}{\delta^{III}}$	$-0{,}511\cdot10^{-2}$	6,31	$\frac{-503}{\delta^{III}}$	$\frac{0{,}408}{\delta^{III}}$
					$\frac{-642}{\delta^{III}}$	$\frac{1{,}93}{\delta^{III}}$

Wir multiplizieren Zaähler und Nenner des Ausdrucks (VIII,7) mit f_3 und erhalten:

$$X=-\frac{41775\left(\frac{f_3}{f_1}-1\right)+642\left(\frac{f_3}{\delta^{I}}-\frac{f_3}{\delta^{III}}\right)}{102{,}65\left(\frac{f_3}{f_1}+1\right)+307{,}9\,\frac{f_3}{f_2}+1{,}93\left(\frac{f_3}{\delta^{I}}+\frac{f_3}{\delta^{III}}\right)}. \quad \text{(VIII. 7')}$$

Kennen wir X , so können wir die Lage der Nullpunkte der Längskräfte für die Zelle mit der Aussparung bestimmen:

$$z=\frac{l_2}{\frac{407+X}{407-X}+1}.$$

Die Werte z/l , errechnet nach der Formel und in Tabelle 34 eingesetzt, unterscheiden sich von den Werten z/l in Tabelle 29 maximal um 2,5 %. Folglich ist

Tabelle 34

0	1	2	3	4	5	0	1	2	3	4	5
No. d. Variante	$\frac{f_3}{f_1}$	$\frac{f_3}{f_2}$	$\frac{f_3}{\delta^{III}}$	$\frac{f_3}{\delta^{I}}$	$\frac{z}{l_2}$	No. d. Variante	$\frac{f_3}{f_1}$	$\frac{f_3}{f_2}$	$\frac{f_3}{\delta^{III}}$	$\frac{f_3}{\delta^{I}}$	$\frac{z}{l_2}$
	0	10	10	0	0,518		0	0,8	10	0	0,661
	0,2	10	10	2	0,514		0,2	0,8	10	2	0,621
1	0,4	10	10	4	0,510	6	0,4	0,8	10	4	0,587
	0,6	10	10	6	0,508		0,6	0,8	10	6	0,563
	0,8	10	10	8	0,503		0,8	0,8	10	8	0,527
	1,0	10	10	10	0,500		1,0	0,8	10	10	0,500
	0	2	10	0	0,578		0	0,6	10	0	0,695
	0,2	2	10	2	0,563		0,2	0,6	10	2	0,643
2	0,4	2	10	4	0,546	7	0,4	0,6	10	4	0,602
	0,6	2	10	6	0,528		0,6	0,6	10	6	0,563
	0,8	2	10	8	0,512		0,8	0,6	10	8	0,530
	1,0	2	10	10	0,500		1,0	0,6	10	10	0,500
	0	1,4	10	0	0,608		0	0,4	10	0	0,742
	0,2	1,4	10	2	0,583		0,2	0,4	10	2	0,677
3	0,4	1,4	10	4	0,559	8	0,4	0,4	10	4	0,621
	0,6	1,4	10	6	0,538		0,6	0,4	10	6	0,575
	0,8	1,4	10	8	0,519		0,8	0,4	10	8	0,535
	1,0	1,4	10	10	0,500		1,0	0,4	10	10	0,500
	0	1,2	10	0	0,621		0	0,2	10	0	0,825
	0,2	1,2	10	2	0,592		0,2	0,2	10	2	0,728
4	0,4	1,2	10	4	0,567	9	0,4	0,2	10	4	0,652
	0,6	1,2	10	6	0,543		0,6	0,2	10	6	0,592
	0,8	1,2	10	8	0,520		0,8	0,2	10	8	0,542
	1,0	1,2	10	10	0,500		1,0	0,2	10	10	0,500
	0	1,0	10	0	0,638		0	0,01	10	0	0,985
	0,2	1,0	10	2	0,603		0,2	0,01	10	2	0,820
5	0,4	1,0	10	4	0,573	10	0,4	0,01	10	4	0,706
	0,6	1,0	10	6	0,546		0,6	0,01	10	6	0,620
	0,8	1,0	10	8	0,523		0,8	0,01	10	8	0,553
	1,0	1,0	10	10	0,500		1,0	0,01	10	10	0,500

das Schaubild (Bild 219) kraktisch auch für Konstruktionenen mit vielen Stringern mit starren Rippen oder Spanten brauchbar.

§ 34 Schalen mit vielen Stringern und krummliniger Umrißkontur

In den vorigen Paragraphen dieses Kapitels waren Kästen mit rechteckigem Querschnitt behandelt. Ausgeführte Konstruktionen haben gewöhnlich Querschnitte mit Konturen aus krummen Linien. Das führt jedoch nächt zu prinzipiellen Unterschieden im Verfahren zur Bestimmung der inneren Kräfte im Bereich einer Aussparung, weil in solch' einem Falle unter der Bedingung absoluter Steifigkeit

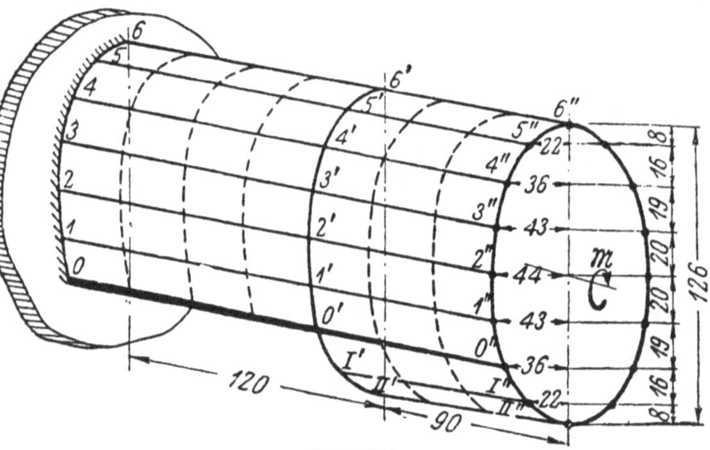

Bild 234

der Spanten in ihren Ebenen sowohl die Formel $N = k \cdot f \cdot \omega$ als auch das Schaubild (Bild 219) benutzt werden können. Wir wollen uns davon am Beispiel einer runden Konstruktion mit einer Aussparung überzeugen (Bild 234), die durch ein Verdrehmoment $\mathfrak{M} = 1000$ mkg belastet ist. Die Blechstärke der Haut an der Offenen Zelle sei $\delta_2 = 0{,}1$ cm, die an den geschlossenen $\delta_3 = 0{,}08$ cm. In der offenen Zelle habe ein Stringer eine Querschnittsfläche $f_2 = 1$ cm^2 (mit Ausnahme des Stringers 0 – 0, bei dem $f_{0-0} = 5$ cm^2 ist). In der geschlossenen habe er $f_3 = 0{,}8$ cm^2 (mit Aunahme des Strängers 0'–0' , dessen Querschnittsfläche $f_{0'-0'} = 2{,}5$ cm^2 beträgt).

Näherungslösung

Wir bestimmen den Schubmittelpunkt des offenen Querschnitts (Bild 235 und Tabelle 35). Nachdem wir den Wert ϱ graphisch bestimmt haben (Bild 236), bestimmen wir N und q so, wie in Tabelle 31 durchgeführt, also ohne zu berücksich-

Tabelle 35

No. des Stabes	f	x	fx	$S=\Sigma fx$	ΔL	$S\Delta L$	r	$S\Delta Lr$	ΔQ
0	5	36	180						
				180	20,23	3650	47,4	173000	−1260
1	1	43	43						
				223	20,0	4460	43,7	195000	−223
2	1	44	44						
				267	20,0	5340	43,7	233700	+268
3	1	43	43						
				310	20,23	6280	47,4	298000	+2170
4	1	36	36						
				346	21,23	7350	52,7	387000	+4840
5	1	22	22						
				368	23,4	8610	59,0	508000	+8100
6	1	0	0						
								1794700	13895

$$\bar{y}=\frac{1794700}{13895}=129 \text{ см.}$$

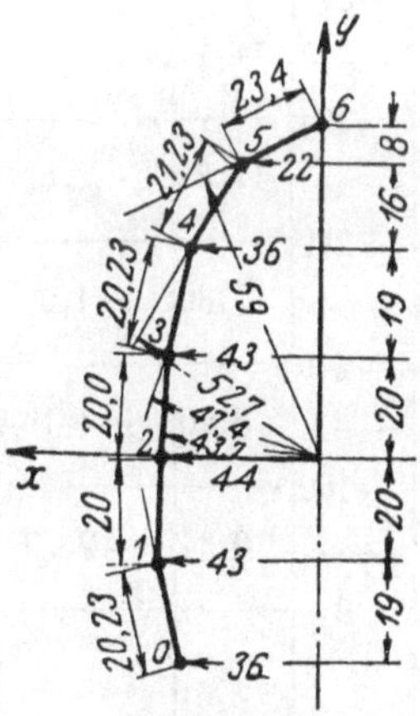

Bild 235

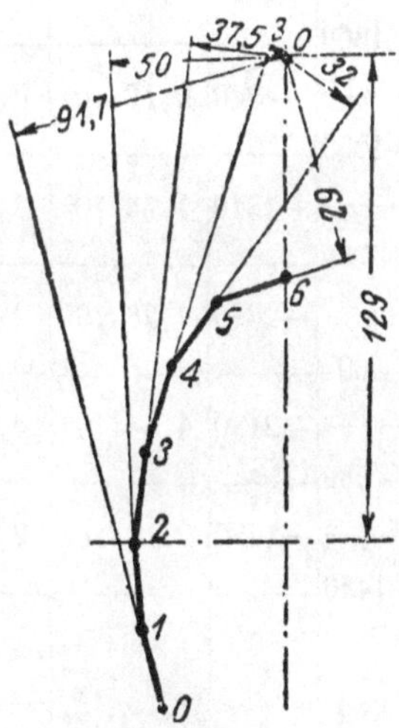

Bild 236

sichtigen, daß die Konstruktion in Bezug auf die Querebene in Mitte der Zelle mit Ausschnitt nicht symmetrisch ist (s. Tabelle 36, Spalte 6 und 7).

Wir bestimmen die Längkraftnullpunkte in der Zelle mit Ausschnitt.

Offensichtlich ist: $\sum \frac{1}{f_1} l_1 = 0$ daraus ergibt sich: *)

$$\frac{\sum \frac{1}{f_2} l_2}{\sum \frac{1}{f_3} l_3} = \frac{\left(\frac{5}{1}+\frac{1}{5}\right) 120}{\left(\frac{5}{0,8}+\frac{1}{2,5}\right) 90} = 1,04.$$

Nach dem Schaubild in Bild 219 erhalten wir: $z = 0,65$; $l_1 = 0,65 \cdot 120 = 78$ cm. Nunmehr kann man die endgültigen Werte der Längskräfte an den Enden des Ausschnitbereichs leicht bestimmen:

$$\text{rechts}\, N_n = -(l_2 - z)(q_{n+1} - q_n) = -42(q_{n+1} - q_n),$$

$$\text{links}\, N_n = z(q_{n+1} - q_n) = 78(q_{n+1} - q_n),$$

Dabei hat q die früheren Werte (Tabelle 36, Spalte 7 - 10)

Tabelle 36

No. des Stabes	1	2	3	4	5	6	7	8	9	10
	p	$p\Delta L$	ω	ω^2	$\omega^2 f$	N	q	$q_{n+1}-q_n$	N_{links}	N_{rechts}
0			+1520	2,37·10⁶	11,85·10⁶	900	0	0	1170	−630
	91,7	+1860					15	15		
1			−340	0,10·10⁶	0,10·10⁶	−37			−47	+25
	50,0	+1000					14,4	−0,6		
2			−1340	1,74·10⁶	1,74·10⁶	−154			−203	+109
	37,5	+750					11,8	−2,6		
3			−2090	4,28·10⁶	4,28·10⁶	−242			−312	+169
	3,0	+60					7,80	−4,0		
4			−2130	4,54·10⁶	4,54·10⁶	−248			−323	+174
	32,0	−680					3,66	−4,14		
5			−1450	2,10·10⁶	2,10·10⁶	−169			−220	+118
	62	−1450					0,84	−2,72		
6			0			0			0	0
					24,6·10⁶					

*) Die Kräfte in den Stäben 6 , I' , II' sind gleich Null. $\sum \frac{1}{f_3} l_3$ und $\sum \frac{1}{f_2} l_2$ ergeben daher dafür keine Zahlenwerte.

Wir gehen zur Bestimmung der Kräfte in der geschlossenen Zelle über (Bild 237). Aus der Gleichgewichtsbedingung finden wir:

$$-q_0+q_1+\frac{630}{90}=0, \quad -q_1+q_2-\frac{25}{90}=0, \quad -q_2+q_3-\frac{109}{90}=0,$$

$$-q_3+q_4-\frac{169}{90}=0, \quad -q_4+q_5-\frac{174}{90}=0, \quad -q_5+q_6-\frac{118}{90}=0.$$

daraus ergibt sich:

$$q_1=q_0-7,\ q_2=q_0-6{,}72,\ q_3=q_0-5{,}51,\ q_4=q_0-3{,}63,\ q_5=q_0-1{,}70,\ q_6=q_0-0{,}39.$$

Aus der Gleichgewichtsbedingung des Spantes erhalten wir:

$$M=\sum_0^6 q\,\Delta L r-\frac{\mathfrak{M}}{2}=0$$

oder:

$$q_0\,43{,}5\cdot 58+(q_0-7)\,20{,}23\cdot 47{,}4+(q_0-6{,}72)20\cdot 43{,}7+(q_0-5{,}51)20\times 43{,}7+(q_0-3{,}63)\,20{,}23\cdot 47{,}4+(q_0-1{,}7)21{,}3\cdot 52{,}7+(q_0-0{,}39)\times 23{,}4\cdot 59-\frac{100000}{2}=$$

$$=8700\,q_0-73348=0;$$

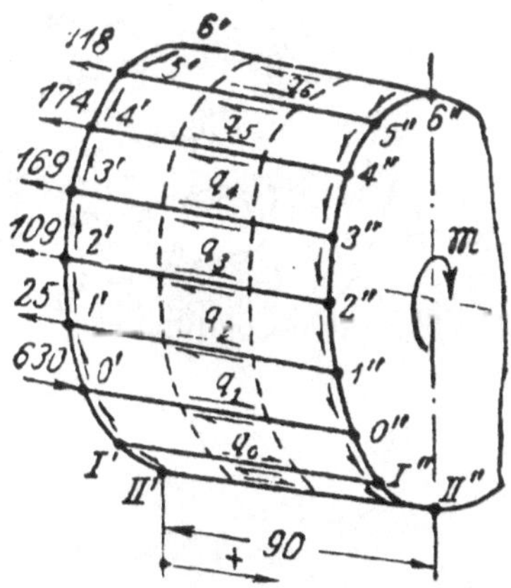

Bild 237

daraus dann $q_0=8{,}43$ kg/cm und schließlich:

$$q_1=1{,}43, \quad q_2=1{,}71, \quad q_3=2{,}92, \quad q_4=4{,}8, \quad q_5=6{,}73, \quad q_6=8{,}04.$$

Die Kräfte, die wir aus der Näherungslösung als Ergebnis der gestellten Aufgabe erhalten, sind in Bild 238 eingetragen *).

Genaue Lösung

Die genauen Werte der Kräfte (beim angenommenen Berechnungsschema) bestimmen wir, indem wir das neunmal statisch unbestimmte System lösen. Als Zustand "P" nehmen wir wiederum den Zustand, der der Symmetrie der Querschnittsebene entspricht gemäß dem Vorschlag. (Tabelle 36, Spalte 6 und 7). Der Zustand "P" und die neun Einheitszustände sind in den Bildern 239 - 248 dargestellt.

Das Ergebnis dieser Berechnung sind die Längskräfte. Die ihnen entsprechenden Längsspannungen (punktiert) sind in Abbildung 249 den Werten aus der Näherungsrechnung gegenübergestellt.

Die Auftragung in Bild 249 zeigt den unbedeutenden Fehler der Näherungsrechnung.

---

*) Auf der anderen Seite der Schale sind die Kräfte antisymmetrisch zu den gezeigten.

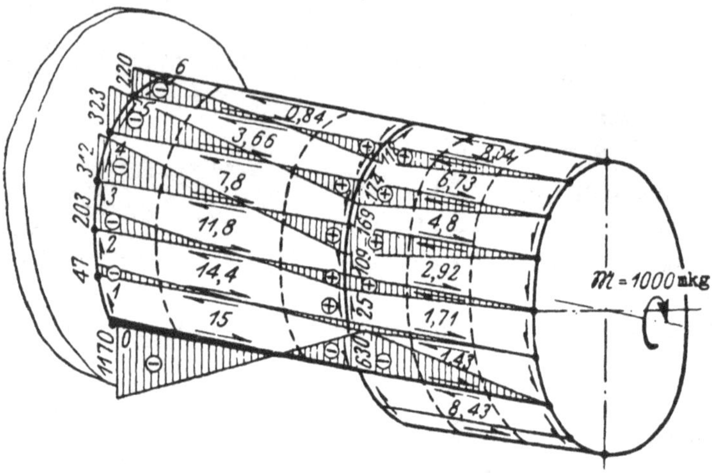

Bild 238

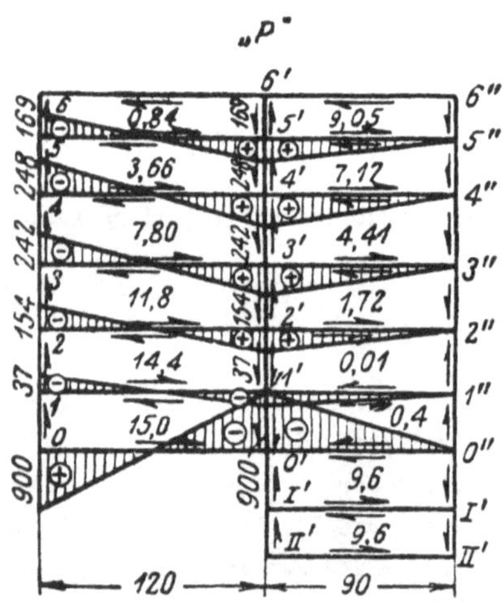

Bild 239

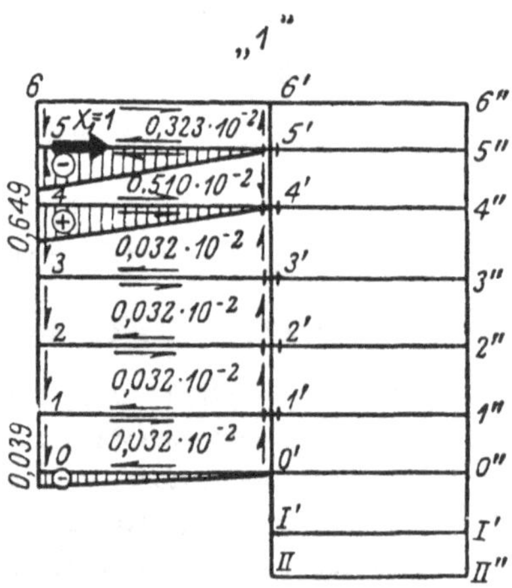

Bild 240

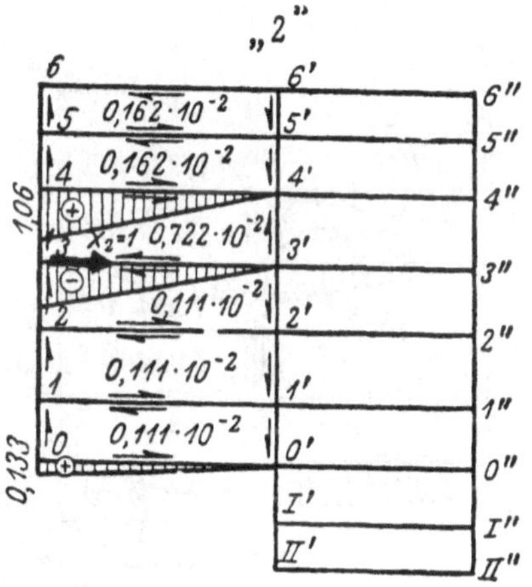

Bild 241

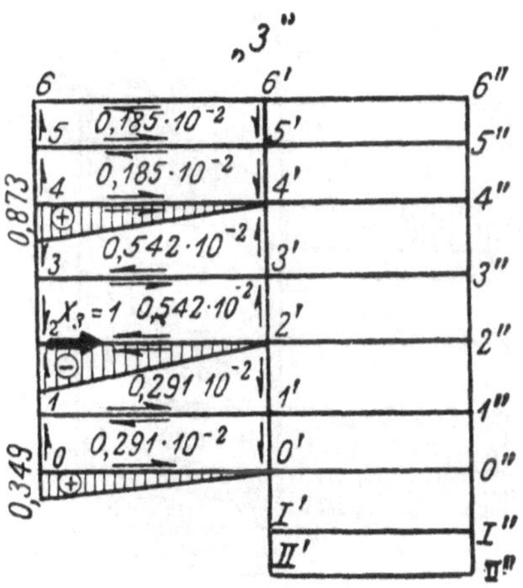

Bild 242

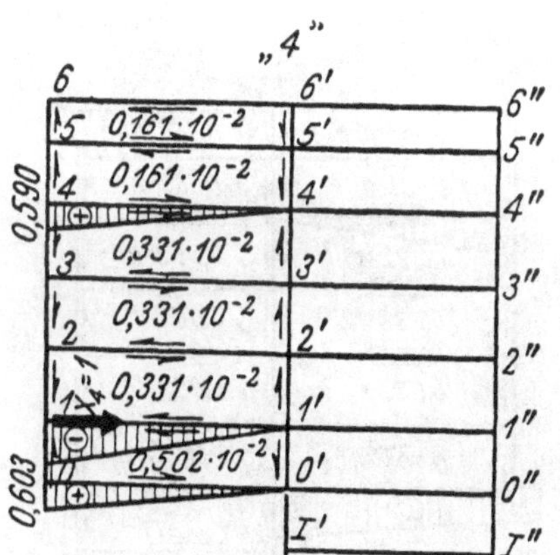

Bild 243

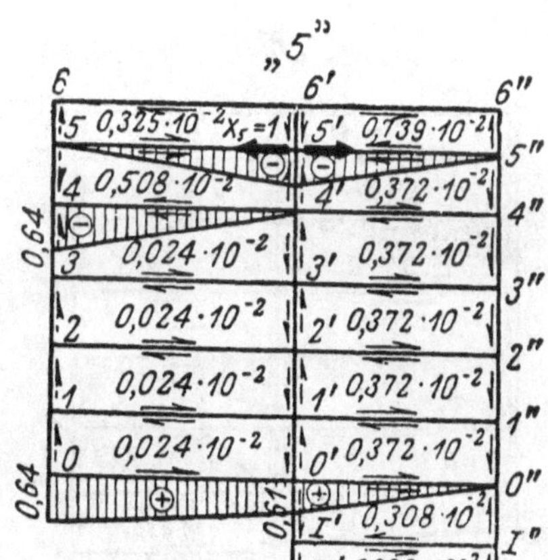

Bild 244

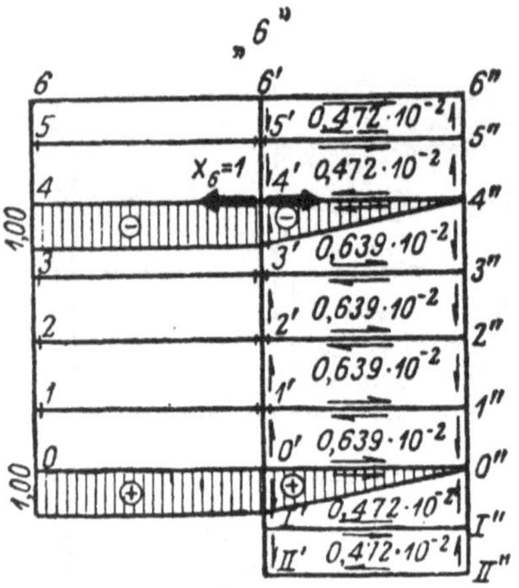

Bild 245

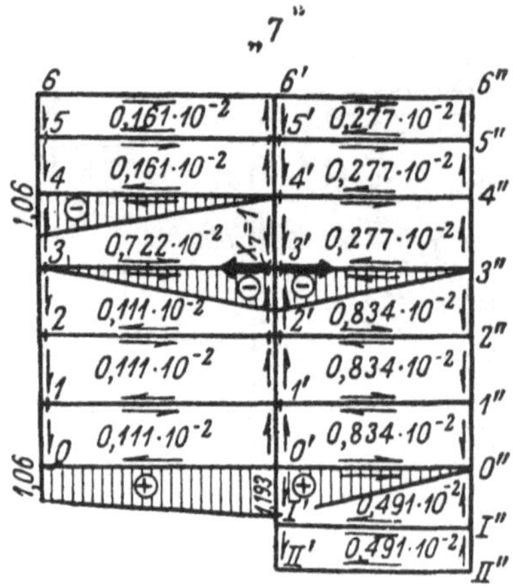

Bild 246

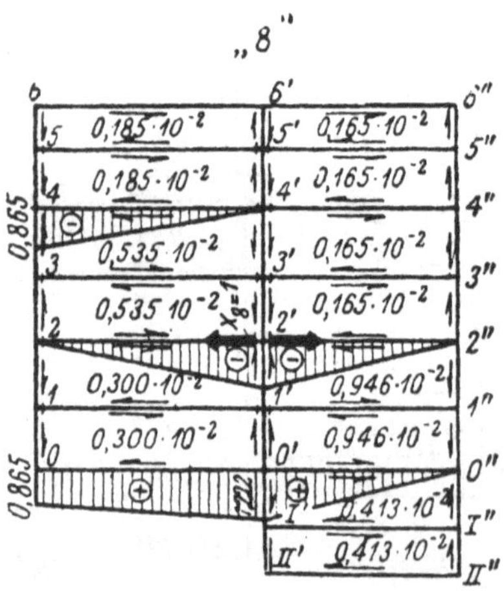

Bild 247

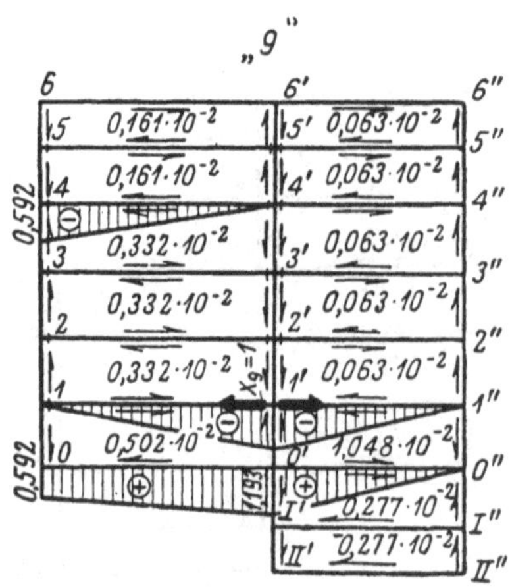

Bild 248

Benutzen wir die Näherungsmethode für die Lösung einer anderen Aufgabe: Die behandelte Konstruktion (Bild 234) habe links statt des starren Anschlusses noch eine Zelle von der Länge l_1 = 90 cm (Bild 250). die Querschnittsfläche der Stäbe ist im Bilde jeweils angegeben. Wir bestimmen die Kräfte im Be-

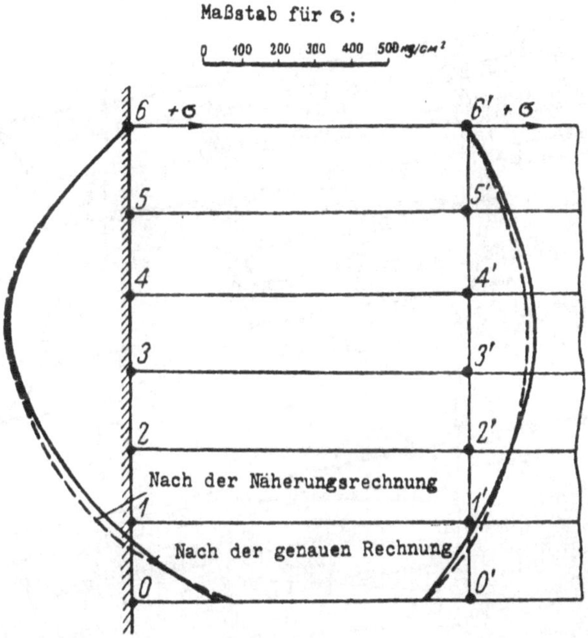

Bild 249

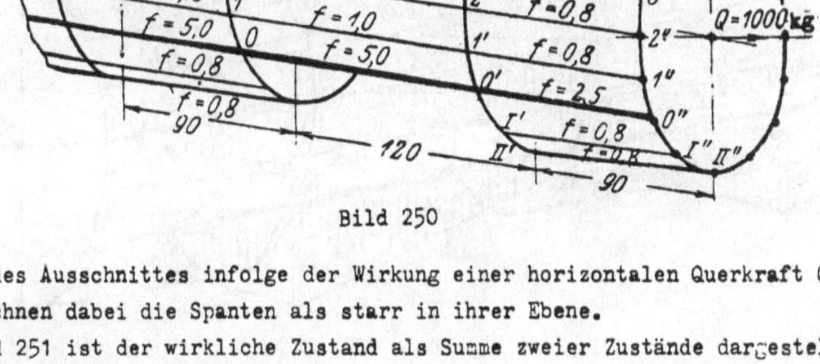

Bild 250

reich des Ausschnittes infolge der Wirkung einer horizontalen Querkraft Q = 1000 kg und rechnen dabei die Spanten als starr in ihrer Ebene.

In Bild 251 ist der wirkliche Zustand als Summe zweier Zustände dargestellt. Im ersten (Bild 251 a) sind die inneren Kräfte nach der Navier'schen Annahme

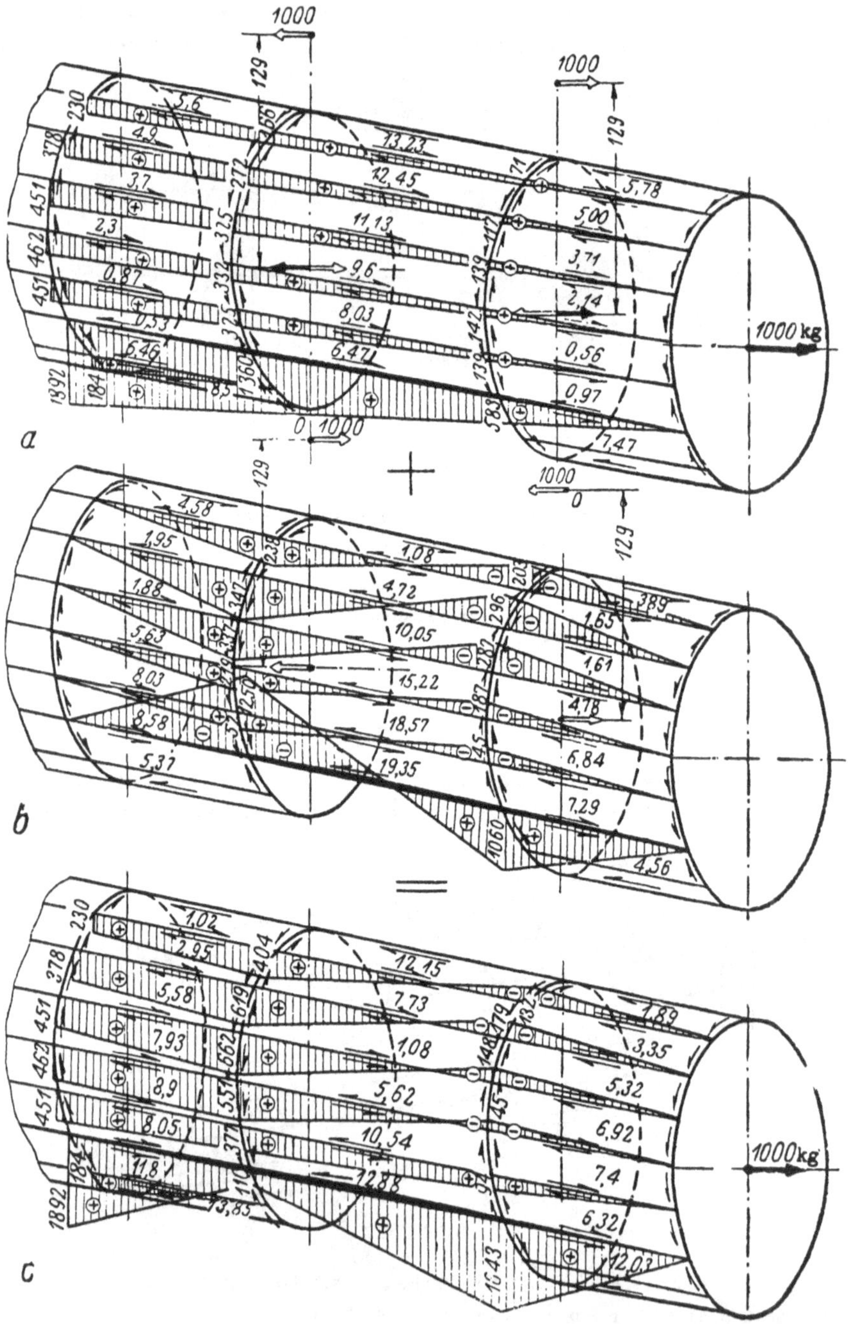
1000
129
1000
129
1000 kg
a
0 1000
1000
0
129
b
1000kg
c
230
378
451
462
451
1892
184
1360
5,6
4,9
3,7
2,3
0,87
0,53
6,46
8,5
13,23
12,45
11,13
9,6
8,03
6,47
5,78
5,00
3,71
2,14
0,56
0,97
7,47
4,58
1,95
1,88
5,63
8,03
8,58
5,37
1,08
4,72
10,05
15,22
18,57
19,35
3,89
1,65
1,61
4,78
6,84
7,29
4,56
1060
1,02
2,95
5,58
7,93
8,9
8,05
11,81
13,85
12,15
7,73
1,08
5,62
10,54
12,88
1,89
3,35
5,32
6,92
7,4
6,32
12,03
1643
404
619
562
551
377
110

Bild 251

(Ebenbleiben der Querschnitte) verteilt. Dazu ist die Kraft Q = 1000 kg im Bereich der Zelle mit der Aussparung in den Schubmittelpunkt des offenen Querschnitts mit Hilfe eines zusätzlichen Moments $\mathfrak{M}$ = y · Q = 129000 cmkg verlegt, wobei y = 129 cm der Abstand des Schubmittelpunkts von der Wirkungslinie der Kraft Q ist (s. Tabelle 35).
Im zweiten Zustand sind die inneren Kräfte aus dem Verdrehmoment $\mathfrak{M}$ = 129000 cmkg bestimmt, das diese Zusatzbelastung wieder aufheben muß und an der Strinseite der Zelle mit der Aussparung angreift. Da die Schübe für $\mathfrak{M}$ = 100 000 cmkg schon bekannt sind (Tab. 36, Spalte 7), macht die Kräftebestimmung für diesen Zweck keine Mühe. Die Längskraftnullpunkte bestimmen wir nach Bild 219.

Vorher berechnen wir:

$$\frac{\sum \frac{1}{f_1} l_1}{\sum \frac{1}{f_3} l_3} = \frac{\left(\frac{5}{1,15}+\frac{1}{5}\right)90}{\left(\frac{5}{0,8}+\frac{1}{2,5}\right)90} = 0,685;$$

$$\frac{\sum \frac{1}{f_2} l_2}{\sum \frac{1}{f_3} l_3} = \frac{\left(\frac{5}{1}+\frac{1}{5}\right)120}{\left(\frac{5}{0,8}+\frac{1}{2,5}\right)90} = 1,04$$

und nach dem Schaubild erhalten wir: z = 0,54 , l_2 = 64,8 cm
Der ganze Spannungszustand ist in Bild 251c gezeigt.

§ 35 Kräfteermittlung für den Bereich eines Ausschnitts bei einer großen Zahl von geschlossenen Zellen auf beiden Seiten.

Im vorigen Paragraphen dieses Kapitels waren Schemata für die Berechnung behandelt, in denen die Zelle mit der Aussparung von je einer geschlossenen Zelle rechts und links begrenzt ist.
Jetzt stellen wir uns die Aufgabe, ein praktisches Verfahren zur Bestimmung der Kräfte im Bereich der Aussparung zu finden, wenn an der Zelle mit der Aussparung eine große Zahl von Zellen angeschlossen ist.
Auf dem Wege zur Lösung der gestellten Aufgabe betrachten wir zunächst die Verdrehung eines vierholmigen rechtwinkligen Kastens mit einer Aussparung und setzen voraus, daß sich an die Zelle mit der Aussparung sowohl rechts wie links eine sehr große Zahl von geschlossenen Zellen ($n \to \infty$) anschließt.
Wir nehmen folgende Bezeichnungen vor:

l_2 Abstand zwischen den Spanten der Aussparung
Δx Abstand zwischen den übrigen Spanten
$f''; \delta''$ Querschnittsfläche jedes Gurtes und Blechstärke der Haut in der ganzen Länge der Zelle mit der Aussparung
$f; \delta$ dasselbe für die ganze Länge des rechten Teils
$f'; \delta'$ dasselbe für die ganze Länge des linken Teils (Bild 252 a)

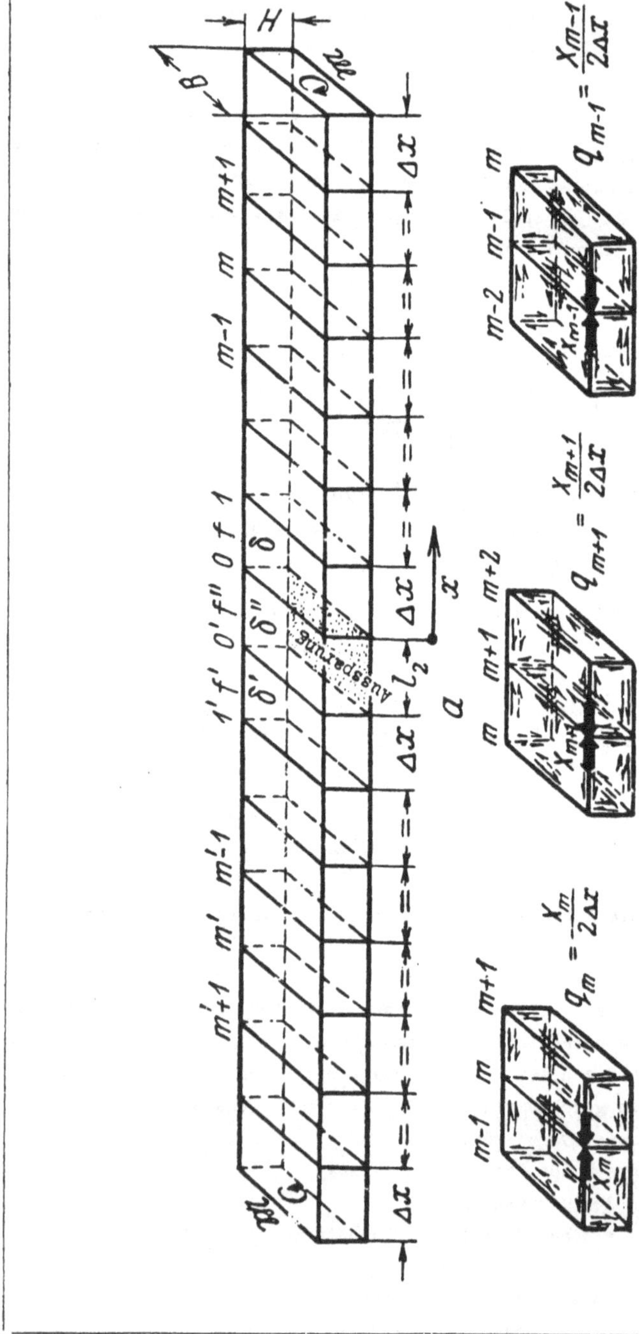

Bild 252

Weil der Kasten rechts und links des Ausschnittes lauter g l e i c h e Zellen hat, kann man für die Ermittlung der Längskräfte X (z.B. des rechten Teils) eine für alle Kasten gültige kanonische Gleichung (für einen beliebigen Schnitt m) aufstellen. Bei in ihrer Ebene starren Rippen ist die Gleichung dreigliedrig:

$$\delta_{m,m+1} X_{m+1} + \delta_{m,m} X_m + \delta_{m,m-1} X_{m-1} = 0. \qquad \text{(a)}$$

Die kanonische Gleichung (a) können wir als eine Differenzengleichung mit konstanten Koeffizienten erhalten. Die Bestimmung der Koeffizienten wird in Tabelle 37 angegeben. Die Einheitszustände s. Bild 252 b, c und d.

Aus Tabelle 37 erhalten wir:

$$E\delta_{m,m-1} = E\delta_{m,m+1} = \frac{2}{3}\frac{\Delta x}{f} - \frac{1}{2}\frac{E}{G\Delta x\delta}(B+H),$$

$$E\delta_{m,m} = \frac{8}{3}\frac{\Delta x}{f} + \frac{E}{G\Delta x\delta}(H+B).$$

Folglich können wir die Gleichung (a) in folgender Form schreiben:

$$\left[\frac{2}{3}\frac{\Delta x}{f} - \frac{1}{2}\frac{E}{G\Delta x\delta}(B+H)\right](X_{m-1} + X_{m+1}) + \\ + \left[\frac{8}{3}\frac{\Delta x}{f} + \frac{E}{G\Delta x\delta}(B+H)\right] X_m = 0$$

oder:

$$(\mu - \omega)(X_{m-1} + X_{m+1}) + (4\mu + 2\omega) X_m = 0, \qquad \text{(b)}$$

dabei ist:

$$\mu = \frac{2}{3}\frac{\Delta x}{f} \quad \text{und} \quad \omega = \frac{1}{2}\frac{E}{G\Delta x\delta}(B+H).$$

Für rechts seien gegeben: $H = 60$ *см*, $B = 120$ *см*, $\Delta x = 25$ *см*, $\delta = 0{,}1$ *см*, $f = 4$ *см*, $\frac{E}{G} = 2{,}6.$

Die Differenzengleichung erhalten wir in der Form:

$$-89{,}33\, X_{m+1} + 203{,}7\, X_m - 89{,}33\, X_{m+1} = 0. \qquad \text{(c)}$$

Wir setzen: $X_m = e^{km}$ oder: $X_m = \alpha^m$, wobei $\alpha = e^k$, und erhalten:

$$-89{,}33\left(\alpha + \frac{1}{\alpha}\right) + 203{,}7 = 0,$$

dann ist:

$$\alpha_1 = 1{,}69,$$

$$\alpha_2 = 0{,}592 = 1{,}69^{-1}.$$

$$X_m = C_1\, 1{,}69^m + C_2\, 0{,}592^m$$

oder:

$$X_m = C_1\, 1{,}69^m + C_2\, 1{,}69^{-m}.$$

Tabelle 37

	Gurt Beplankung	k	$\frac{X_{m-1}=1}{q_{m-1}}$	$\frac{X_m=1}{q_m}$	$\frac{X_{m+1}=1}{q_{m+1}}$	$E\delta_{m,\,m-1}$	$E\delta_{m,\,m}$	$E\delta_{m,\,m+1}$
Vorderholm	Obergurt $m-1,\ m$	$\frac{\Delta x}{f}$	−1 0	0 −1	0 0	$\frac{1}{6}\frac{\Delta x}{f}$	$\frac{1}{3}\frac{\Delta x}{f}$	0
	desgl. $m,\ m+1$	$\frac{\Delta x}{f}$	0 0	−1 0	0 −1	0	$\frac{1}{3}\frac{\Delta x}{f}$	$\frac{1}{6}\frac{\Delta x}{f}$
	Untergurt $m-1,\ m$	$\frac{\Delta x}{f}$	1 0	0 1	0 0	$\frac{1}{6}\frac{\Delta x}{f}$	$\frac{1}{3}\frac{\Delta x}{f}$	0
	desgl. $m,\ m+1$	$\frac{\Delta x}{f}$	0 0	1 0	0 1	0	$\frac{1}{3}\frac{\Delta x}{f}$	$\frac{1}{6}\frac{\Delta x}{f}$
Hinterholm	Obergurt $m-1,\ m$	$\frac{\Delta x}{f}$	1 0	0 1	0 0	$\frac{1}{6}\frac{\Delta x}{f}$	$\frac{1}{3}\frac{\Delta x}{f}$	0
	desgl. $m,\ m+1$	$\frac{\Delta x}{f}$	0 0	1 0	0 1	0	$\frac{1}{3}\frac{\Delta x}{f}$	$\frac{1}{6}\frac{\Delta x}{f}$
	Untergurt $m-1,\ m$	$\frac{\Delta x}{f}$	−1 0	0 −1	0 0	$\frac{1}{6}\frac{\Delta x}{f}$	$\frac{1}{3}\frac{\Delta x}{f}$	0
	desgl. $m,\ m+1$	$\frac{\Delta x}{f}$	0 0	−1 0	0 −1	0	$\frac{1}{3}\frac{\Delta x}{f}$	$\frac{1}{6}\frac{\Delta x}{f}$

Vorderholm	Hautfeld $m-1,\ m$	$\frac{E\Delta xH}{G\delta}$	$-\frac{1}{2\Delta x}$	$\frac{1}{2\Delta x}$	0	$-\frac{E}{G}\frac{H}{4\Delta x\delta}$	$\frac{E}{G}\frac{H}{4\Delta x\delta}$	0
	Hautfeld $m,\ m+1$	$\frac{E\Delta xH}{G\delta}$	0	$-\frac{1}{2\Delta x}$	$\frac{1}{2\Delta x}$	0	$\frac{E}{G}\frac{H}{4\Delta x\delta}$	$-\frac{E}{G}\frac{H}{4\Delta x\delta}$
Hinterholm	Hautfeld $m-1,\ m$	$\frac{E\Delta xH}{G\delta}$	$-\frac{1}{2\Delta x}$	$\frac{1}{2\Delta x}$	0	$-\frac{E}{G}\frac{H}{4\Delta x\delta}$	$\frac{E}{G}\frac{H}{4\Delta x\delta}$	0
	Hautfeld $m,\ m+1$	$\frac{E\Delta xH}{G\delta}$	0	$-\frac{1}{2\Delta x}$	$\frac{1}{2\Delta x}$	0	$\frac{E}{G}\frac{H}{4\Delta x\delta}$	$-\frac{E}{G}\frac{H}{4\Delta x\delta}$
	Oberseite der Beplankung $m-1,\ m$	$\frac{E\Delta xB}{G\delta}$	$\frac{1}{2\Delta x}$	$-\frac{1}{2\Delta x}$	0	$-\frac{E}{G}\frac{H}{4\Delta x\delta}$	$\frac{E}{G}\frac{B}{4\Delta x\delta}$	0
	desgl. $m,\ m+1$	$\frac{E\Delta xB}{G\delta}$	0	$\frac{1}{2\Delta x}$	$-\frac{1}{2\Delta x}$	0	$\frac{E}{G}\frac{B}{4\Delta x\delta}$	$-\frac{E}{G}\frac{B}{4\Delta x\delta}$
	Unterseite der Beplankung $m-1,\ m$	$\frac{E\Delta xB}{G\delta}$	$\frac{1}{2\Delta x}$	$-\frac{1}{2\Delta x}$	0	$\frac{E}{G}\frac{H}{4\Delta x\delta}$	$\frac{E}{G}\frac{B}{4\Delta x\delta}$	0
	desgl. $m,\ m+1$	$\frac{E\Delta xB}{G\delta}$	0	$\frac{1}{2\Delta x}$	$-\frac{1}{2\Delta x}$	0	$\frac{E}{G}\frac{B}{4\Delta x\delta}$	$-\frac{E}{G}\frac{B}{4\Delta x\delta}$
						$E\delta_{m,m-1}$	$E\delta_{m,m}$	$E\delta_{m,m+1}$

Die Konstanten C_1 und C_2 bestimmen wir aus den Randbedingungen am Ende des Kastens und an der Zelle mit der Aussparung. Bei $m = \infty$ sind die Längskräfte $X_\infty = 0$, folglich ist $C_1 = 0$ und

$$X_m = C_2\, 1{,}69^{-m}. \tag{d}$$

Auf der linken Seite mögen H, B, Δx, δ und E/G die gleichen Werte haben und der Querschnitt der Stringer sei $f = 8\ cm^2$.
Führen wir die Zahlenrechnung durch, so erhalten wir:

$$X_{m'} = C_2'\, 1{,}451^{-m'}. \tag{e}$$

Bei $m = 0$ und $m' = 0$ ist:

$$X_0 = C_2 \text{ und } X_{0'} = C_2',$$

d.h. die willkürlichen Konstanten C_2 und C_2' sind entsprechend gleich den Längskräften in den Schnitten 0 und 0'.

Daher können wir die Formeln (d) und (e) in folgender Form schreiben:

$$X_m = X_0\, 1{,}69^{-m} \text{ und } X_{m'} = X_{0'}\, 1{,}451^{-m'}.$$

Die unbekannten Längskräfte X_0 und X_0' in den Schnitten 0 und 0' stellen sich als Summen dar:

$$X_0 = X_{\bar{0}} + \Delta C \text{ und } X_{0'} = X_{\bar{0}'} + \Delta C,$$

dabei sind $X_{\bar{0}}$ und $X_{\bar{0}'}$ Kräfte aus dem Belastungszustand (mit den - bezüglich des Mittelquerschnitts - antisymmetrisch verteilten Längskräften) und eine statisch unbestimmte Größe, die die Verlagerung der Nullpunkte berücksichtigt.

Dann ist:

$$X_m = X_{\bar{0}}\, 1{,}69^{-m} + \Delta C\, 1{,}69^{-m},$$

$$X_{m'} = X_{\bar{0}'}\, 1{,}451^{-m'} + \Delta C\, 1{,}451^{-m'}.$$

Der Abstand der Abschlußspante des Ausschnittbereichs sei $l_2 = 125$ cm und $\mathfrak{M} = 1000$ mkg.

Wir erhalten:

$$X_{0'} = -X_{\bar{0}'} = \frac{\mathfrak{M}\, l_2}{2HB} = \frac{100000 \cdot 125}{2 \cdot 60 \cdot 120} = 870 \text{ kg}$$

Auf diese Weise ist im Belastungszustand:

im Schnitt 0 : $X_{\bar{0}} = 870$ kg,

im Schnitt 1 : $X_{\bar{1}} = \frac{870}{1{,}69} = 514$ kg,

im Schnitt 0': $X_{\bar{0}'} = 870$ kg

im Schnitt 1': $X_{\bar{1}'} = \frac{870}{1{,}451} = 600$ kg.

Den rechten und den linken Teil des Kastens außerhalb der Spante 1 und 1' lassen wir weg, weil der Einfluß dieser Teile durch die Kräfte in den Schnit-

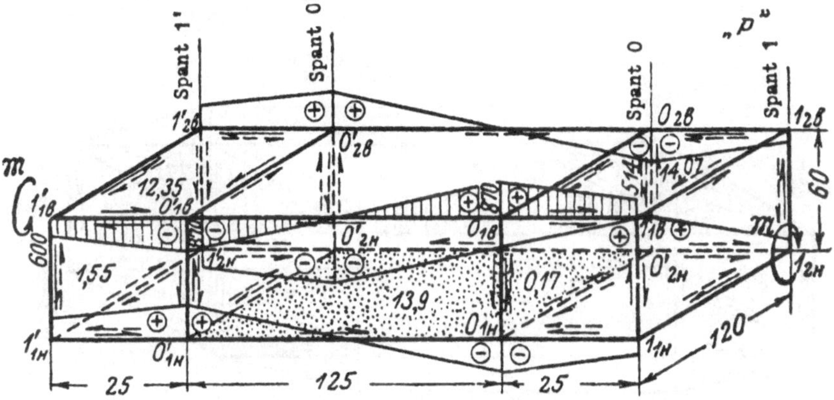

Bild 253

ten 1 und 1' berücksichtigt ist. Im Ergebnis werden wir dann den Lastzustand "p" erhalten, der in Bild 253 wiedergegeben ist.

Wir setzen $\Delta C = 1$ und erhalten die Kräfte des Einheitszustandes

im Schnitt 0 : 1 kg

im Schnitt 1 : $\frac{1}{1,69} = 0,592$ kg,

im Schnitt 0' : 1 kg

im Schnitt 1' : $\frac{1}{1,451} = 0,690$ kg

Die inneren Kräfte für einen Einheitszustand "1" mit $\Delta C = 1$ sind in Bild 254 dargestellt.

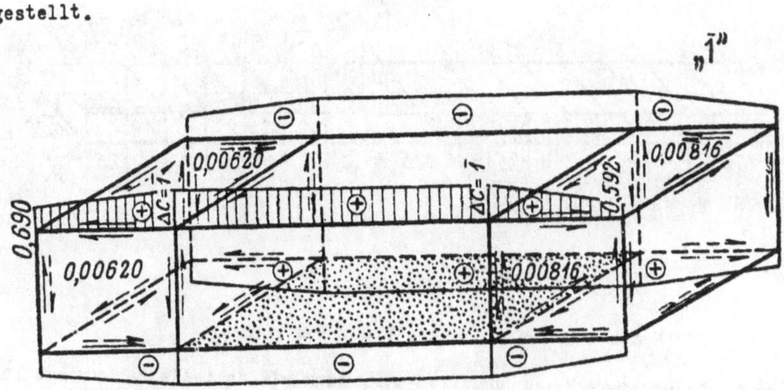

Bild 254

Schließlich betrachten wir einen Einheitszustand "1", ebenfalls infolge einer Wölbkraftgruppe 1 in den Gurten zwischen den Spanten 0 und 0', die aber bei den Spanten 1 und 1' auf Null abklingt (Bild 255).

Die unbekannte Größe ΔC bestimmen wir aus der kanonischen Gleichung $\Delta C \cdot \delta_{11} + \Delta_{1p} = 0$.

Zusätzlich zu den früher angenommenen Zahlengrößen setzen wir $f' = 8$ cm^2, $f = 4$ cm^2 und $\delta' = \delta = 0{,}1$ cm und die Gurtquerschnittsfläche an der Zelle mit dem Ausschnitt $f'' = 6$ cm^2.

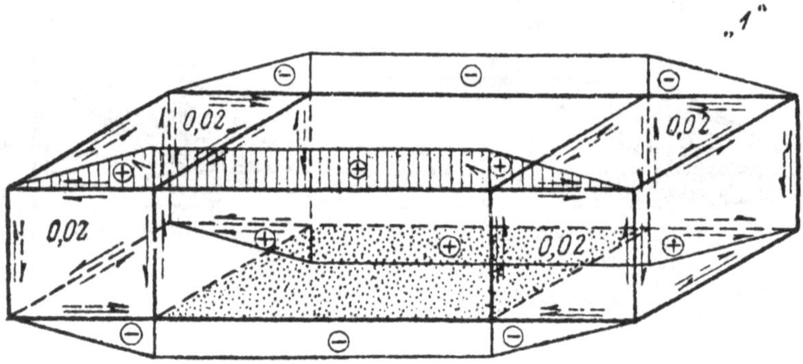

Bild 255

Aus Tabelle 38 ergibt sich $E \cdot \Delta_{1p} = 6182$ und $E \cdot \delta_{11} = 83{,}3$. Folglich ist

$$\Delta C = -\frac{6182}{83{,}3} = -74{,}2 \text{ кg},$$

$$X_m = (\pm 870 \mp 74{,}2)\, 1{,}69^{-m}, \qquad (f)$$

$$X_{m'} = (\mp 870 \mp 74{,}2)\, 1{,}451^{-m'}. \qquad (g)$$

In Bild 256 ist der Verlauf der Längskräfte am oberen Holm für den rechten Teil (nach Formel (f)) und für den linken Teil (nach Formel (g)) gezeichnet.

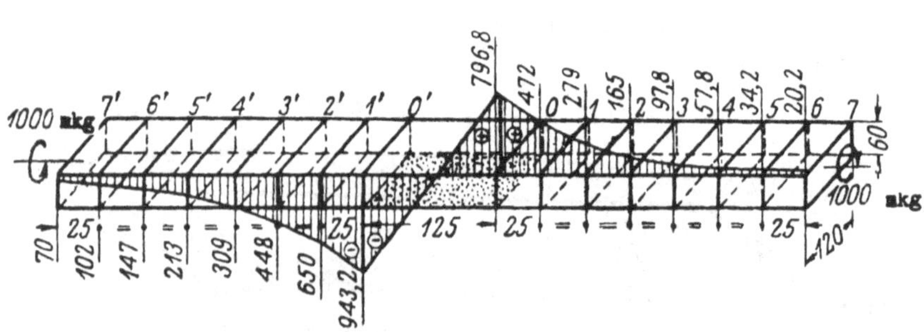

Bild 256

N ä h e r u n g s r e c h n u n g

Eine grobe Näherungsrechnung erhalten wir, wenn wir anstelle der vielen Zellen zu beiden Seiten des Ausschnittsbereichs je eine geschlossene Einzelzelle gleichen Querschnittes setzen, deren Länge ℓ^* wir so wählen, daß der Verwölbungswinkel im Spant 0 bezw. 0' infolge der dort angreifenden Wölbkraft ein Minimum wird. Wir hatten die Größe ℓ^* schon in § 10, Formel (III,17) berechnet.

Tabelle 38

Stab Hautfeld	f δ	$k=\frac{l}{f}$ $k=2{,}6\frac{f}{\delta}$	N_P q_P	$N_{\bar{1}}$ $q_{\bar{1}}$	N_1 q_1	$E\Delta_{P_1}$	$E\delta_{\bar{1}\bar{1}}$
$1'_{1\text{в}}-0'_{1\text{в}}$	8	3,13	−600 / −870	0,690 / 1	0 / 1	−1220	1,4
$0'_{1\text{в}}-0_{1\text{в}}$	6	20,8	−870 / 870	1 / 1	1 / 1	0	20,8
$0_{1\text{в}}-1_{1\text{в}}$	4	6,26	870 / 514	1 / 0,592	1 / 0	2340	2,71
$1'_{1\text{н}}-0'_{1\text{н}}$	8	3,13	600 / 870	−0,690 / −1	0 / −1	−1220	1,4
$0'_{1\text{н}}-0_{1\text{н}}$	6	20,8	870 / −870	−1 / −1	−1 / −1	0	20,8
$0_{1\text{н}}-1_{1\text{н}}$	4	6,26	−870 / −514	−1 / −0,592	−1 / 0	2340	2,71
$1'_{1\text{в}}-1'_{2\text{в}}-0'_{2\text{в}}-0'_{1\text{в}}$	0,1	$3{,}9\cdot10^4$	12,35	−0,00620	−0,02	−9650	4,84
$0_{1\text{в}}-0_{2\text{в}}-1_{2\text{в}}-1_{1\text{в}}$	0,1	$3{,}9\cdot10^4$	14,07	0,00816	0,02	10950	6,32
$1'_{1\text{в}}-0'_{1\text{в}}-0'_{1\text{н}}-1'_{1\text{н}}$	0,1	$3{,}9\cdot10^4$	1,55	0,00620	0,02	1210	4,84
$0_{1\text{в}}-1_{1\text{в}}-1_{1\text{н}}-0_{1\text{н}}$	0,1	$3{,}9\cdot10^4$	−0,17	−0,00816	−0,02	132	6,32
$1'_{1\text{н}}-1'_{2\text{н}}-0'_{2\text{н}}-0'_{1\text{н}}$	0,1	$3{,}9\cdot10^4$	12,35	−0,00620	−0,02	−9650	4,84
$0_{1\text{н}}-0_{2\text{н}}-1_{2\text{н}}-1_{1\text{н}}$	0,1	$3{,}9\cdot10^4$	14,07	0,00816	0,02	10950	6,32
						6182	83,3

Für Rumpfkonstruktionen sind die Querschnitte symmetrisch bezüglich der senkrechten Achse und Formel (III,17) vereinfach sich zu:

$$l^*=\sqrt{\frac{2\left(\frac{B}{\delta^0}+\frac{H}{\delta^1}\right)}{\frac{1}{f_\text{в}}+\frac{1}{f_\text{н}}}}. \tag{h}$$

Wir benutzen diese Formel zur Bestimmung der Länge der Abklinstrecke der Sekundärspannungen, die durch die Aussparung im oben betrachteten Beispiel hervorgerufen sind. Wir erhalten für die rechte Seite :

$$l_3^* = \sqrt{\frac{2\left(\frac{120}{0,1}+\frac{60}{0,1}\right)}{\frac{1}{4}+\frac{1}{4}}} = \sqrt{7200} = 85 \text{ см},$$

und für den linken Teil

$$l_1^* = \sqrt{\frac{2\left(\frac{120}{0,1}+\frac{60}{0,1}\right)}{\frac{1}{8}+\frac{1}{8}}} = \sqrt{14400} = 120 \text{ см}.$$

Für die Ermittelung der Längskraft-Nullpunkte im Bereich des Ausschnittes interessieren uns die Kastenaußenteile jenseits der Abklinglängen l^* nicht und wir lassen sie weg. Wir haben damit wieder den Fall einer Zelle mit Ausschnitt, an die beiderseits zwei geschlossene Zellen mit den Längen $l_3 = l_3^* = 120$ cm und $l_1 = l_1^* = 85$ cm anschließen. Für die Berechnung des Nullpunktes der Längskräfte nach Bild 219 rechnen wir:

$$\frac{\sum \frac{1}{f_1} l_1}{\sum \frac{1}{f_3} l_3} = \frac{\frac{2}{8}\,120}{\frac{2}{4}\,85} = 0,706 \quad \text{und} \quad \frac{\sum \frac{1}{f_2} l_2}{\sum \frac{1}{f_3} l_3} = \frac{\frac{2}{6}\,125}{\frac{2}{4}\,85} = 0,983.$$

Nach dem Schaubild erhalten wir:

$$z = 0,537\, l_2 = 0,537 \cdot 125 = 67 \text{ см}.$$

Auf diese Weise ist die Längskraft im oberen Vordergurt:

im Schnitt 0 : $X_0 = q(l_2 - 67) = 13,9 \cdot 58 = 807$ kg

im Schnitt 0': $X_{0'} = -q \cdot 67 = -13,9 \cdot 67 = -933$ kg

Für die Längskraftbestimmung in den anderen Schnitten des rechten und des linken Teils benutzen wir die Formel (VII,3) (§26).

Zur Verwendung auf unseren Fall schreiben wir die Formel:

für den rechten Teil:

$$X_m = X_0 e^{-\frac{2\Delta x m}{l_3^*}} = 807 \cdot 2,72^{-\frac{2 \cdot 25 \cdot m}{85}} = \frac{807}{2,72^{0,588\, m}} \qquad \text{(i)}$$

für den linken Teil:

$$X_{m'} = X_{0'} e^{-\frac{2\Delta x m'}{l_1^*}} = -933 \cdot 2,72^{-\frac{2 \cdot 25 \cdot m'}{120}} = -\frac{933}{2,72^{0,417\, m'}}. \qquad \text{(k)}$$

In Bild 257 ist der Verlauf der Längskräfte für den ersten Gurt gezeigt, der nach den Formeln (i) und (k) gerechnet ist, und zum Vergleich sind in dem gleichen Schaubild die Längskräfte der vorherigen Rechnunung punktiert gezeichnet.

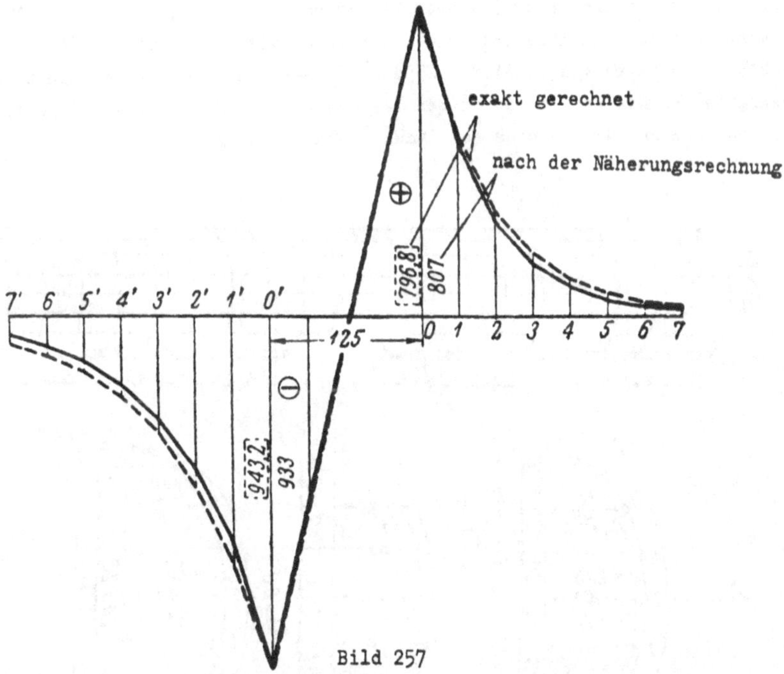

Bild 257

In dem Bilde ist zu sehen, daß die Ergebnisse der Näherungsrechnung im Bereich des Größtwertes sehr nahe dem Ergebnis der vorhergehenden Rechnung liegen.

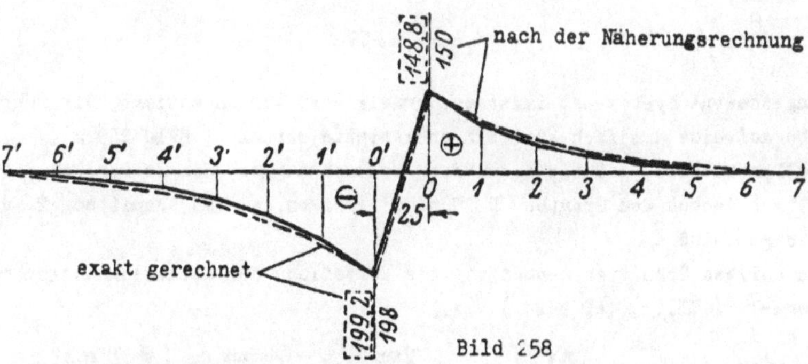

Bild 258

Der gleiche Schluß ist auch im Falle eines kurzen Ausschnittes zu ziehen. Setzen wir z.B. im behandelten Beispiel die Länge des offenen Querschnitts statt mit 125 cm nur mit 25 cm an, so erhalten wir einen Verlauf der Längskräfte, wie er in Bild 258 dargestellt ist.

§ 36 Die Schale mit vielen Stringern

Anfangs behandelten wir den Fall, daß der offene Teil der Schale rechts und links durch eine große Zahl geschlossener Zellen begrenzt sei (Bild 259a). Die geometrischen und Festigkeitsdaten nehmen wir so an wie im Beispiel § 34. Alle Zellen rechts haben Daten wie in Bild 259d und alle links solche, wie in Bild 259 b gezeigt sind. Ein Schnitt durch den Ausschnitt ist in Bild 259 c gegeben. Der Abstand zwischen den Spanten sei immer $\Delta x = 30$ cm.

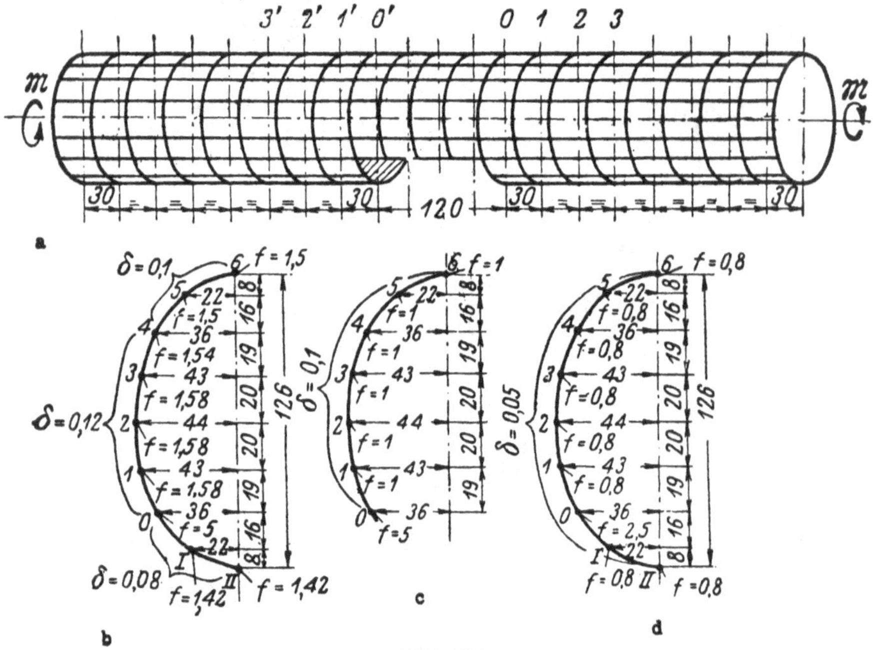

Bild 259

Das angenommene System ist immer hochgradig statisch unbestimmt. Wir führen die Aufgabe auf eine dreifach statisch unbestimmte zurück (Bild 259 a).
Wir wollen rechnen, daß die sekundären Wölbspannungen, die im Bereich des Ausschnitts zwischen den Spanten 0 und 0' wirken, an den Schnitten 2 und 2' abgeklungen sind
In den übrigen Schnitten nehmen wir die Verteilung der Normalspannungen nach der Formel (VI,1) (s. § 24) vor.

$$\sigma = a_0 + a_1 \cos\frac{\pi x}{B} + a_2 \cos\frac{2\pi x}{B} + b_1 \sin\frac{\pi x}{B} + b_2 \sin\frac{2\pi x}{B}.$$

dabei ist B = 169,7 cm die Länge des halben Querschnitts.
Wegen der Symmetrie des Querschnitts um die vertikale Achse müssen die Spannungen oben und unten in der Symmetrieachse verschwinden.

Dieser Bedingung in der Formel (VI,2) werden nur die zwei letzten Glieder gerecht

$$\sigma = b_1 \sin \frac{\pi x}{B} + b_2 \sin \frac{2\pi x}{B}. \tag{a}$$

dabei ist $b_1 \cdot \sin \frac{\pi \cdot x}{B}$ ein Glied, das das Fehlen einer elastischen Symmetrie des Querschnitts bezüglich der horizontalen Achse berücksichtigt. Wir stellen die allgemein gültige kanonische Gleichung für einen beliebigen Schnitt m im

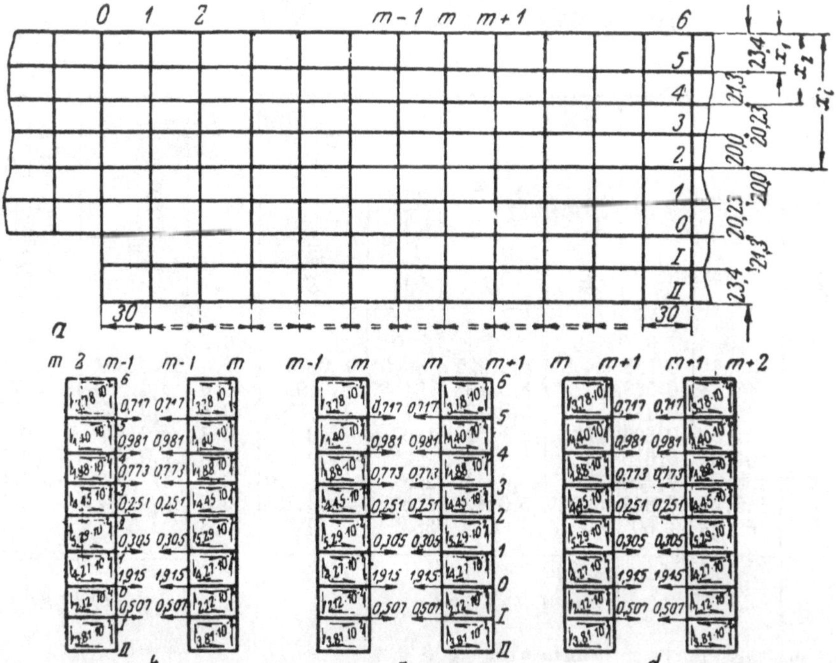

Bild 260

rechten Teil der Schale auf. Bei starren Spanten sind die kanonischen Gleichungen dreigliedrig. Für den Schnitt m haben wir zu schreiben:

$$\delta_{m,m-1} X_{m-1} + \delta_{m,m} X_m + \delta_{m,m+1} X_{m+1} = 0. \tag{b}$$

Um die Koeffizienten zu ermitteln, muß man vor allem eine Gleichgewichtsgruppe von Kräften in den Schnitten m-1 und m+1 bestimmen.

Eine beliebige Kraft X_i dieser Gruppe läßt sich nach Formel (a) so ausdrücken:

$$X_i = f_i \left(b_1 \sin \frac{\pi x_i}{B} + b_2 \sin \frac{2\pi x_i}{B} \right), \tag{c}$$

wobei x_i die Koordinaten des Stabes sind (S. die abgewickelte Fläche in Bild 260a).

Auf Grund der Gleichgewichtsbedingungen, der Symmetrie des Querschnitts um die senkrechte Achse und der Antisymmetrie der Belastung muß die Summe der Längskräfte der Gleichgewichtsgruppe für eine Querschnittshälfte verschwinden, d.h.

$$\sum_{i=6}^{i=\mathrm{II}} X_i = \sum_{i=6}^{i=\mathrm{II}} f_i \left(b_1 \sin \frac{\pi x_i}{B} + b_2 \sin \frac{2\pi x_i}{B} \right) = 0.$$

Benutzen wir diese Gleichung, so können wir den einen Koeffizienten – b_1 – als Funktion des anderen – b_2 – ausdrücken.

Tab. 39 gibt in Zahlen die Summe: $\sum_{i=6}^{i=\mathrm{II}} X_i$.

Tabelle 39

No. des Stabes	x_i	$\frac{x_i}{B}$	$180^\circ \frac{x_i}{B}$	$b_1 \sin \frac{180^\circ x_i}{B}$	$\frac{2\cdot 180^\circ x_i}{B}$	$b_2 \sin \frac{2\cdot 180^\circ x_i}{B}$	f	$f b_1 \sin \frac{180^\circ x_i}{B}$	$f b_2 \sin \frac{2\cdot 180^\circ x_i}{B}$
6	0	0	0	0	0	0	0,8	0	0
5	23,4	0,138	24,8°	$b_1$0,422	49,6°	$b_2$0,765	0,8	$b_1$0,337	$b_2$0,612
4	44,63	0,263	47,3°	$b_1$0,737	94.6°	$b_2$0,997	0,8	$b_1$0,589	$b_2$0,798
3	64,83	0,382	68,7°	$b_1$0,933	137,4°	$b_2$0,674	0,8	$b_1$0,745	$b_2$0,539
2	84,83	0,500	90°	$b_1$1,00	180°	0	0,8	$b_1$0,800	0
1	104,83	0,616	111°	$b_1$0,933	222°	$-b_2$0,674	0,8	$b_1$0,745	$-b_2$0,539
0	125,06	0,736	132,5°	$b_1$0,737	265°	$-b_2$0,997	2,5	$b_1$1,84	$-b_2$2,49
I	146,29	0,862	155°	$b_1$0,422	310°	$-b_2$0,765	0,8	$b_1$0,337	$-b_2$0,612
II	169,69	1,00	180°	0	360°	0	0,8	0	0
								$b_1$5,393	$-b_2$1,692

Aus Tabelle 39 entnehmen wir:

$$\sum_{i=6}^{i=\mathrm{II}} X_i = b_1\, 5{,}393 - b_2\, 1{,}692 = 0.$$

folglich ist:

$$b_1 = 0{,}314\, b_2$$

und:

$$X_i = f_i\, b_2 \left(0{,}314 \sin \frac{\pi x_i}{B} + \sin \frac{2\pi x_i}{B} \right). \tag{c'}$$

Bei b_2 = 1 kg/cm erhalten wir den Einheitszustand der Gleichgewichtsgruppe von Längskräften in den Schnitten m+1 , m und m-1, die in Bild 260 b, c und d angegeben sind.

Auf Grund der Daten in Tabelle 40 erhalten wir die Differenzengleichung

$$-320{,}88\, X_{m-1} + 778{,}94\, X_m - 320{,}88\, X_{m+1} = 0.$$

„P"

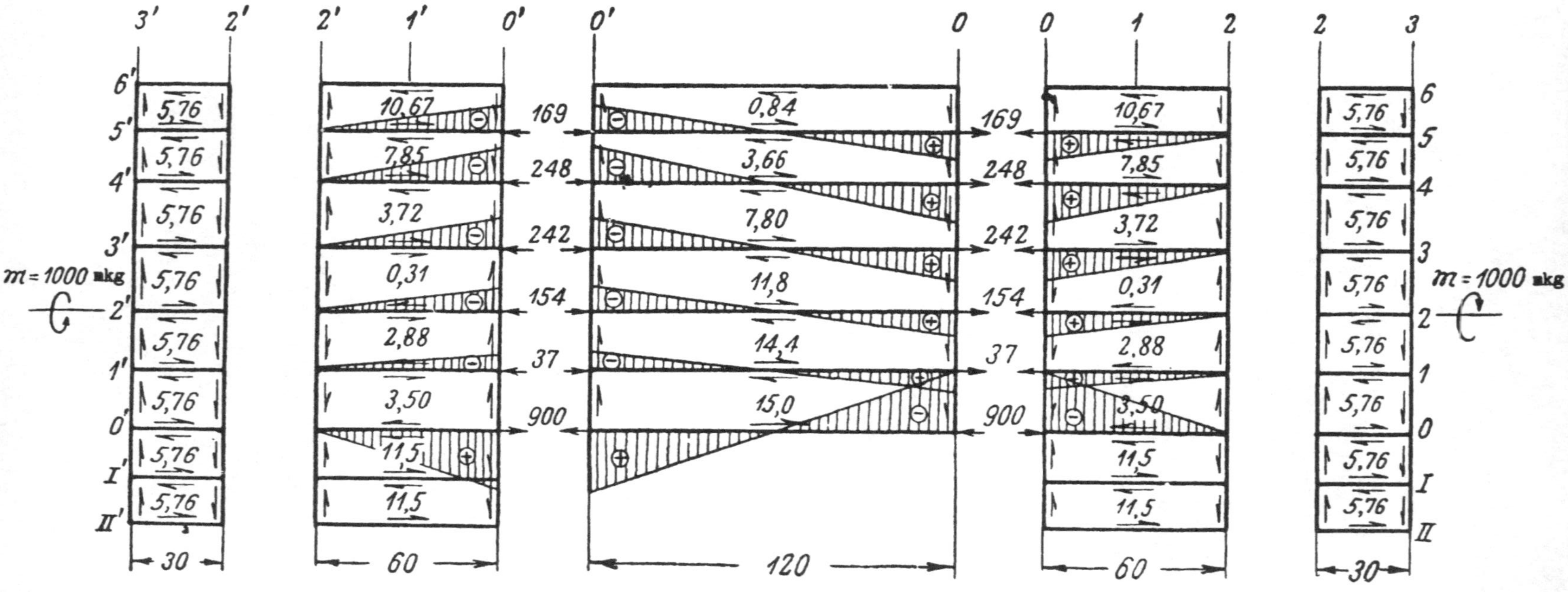

3' 2' 2' 1' 0' 0' 0 0 1 2 2 3
6' 5' 4' 3' 2' 1' 0' I' II'
6 5 4 3 2 1 0 I II
m = 1000 mkg
m = 1000 mkg
5,76
10,67
7,85
3,72
0,31
2,88
3,50
11,5
0,84
3,66
7,80
11,8
14,4
15,0
169
248
242
154
37
900
30
60
120
60
30

a

„1"

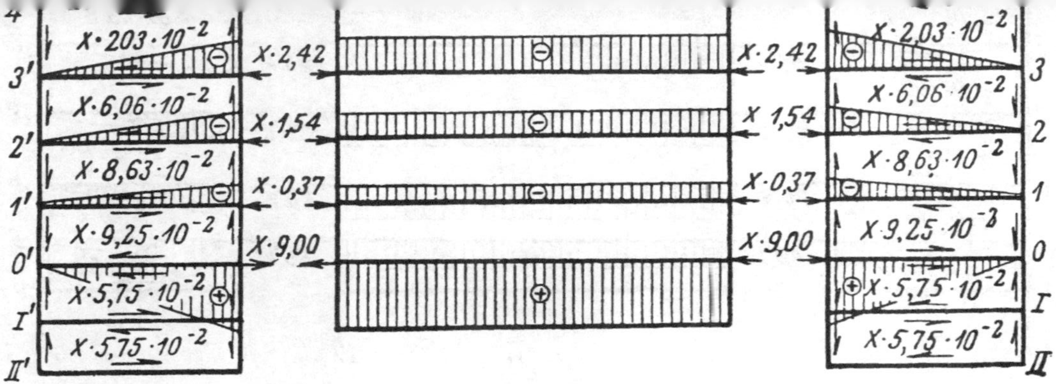

4
3'
2'
1'
0'
I'
II'
X·203·10^-2
X·6,06·10^-2
X·8,63·10^-2
X·9,25·10^-2
X·5,75·10^-2
X·5,75·10^-2
X·2,42
X·1,54
X·0,37
X·9,00
X·2,42
X 1,54
X·0,37
X·9,00
X·2,03·10^-2
X·6,06·10^-2
X·8,63·10^-2
X·9,25·10^-3
X·5,75·10^-2
X·5,75·10^-2
3
2
1
0
I
II

b

„3"
3'
2'
2'
1'
0'
6'
5'
4'
3'
C'2·0,688
C'2·0,970
C'2·0,782
C'2·3,55·10^-2
C'2·1,35·10^-2
C'2·1,75·10^-2
C'2·1,350
C'2·1,900
C'2·1,535
C'2·3,64·10^-2
C'2·1,39·10^-2
C'2·1,77·10^-2
„2"
0
1
2
2
3
6
5
4
3
C2·1,89·10^-2
C2·0,70·10^-2
C2·0,94·10^-2
C2·0,717
C2·0,981
C2·0,773
C2·1,79·10^-2
C2·0,648·10^-2
C2·0,912·10^-2
C2·0,374
C2·0,513
C2·0,403

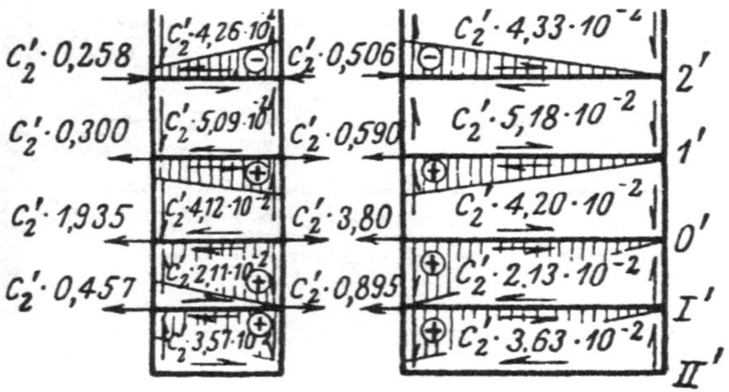

c

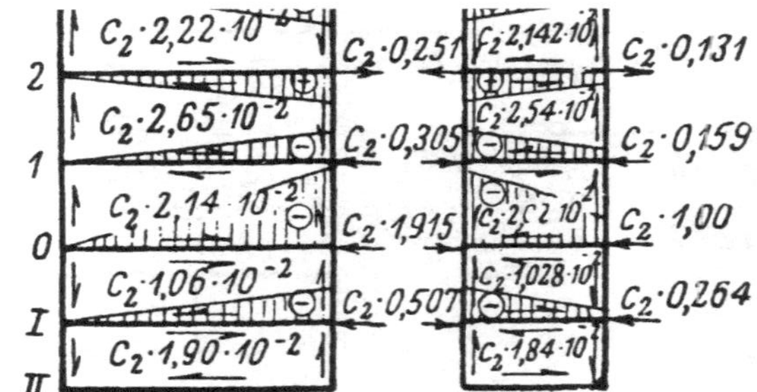

d

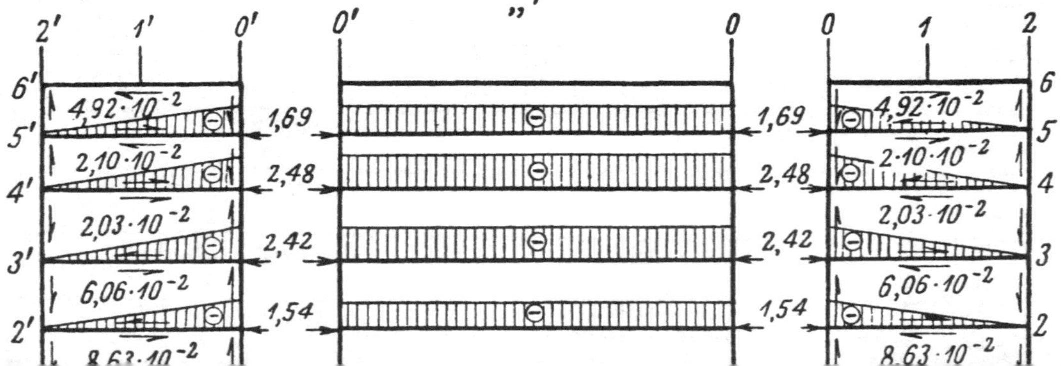

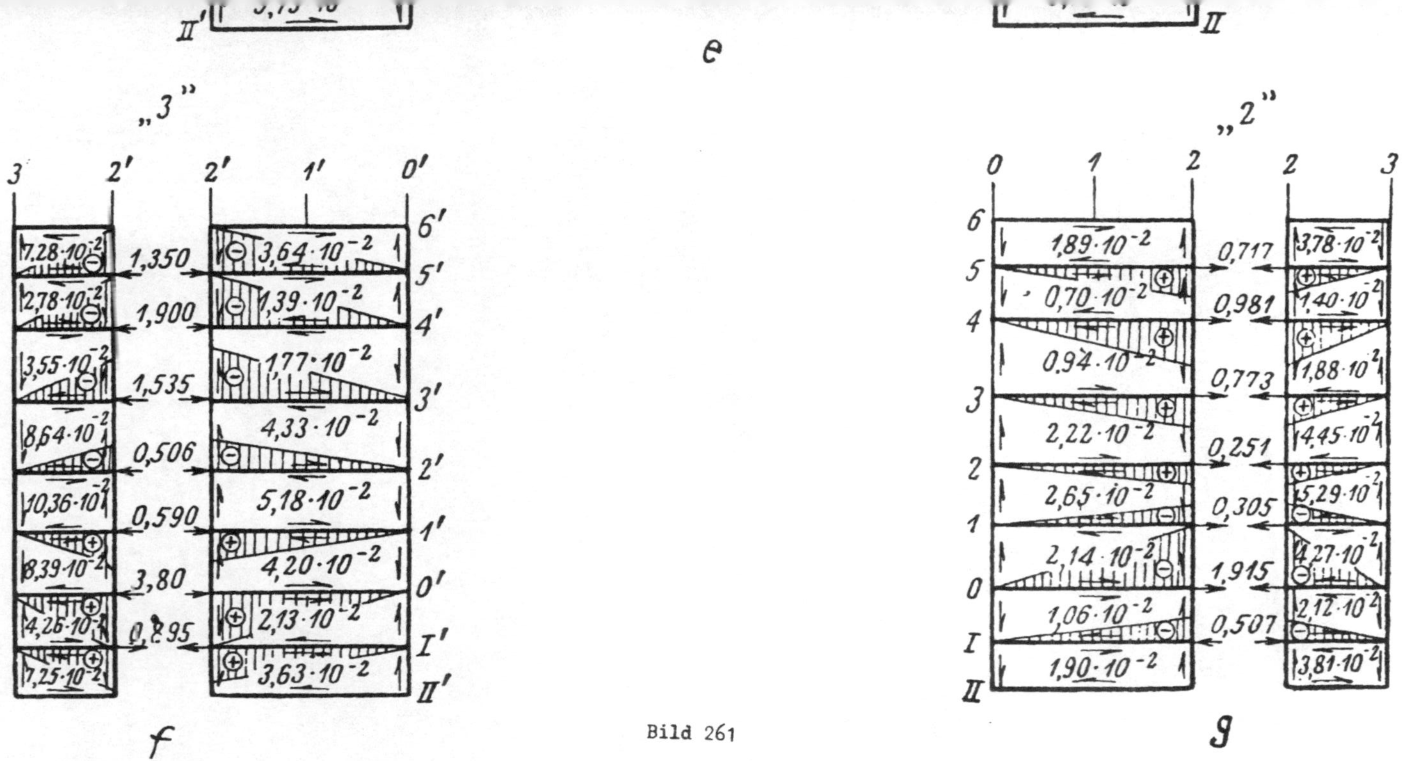

Bild 261

Wir setzen $X_m = e^{km}$ oder $X_m = \alpha^m$, wobei $\alpha = e^k$, und können schreiben

$$-320{,}88\left(\alpha + \frac{1}{\alpha}\right) + 778{,}94 = 0,$$

daraus ergibt sich:

$$\alpha_1 = 1{,}915,$$
$$\alpha_2 = 1{,}915^{-1}.$$

folglich ist:

$$X_m = C_1' \, 1{,}915^m + C_2 \, 1{,}915^{-m}$$

oder :

$$X_m^i = C_1 f_i \left(0{,}314 \sin \frac{\pi x_i}{B} + \sin \frac{2\pi x_i}{B}\right) 1{,}915^m +$$
$$+ C_2 f_i \left(0{,}314 \sin \frac{\pi x_i}{B} + \sin \frac{2\pi x_i}{B}\right) 1{,}915^{-m}.$$

Erfüllen wir die Randbedingung im Unendlichen, so erhalten wir für den rechten Teil vom Spant bis zum Schluß *) :

$$X_m^i = C_2 f_i \left(0{,}314 \sin \frac{\pi x_i}{B} + \sin \frac{2\pi x_i}{B}\right) 1{,}915^{-m}. \qquad \text{(d)}$$

Wenden wir den gleichen Rechnungsgang für den linken Rumpfteil an, so erhalten wir im Endergebnis:

$$X_{m'}^i = C_2' f_i' \left(0{,}320 \sin \frac{\pi x_i}{B} - \sin \frac{2\pi x_i}{B}\right) 1{,}961^{-m'}. \qquad \text{(e)}$$

Wir erhielten den Verlauf der Sekundärspannungen für den rechten und linken Teil des Rumpfes außerhalb der Spante 2 und 2' . Für die Berechnung des Mittelteils können wir uns auf den Bereich zwischen den Spanten 3 und 3' beschränken, da wir die Wirkung der weggelassenen Teile durch deren Kräfte nach dem Gesetz (d) und (e) kennen. Wir erhalten ein dreifach statisch unbestimmtes System. In Bild 261 a ist das Grundsystem gezeigt und in Bild 261 b, c, d die die Gleichgewichtsgruppen der Einheitszustände. Der Zustand "$\bar{1}$" entspricht einer Kraft $X = 1$ die Zustände "$\bar{2}$" und "$\bar{3}$" entsprechen $C_2 = 1$ und $C_3 = 1$. In Bild 261 e - g sind die Einheitszustände gezeigt.

Die drei unbekannten Größen X , C_2 und C_3 bestimmen wir aus den drei kanonischen Gleichungen, die wir in ihrer Endform anführen:

$$-131074 + 8440\,X + 418{,}7\,C_2 - 376{,}7\,C_2' = 0,$$
$$-41904 + 418{,}7\,X + 485{,}3\,C_2 + 0 = 0,$$
$$-36868 - 376{,}7\,X + 0 + 896\,C_2' = 0.$$

Wir erhalten somit: $X = 14{,}0,\ \ C_2 = 74{,}4,\ \ C_2' = 47{,}1.$

*) Bei Benutzung der Formeln (d) und (e) muß man im Auge behalten, daß der Anfang der Zelle bei Spant 2 für den rechten und bei 2' für den linken Teil genommen ist. Daher ist für Spant 2 m=0 und für Spant 3 m=1 usw.

Tabelle 40

Stab Hautfeld		$k=\frac{l}{f}$ $k=2{,}6\,\frac{F}{\delta}$	N_{m-1} q_{m-1}	N_m q_m	N_{m+1} q_{m+1}	$E\delta_{m,\,m-1}$	$E\delta_{m,\,m}$	$E\delta_{m,\,m+1}$
II	$m-1,\ m$	37,5	0	0	0	0	0	0
	$m,\ m+1$	37,5	0	0	0	0	0	0
I	$m-1,\ m$	37,5	−0,507 0	0 −507	0	1,6	3,2	0
	$m,\ m+1$	37,5	0	−0,507 0	0 −0,507	0	3,2	1,6
0	$m-1,\ m$	12	−1,915 0	0 −1,915	0	7,33	14,66	0
	$m,\ m+1$	12	0	−1,915 0	0 −1,915	0	14,66	7,33
1	$m-1,\ m$	37,5	−0,305 0	0 −0,305	0	0,58	1,16	0
	$m,\ m+1$	37,5	0	−0,305 0	0 −0,305	0	1,16	0,58

2	$m-1,\ m$	37,5	0,251 0	0 0,251	0	0,39	0,78	0
	$m,\ m+1$	37,5	0	0,251 0	0 0,251	0	0,78	0,39
3	$m-1,\ m$	37,5	0,773 0	0 0,773	0	3,74	7,48	0
	$m,\ m+1$	37,5	0	0,773 0	0 0,773	0	7,48	3,74
4	$m-1,\ m$	37,5	0,981 0	0 0,981	0	6,02	12,04	0
	$m,\ m+1$	37,5	0	0,981 0	0 0,981	0	12,04	6,02
5	$m-1,\ m$	37,5	0,717 0	0 0,717	0	3,21	6,42	0
	$m,\ m+1$	37,5	0	0,717 0	0 0,717	0	6,42	3,21
6	$m-1,\ m$	37,5	0	0	0	0	0	0
	$m,\ m+1$	37,5	0	0	0	0	0	0

Fortsetzung Tabelle 40

Stab		$k = \frac{l}{f}$	N_{m-1}	N_m	N_{m+1}	$E\delta_{m,\,m-1}$	$E\delta_{m,\,m}$	$E\delta_{m,\,m+1}$
Hautfeld		$k = 2{,}6\,\frac{F}{\delta}$	q_{m-1}	q_m	q_{m+1}			
II – I	$m-1,\ m$	$3{,}64 \cdot 10^4$	$3{,}81 \cdot 10^{-2}$	$-3{,}81 \cdot 10^{-2}$	0	−52,8	52,8	0
	$m,\ m+1$	$3{,}64 \cdot 10^4$	0	$3{,}81 \cdot 10^{-2}$	$-3{,}81 \cdot 10^{-2}$	0	52,8	−52,8
I – 0	$m-1,\ m$	$3{,}32 \cdot 10^4$	$2{,}12 \cdot 10^{-2}$	$-2{,}12 \cdot 10^{-2}$	0	−14,9	14,9	0
	$m,\ m+1$	$3{,}32 . 10^4$	0	$212 \cdot 10^{-2}$	$-2{,}12 \cdot 10^{-2}$	0	14,9	−14,9
0 – 1	$m-1,\ m$	$3{,}16 \cdot 10^4$	$-4{,}27 \cdot 10^{-2}$	$4{,}27 \cdot 10^{-2}$	0	−57,5	57,5	0
	$m,\ m+1$	$3{,}16 \cdot 10^4$	0	$-4{,}27 \cdot 10^{-2}$	$4{,}27 \cdot 10^{-2}$	0	57,5	−57,5
1 – 2	$m-1,\ m$	$3{,}12 \cdot 10^4$	$-5{,}29 \cdot 10^{-2}$	$5{,}29 \cdot 10^{-2}$	0	−87,2	87,2	0
	$m,\ m+1$	$3{,}12 \cdot 10^4$	0	$-5{,}29 \cdot 10^{-2}$	$5{,}29 \cdot 10^{-2}$	0	87,2	−87,2

A	B	C	D	E	F	G	H	I
2–3	$m-1,\ m$	$3{,}12\cdot10^4$	$-4{,}45\cdot10^{-2}$	$4{,}45\cdot10^{-2}$	0	−61,7	61,7	0
	$m\ \ m+1$	$3{,}12\cdot10^4$	0	$-4{,}45\cdot10^{-2}$	$4{,}45\cdot10^{-2}$	0	61,7	−61,7
3–4	$m-1,\ m$	$3{,}16\cdot10^4$	$-1{,}88\cdot10^{-2}$	$1{,}88\cdot10^{-2}$	0	−11,15	11,15	0
	$m,\ m+1$	$3{,}16\cdot10^4$	0	$-1{,}88\cdot10^{-2}$	$1{,}88\cdot10^{-2}$	0	11,15	−11,15
4–5	$m-1,\ m$	$3{,}32\cdot10^4$	$1{,}40\cdot10^{-2}$	$-1{,}40\cdot10^{-2}$	0	−6,5	6,5	0
	$m,\ m+1$	$3{,}32\cdot10^4$	0	$1{,}40\cdot10^{-2}$	$-1{,}40\cdot10^{-2}$	0	6,5	−6,5
5–6	$m-1,\ m$	$3{,}64\cdot10^4$	$3{,}78\cdot10^{-2}$	$-3{,}78\cdot10^{-2}$	0	−52,0	52,0	0
	$m,\ m+1$	$3{,}64\cdot10^4$	0	$3{,}87\cdot10^{-2}$	$-3{,}78\cdot10^{-2}$	0	52,0	−52,0
					Σ	−320,88	778,94	−320,88

Haben wir die Kräfte des Zustandes "$\bar{1}$" mit X, die des Zustandes "$\bar{2}$" mit C_2 und die des Zustandes "$\bar{3}$" mit C_2' multipliziert und summieren wir diese Zustände mit dem Zustand "P", so erhalten wir die wirklichen Kräfte bis zu den Spanten 2 und 2'. Über diese Spanten hinaus werden die Längskräfte rechts nach Formel (d) und links nach Formel (e) bestimmt.
In Bild 263 ist der Verlauf der Längskräfte punktiert gezeigt, der als Ergebnis der Rechnung erhalten wurde.

N ä h e r u n g s r e c h n u n g

Ein Ingenieur kann für seine Rechnung im gegebenen Falle auch die vereinfachte Methode benutzen, die weiter oben für viergurtige Kästen mit Zellen dargelegt wurde, die durch je eine geschlossene Zelle rechts und links begrenzt werden.

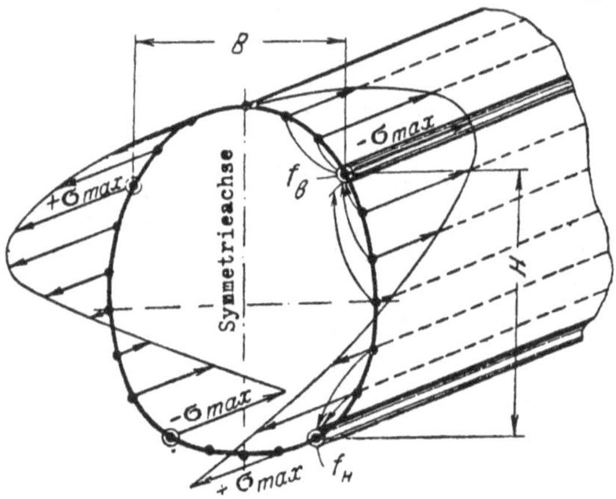

Bild 262

Wie der Vergleich weiterhin zeigt, gibt diese Methode ein genügend genaues Ergebnis.
Die Abklinglänge für die Sekundärspannungen rechts und links der Zelle mit der Aussparung können wir nach derselben Formel bestimmen wie für die Kästen (Formel (h) § 35), indem wir vorher die Konstruktion mit den vielen Stringern in eine mit vier Gurten überführen (Bild 262) *).
Wir betrachten das vorige Beispiel (s. Bild 259) :
Rechte Seite: Aus Spalte 3 der Tabelle 36 ist ersichtlich, daß die Größtwerte und folglich die Längskräfte in den Zug- und Druckzonen sich bei den Stäben 0 und 4 befinden. Nehmen wir sie als Gurte. Folglich ist $H = 19 + 20 + 20 + 19 = 78$ cm, $B = 36 + 36 = 72$ cm (s. Bild 262).
In den Schnitten an den Spanten 0 und 0' haben die Stäbe 6, I und II keine Kräfte, daher machen sie bei der Berechnung der Gurtquerschnittsflächen f_B und f_H nichts aus. Auf der rechten Seite ist :

$$f_B = 5 \cdot 0{,}8 = 4 \text{ см}^2, \quad f_H = 2{,}5 \text{ см}^2,$$

*) In Bild 262 ist ein Schnitt einer geschlossenen Schale mit vielen Stringern in unmittelbarer Nachbarschaft einer offenen Zelle gezeigt.

folglich ist:

$$l_3 = l_3^* = \sqrt{\frac{2\left(\frac{72}{0,05}+\frac{78}{0,05}\right)}{\frac{1}{4}+\frac{1}{2,5}}} = 96,2 \text{ см}.$$

Linke Seite: Es ist: $f_в = 3 \cdot 1,58 + 1,54 + 1,5 = 7,78$ см², $f_н = 5$ см².
Die mittlere Stärke der Beplankung ist:

$$\delta_0 = \frac{0,1+0,08}{2} = 0,09 \text{ см}$$

und folglich

$$l_1 = l_1^* = \sqrt{\frac{2\left(\frac{72}{0,09}+\frac{78}{0,12}\right)}{\frac{1}{7,78}+\frac{1}{5}}} = 94 \text{ см}.$$

Die Zahlenrechnung ergibt:

$$\frac{\sum \frac{1}{f_1} l_1}{\sum \frac{1}{f_3} l_3} = \frac{\left(\frac{1}{1,5}+\frac{1}{1,54}+\frac{3}{1,58}+\frac{1}{5}\right) 94}{\left(\frac{5}{0,8}+\frac{1}{2,5}\right) 96,2} = \frac{3,417 \cdot 94}{6,65 \cdot 96,2} = 0,502$$

und:

$$\frac{\sum \frac{1}{f_2} l_2}{\sum \frac{1}{f_3} l_3} = \frac{\left(\frac{5}{1}+\frac{1}{5}\right) 120}{\left(\frac{5}{0,8}+\frac{1}{2,5}\right) 96,2} = \frac{5,2 \cdot 120}{6,65 \cdot 96,2} = 0,98.$$

Nach Schaubild 219 finden wir:

$$z = 0,565 \cdot 120 = 67,8.$$

Nunmehr können wir die Längskraft in den äußeren Schnitten der offenen Zelle bestimmen (Tab. 41, Spalte 6 und 7)

$$N_n^{rechts} = -(120-67,8)(q_{n+1}-q_n) = -52,2\,(q_{n+1}-q_n),$$

$$N_n^{links} = z\,(q_{n+1}-q_n) = 67,8(q_{n+1}-q_n).$$

dabei hat q dieselbe Bedeutung wie im Falle der vollen Symmetrie (s. Tab. 36, Spalte 7 und 8).

In den übrigen Schnitten bestimmen wir die Längskräfte nach Formeln, die analog den Formeln (i) und (k) des § 35 sind. Für den linken Teil des Rumpfes (s. Tab. 41, Spalte 1 bis 5) ist:

$$X_{m'}^i = X_{0'}^i e^{-\frac{2\Delta x m'}{l_1^*}} = X_{0'}^i\, e^{-0,638\, m'}.$$

Tabelle 41

No. des Stabes	1	2	3	4	5	6
	No. des Spantes linker Teil					
	5′	4′	3′	2′	1′	0′
0	42	79,4	150	284	538	1019
1	−1,7	−3,2	−6,0	−11,4	−21,5	−40,7
2	−7,2	−13,7	−26,0	−49,2	−93,0	−176
3	−11,2	−21,2	−40,1	−75,8	−143	−271
4	−11,5	−21,8	−41,3	−78,3	−148	−280
5	−7,6	−14,4	−27,2	−51,5	−97,5	−184,5
6	0	0	0	0	0	0

No. des Stabes	7	8	9	10	11	12
	No. des Spantes rechter Teil					
	0	1	2	3	4	5
0	−781	−419	−225	−121	−64,7	−34,7
1	31,3	16,8	9,0	4,8	2,6	1,4
2	135,5	72,7	39,0	21,0	11,2	6,0
3	209	112,0	60,2	32,3	17,3	9,3
4	216	116	62,2	33,4	17,9	9,6
5	142	76,2	40,8	21,9	11,8	6,3
6	0	0	0	0	0	0

Für den rechten Rumpfteil ist (Spalte 8 bis 12):

$$X_m^i = X_0^i \, e^{-\frac{2\Delta x m}{l_3^*}} = X_0^i \, e^{-0{,}623\, m}.$$

Der entsprechende Verlauf der Längskräfte ist in Bild 263 durch die vollen Linien dargestellt.

Aus dem Schaubild ist zu sehen, daß die Längskräfte, die aus der gegebenen Näherungsrechnung errechnet sind, im Bereich der größten Werte nahe an den Ergebnissen der vorigen Rechnung nach der exakten Methode liegen.
Betrachten wir den Fall eines nur kurzen Ausschnittes:
Die Länge der Zelle mit der Öffnung sei im vorliegenden Fall nur 30 cm statt 120 cm. Dann erhalten wir nach der exakten Methode ein Ergebnis, das in Bild 264 punktiert dargestellt ist.

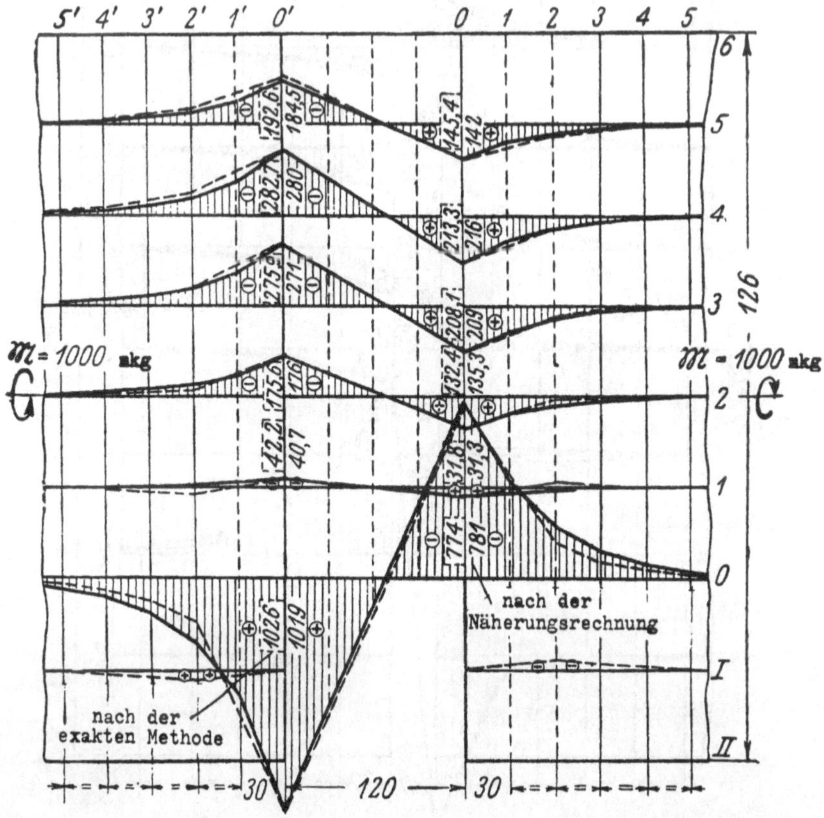

Bild 263

In gleichen Schaubild ist durch volle Linien der Verlauf der Längskräfte nach der Näherungsrechnung angegeben.
Wie wir sehen, unterscheiden sich auch im Falle einer kurzen Aussparung die Werte für die Längskräfte nach der Näherungsrechnung nicht sehr von denen nach der exakten Methode.
Die durchgeführten Zahlenrechnungen zeigen, daß für derartige Systeme mit vielen Zellen und in ihrer Ebene starren Spanten die Näherungsmethode nach der vorgeschlagenen Formel für die Abklinglänge und das Schaubild 219 für die Bestim-

mung der Längskraftnullstellen brauchbar sind. Das gibt die Möglichkeit, von Kräften, die nach der Formel $N_i = k \cdot f_i \cdot \omega_i$ gewonnen sind, zu Kräften X_0^i und $X_{0'}^i$ an den Rändern 0 und 0' der offenen Zelle überzugehen. In den anderen Schnitten in den geschlossenen Zellen rechts und links der Ausspa-

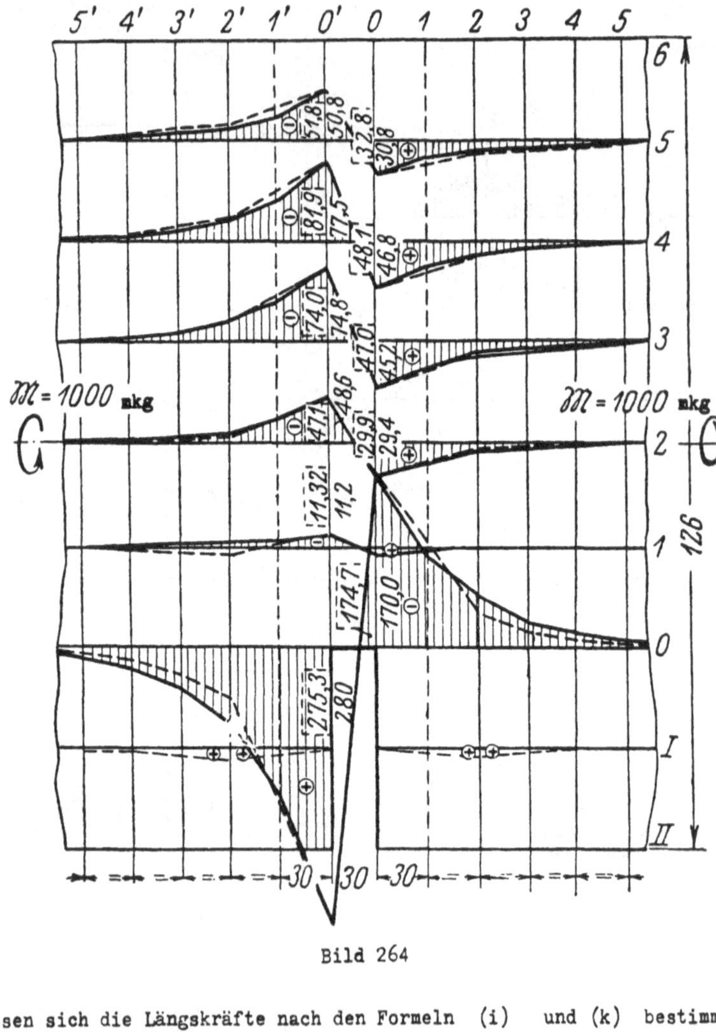

Bild 264

rung lassen sich die Längskräfte nach den Formeln (i) und (k) bestimmen (§35).

$$X_m^i = X_0^i e^{-\frac{2\Delta x\, m}{l_3^*}} \tag{f}$$

und

$$X_{m'}^i = X_{0'}^i e^{-\frac{2\Delta x\, m'}{l_1^*}} . \tag{g}$$

§ 37 Der Fall, daß die äußeren Kräfte im Bereich des Ausschnittes angreifen.

Weiter oben war angenommen, daß die Zelle mit der Aussparung von äußeren Kräften frei sei. Behandeln wir nun den Fall, daß ein offenes Rumpfstück vom Flügel her ein Drillmoment eingeleitet bekommt (Bild 265 a).
In der vorgegebenen viergurtigen Konstruktion gibt es unten einen Ausschnitt, der vier Zellen umfaßt. Das Drillmoment $\mathfrak{M}$ = 1000 mkg, das als Schubfluß angreift,

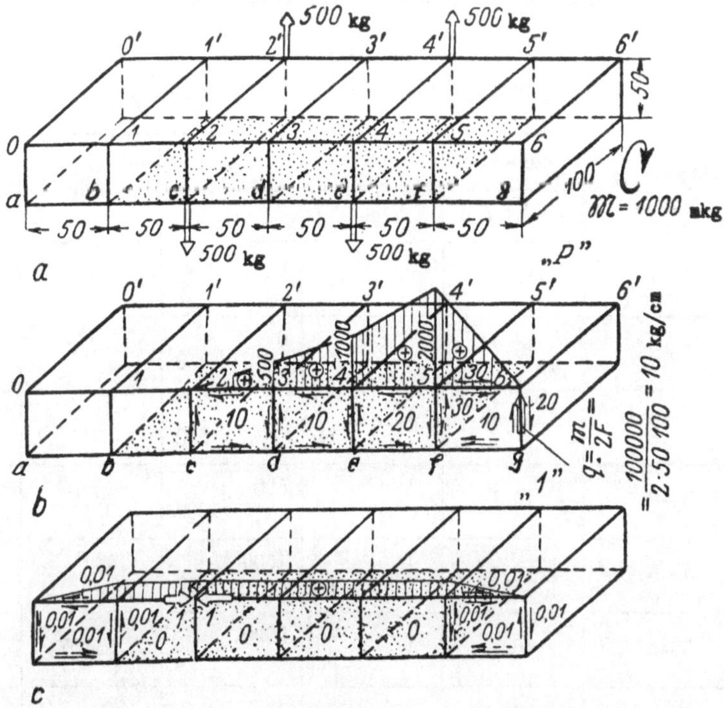

Bild 265

ist durch zwei Kräftepaare P = ± 500 kg ins Gleichgewicht gesetzt, die an den Spanten 2 und 4 angreifen. Es ist erforderlich, die Längskräfte in den Gurten und den Schubfluß in der Beplankung zu bestimmen.
Ausgangsdaten sind: Die Querschnittsflächen der Gurte f = 3 cm^2, die Blechstärke der Rumpfseitenwände δ = 0,2 cm und die an Ober- und Unterseite des Rumpfes δ = 0,15 cm.
Erstes Rechenverfahren: Das gegebene System ist einfach statisch unbestimmt. Das Grundsystem erhalten wir, indem wir am Knoten 2 den Gurt schneiden. Der Zustand "P" ist teilweise in Bild 265 b gezeigt. Der Zustand "1" ist in Bild 265 c angegeben.
Aus Tabelle 42 erhalten wir $E \cdot \delta_{11} = 92{,}9$ und $\Sigma \cdot \Delta_{1P} = 68\,775$. Folglich ist

$$X = -\frac{68775}{92,9} = -740.$$

Addieren wir die inneren Kräfte des Zustandes "P" zu den mit X multiplizierten Werten des Zustandes "1" so erhalten wir die wirklichen inneren Kräfte (Bild 266).

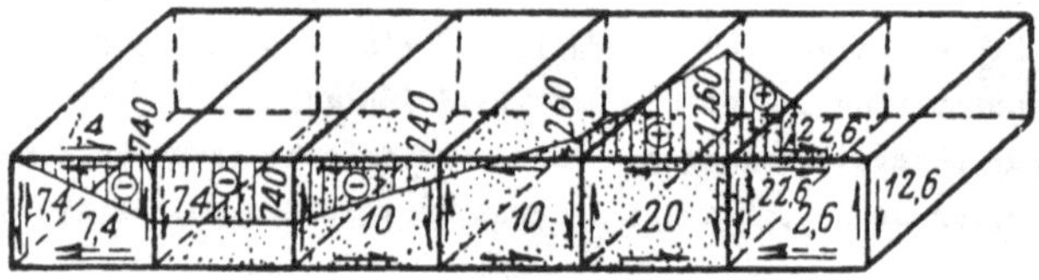

Bild 266

Tabelle 42

Stäbe / Hautfelder	$k = l/f$ / $k = 2{,}6\,F/\delta$	N_1 / q_1	N_P / q_P	$E\delta_{11}$	$E\Delta_{1P}$
0–1	16,7	0 / 1	0 / 0	5,57	0
1–2	16,7	1 / 1	0 / 0	16,7	0
2–3	16,7	1 / 1	0 / 500	16,7	4175
3–4	16,7	1 / 1	500 / 1000	16,7	12500
4–5	16,7	1 / 1	1000 / 2000	16,7	25000
5–6	16,7	1 / 0	2000 / 0	5,57	11150
0–0′–1′–1	42300	–0,01	0	0	0
0–1–*b*–*a*	32500	0,01	0	0	0
5–5′–6′–6	42300	0,01	30	4,23	12700
5–6–G–*F*	32500	–0,01	–10	3,25	3250
				92,9	68775

Würden die äußeren Kräfte P = 500 kg nicht senkrecht angreifen, sondern wagerecht, wie in Bild 267 gezeigt, so würde das nur die Verteilung der inneren Kräfte der Spanten verändern, aber die Längskräfte und der Schubfluß in der Schale würde bleiben wie zuvor.

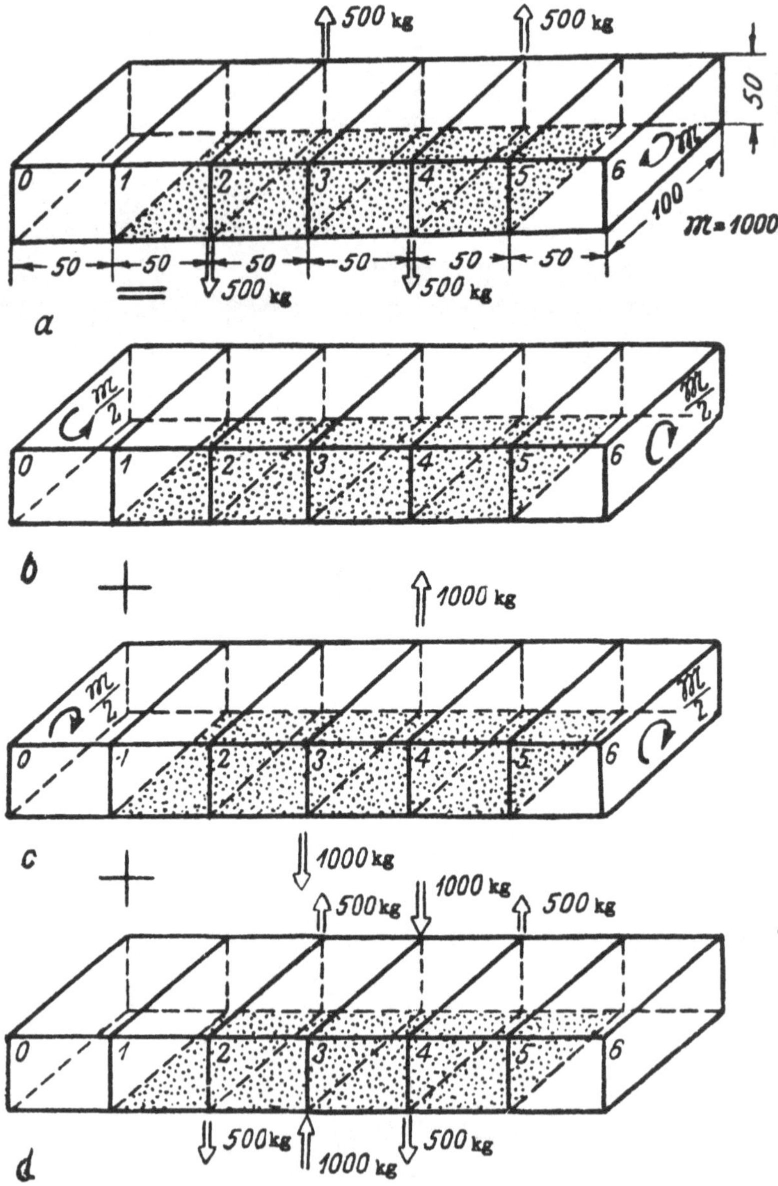
500 kg
500 kg
50
m
100
m = 1000
0
1
2
3
4
5
6
50
50
50
50
50
50
500 kg
500 kg
a
m/2
m/2
b
+
1000 kg
m/2
m/2
c
+
1000 kg
500 kg
1000 kg
500 kg
500 kg
1000 kg
500 kg
d

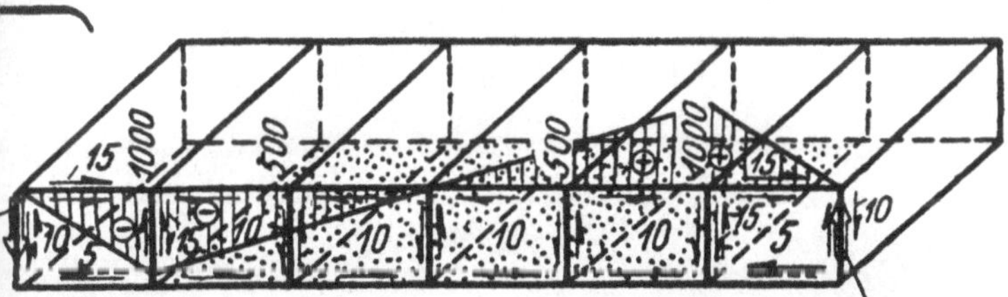

e

$$+ \quad q = \frac{m}{4F} = \frac{100000}{4 \cdot 100 \cdot 50} = 5 \text{ kg/cm}$$

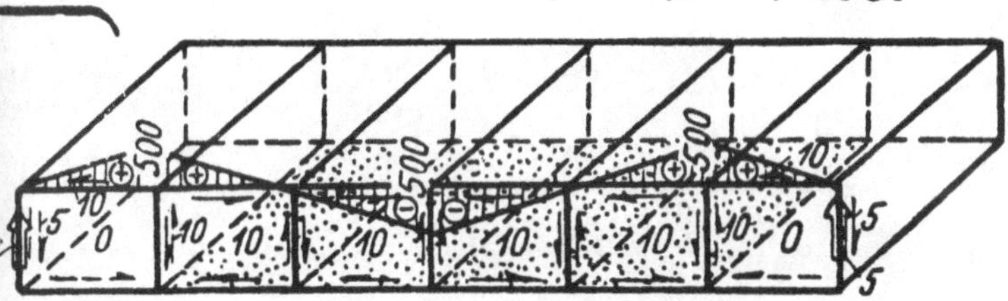

f

+

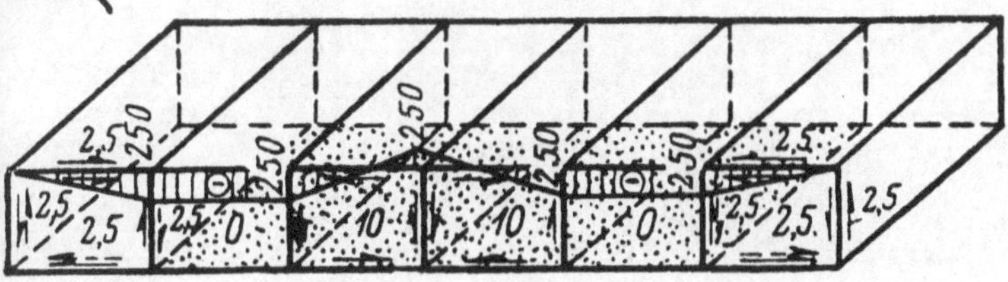

g

=

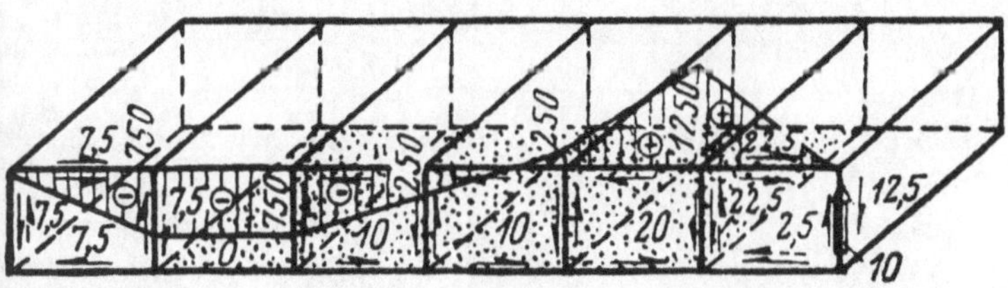

h

Зак. 966

Zweites Rechenverfahren: Wir können diese Aufgabe auch anders lösen. Wir führen sie nämlich angenähert auf ein statisch bestimmtes System dadurch zurück, daß wir die Symmetrie bezüglich des mittleren Schnittes benutzen. Wir zerlegen also den Ausgangszustand der Belastung (Bild 265 a) in die drei Zustände, wie sie in Bild 268 b , c und d gezeigt sind.
Der erste von ihnen ist der des Drillmoments $\mathfrak{M}/2$. Die Nullpunkte der Längskräfte entsprechen in diesem Falle dem mittleren Schnitt. Kennen wir die Lage der Nullpunkte (also der neutralen Faser), so ist nicht schwer, die inneren Kräfte dieses Zustandes ebenfalls zu bestimmen (Bild 268 e).

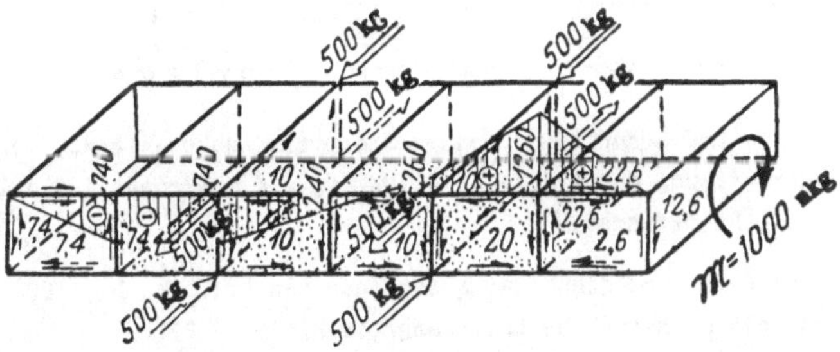

Bild 267

Der zweite Zustand (c) wird durch eine symmetrische Verdrehung durch Momente $\mathfrak{M}/2$ dargestellt. Das Gleichgewicht hält ein Kräftepaar am Spant 3. In diesem Falle ist die Ebene der Mittelrippe gleichsam eine Anschlußstelle. Wir nehmen an, daß sich die Längskraftnullpunkte in der Mitte zwischen den Spanten 1 und 3 , bezw. 3 und 5 befinden. Kennen wir die Lage dieser Längskraftnullstellen, können wir leicht die inneren Kräfte auch dieses Zustandes bestimmen.(Bild 268 f).
Der dritte Zustand (d) ist die symmetrische Verdrehung durch das Moment $\mathfrak{M}/2$, das als ein Kräftepaar an den Spanten 2 und 4 angreift. Ihm wird durch ein Moment das Gleichgewicht gehalten, das am Mittelspant 3 angreift. In diesem Falle nehmen wir die Längskraftnullstellen als in der Mitte der Zellen 2 - 3 und 3 - 4 liegend an. Unter diesen Annahmen ermitteln wir die inneren Kräfte für diesen Zustand (Bild 268 g).

Die wirkliche Größe der inneren Kräfte (unter den gemachten Annahmen) erhalten wir durch Summieren der Kräfte aus den Zuständen b , c und d (s. Bild 268 h).
Vergleichen wir die solcher Art gewonnenen Kräfte (Bild 268 h) mit den Kräften , die aus der vorhergehenden Rechnung gewonnen waren (Bild 266), so sehen wir, daß die Unterschiede im Ergebnis nicht bedeutend sind.

Die beschriebene Näherungsannahme für die Berechnung ist gewöhnlich bei einer Konstruktion mit vielen Stringern nützlich (Bild 269), deren Berechnung nach der exakten Methode mühsam wäre.

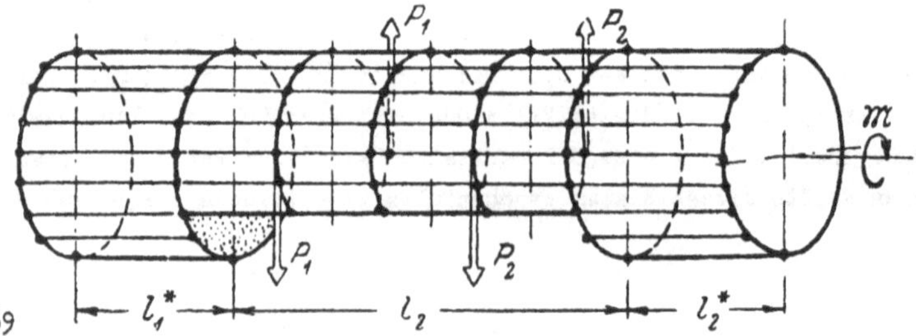

Bild 269

§ 38 Aufgaben zum Überlegen

1) Längskräfte und Schubfluß in einem Spant sind zu bestimmen, wenn er sich unter der Wirkung der Kräfte P = 1000 kg und q = const (Bild 270) im Gleichgewicht befindet.

2) Längskräfte N und Schubfluß q sind aus den Kräften P = 1000 kg zu bestimmen, die am Mittelabschnitt angreifen. (Bild 271)

3) Die Kräfte in der Holmstrebe sind zu bestimmen (Bild 272).

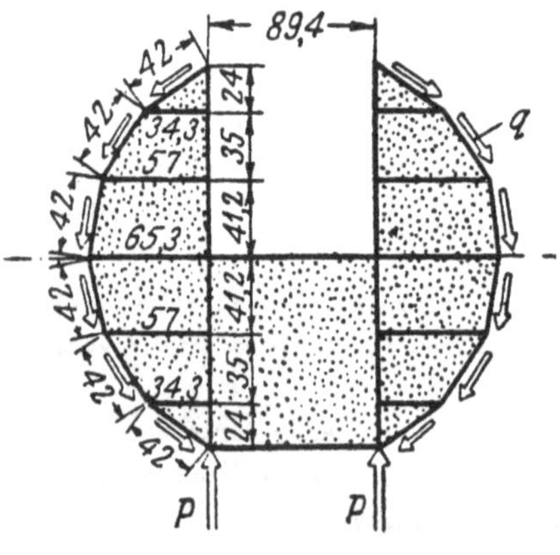

Bild 270

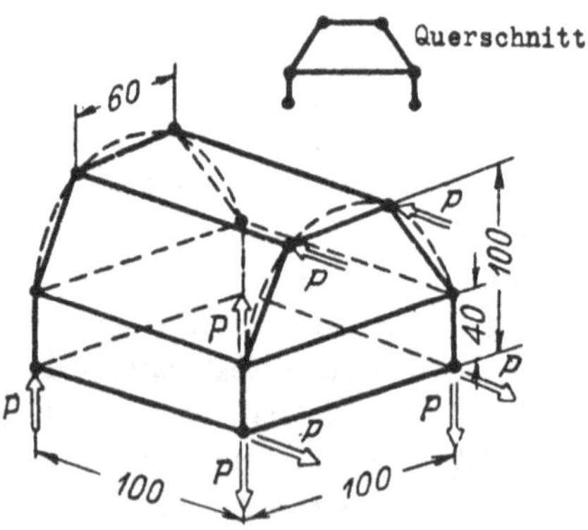

Bild 271

4) Längskräfte N und Schubfluß q in einem Feld mit vielen Stringern sind mit Berücksichtigung der Sekundärspannungen (Bild 273) zu bestimmen. Die Dicke der Haut beträgt δ = 0,08 cm, die Querschnittsfläche des Stabes beträgt $f = 1\ cm^2$.

5) Längskräfte N und Schubfluß q aus einer Gleichgewichtsgruppe von Kräften sind zu bestimmen, die am Ende eines Feldes mit drei Gurten und einer großen Zahl von Vertikalstäben angreifen (Bild 274). Die Dicke der Haut beträgt δ = 0,08 cm, die Querschnittsfläche jedes Gurtes ist $f = 5\ cm^2$.

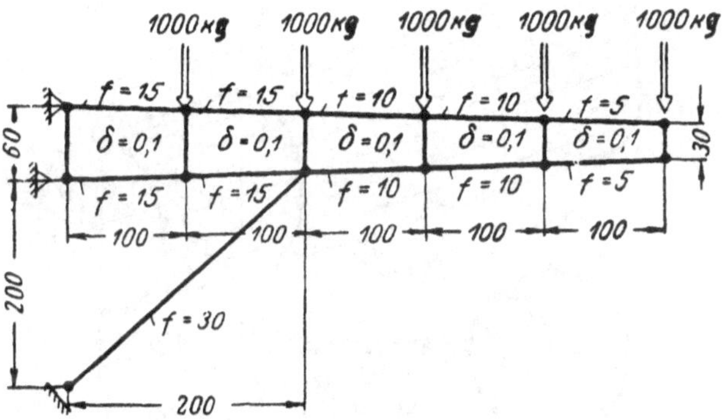

Bild 272

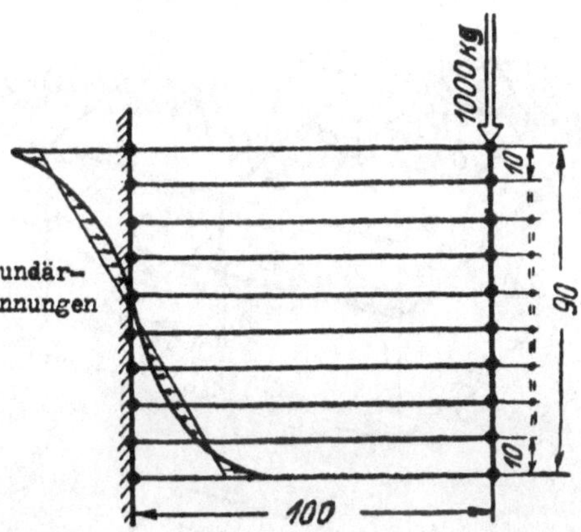

Bild 273

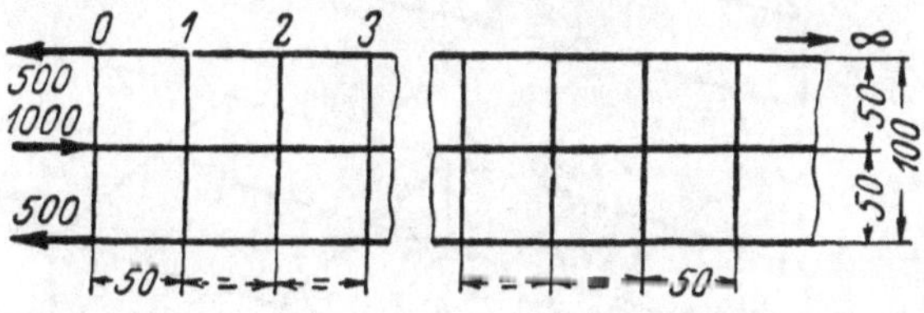

Bild 274

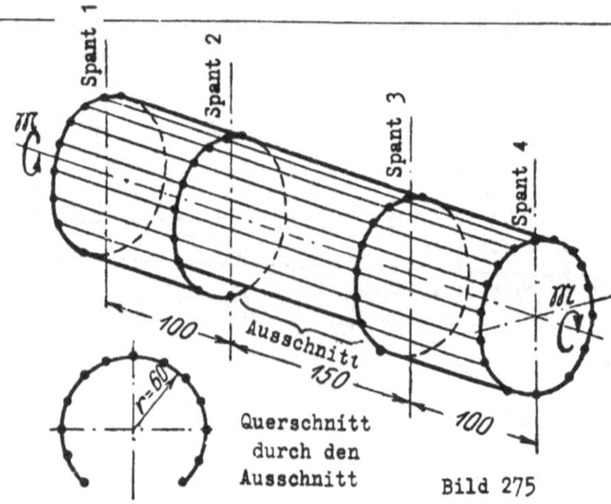

Bild 275

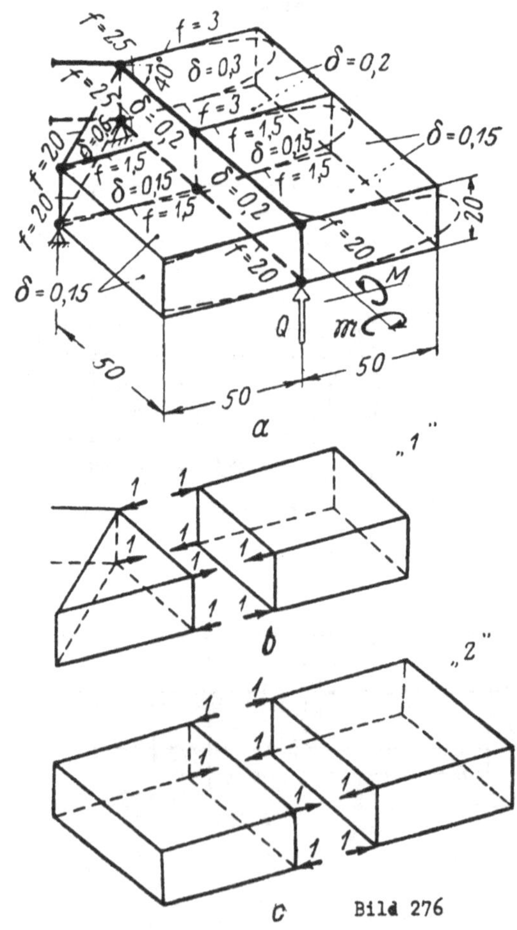

Bild 276

6) Der gegenseitige Verdrehungswinkel der Spanten 2 und 3 ist unter der Wirkung eines Drillmoments $\mathfrak{M}$ = 1000 mkg zu bestimmen, das an Spant 1 und Spant 4 als Schubfluß (Bild 275) angreift. Die Blechstärke der Haut beträgt δ = 0,08 cm, die Querschnittsfläche der Stringer beträgt $f = 1\ cm^2$ (mit Ausnahme des unteren Stringers, an der Zelle mit der Aussparung, der $f = 5\ cm^2$ hat)

7) Die Längskraft N und der Schubfluß q im Wurzelstück eines einholmigen Pfeilflügels ($\Theta = 40^\circ$) sind aus M = 1000 mkg, $\mathfrak{M}$ = 1000 mkg und Q = 1000 kg zu bestimmen (Bild 276). Die Stirnrippe des Wurzelstücks soll in ihrer Ebene als starr gelten.

Anmerkung: Es wird empfohlen, die Einheitszustände so zu wählen, wie in Bild 276 b und c angegeben.

Russische Literatur

1) Bjelajeff	Berechnung freitragender Flügel TWF 1932 No.7-9
2) Kan S.N. und Panowko J.G.	Elemente der Festigkeitslehre für dünnwandige Konstruktionen, redigiert von Peremuchin Wehrverl.1949
3) Kirpitscheff W.L.	Die überzähligen Unbekannten in der Festigkeitslehre Moskau 1934
4) Kissileff W.F.	Elementartheorie der Verdrehung von Kastenträgern TWF 1938 No.3
5) Kan S.N. und Swerdloff I.A.	Festigkeitsrechnung für ein Flugzeug. Wehrverl.1940 (insbesondere die Abschnitte über Verdrehung und Biegung von Balken).
6) Rabinowitsch I.M.	Vorlesungen über Festigkeitslehre: Fachwerke Teil I und Teil II Technischer Staatsverlag 1940
7)	Forschungsarbeiten über dünnwandige Flügel- und Rumpfkonstruktionen, herausgegeben von A.A.Umanskij, Wehrverlag 1938

Deutsche und englische Literatur

1) H.Wagner — Konstruktions- und Berechnungsfragen des Blechbaus Jahrbuch der WGL 1928

Ebene Blechwandträger mit sehr dünnen Stegblechen ZFM Band 20 (1929)

Arbeiten über Probleme an dünnwandigen Blechkonstruk ønen. LUFO Band 12 (1935) und Band 13 (1936).(Wagner Wagner-Lahde, Wagner-Ballerstedt, Wagner-Simon)

2) Wagner-Kimm — Bauelemente des Flugzeugbaus, Oldenbourg 1940

3) H.Ebner — Die Berechnung regelmäßiger, vielfach statisch unbestimmter Raumfachwerke mit Hilfe von Differenzengleichungen. DVL-Jahrbuch 1931

Beanspruchung dünnwandiger Kastenträger auf Drillung bei behinderter Querschnittswölbung. DVL-Jahrb. 1933

4) H.Ebner und O.S.Heck — Formeln und Berechnungsverfahren für die Festigkeit von Platten- und Schalenkonstruktionen im Flugzeugbau LUFO Band 11 (1934)

5) H.Ebner und H.Köller — Zur Berechnung des Kraftverlaufs in versteiften Zylinderschalen. LUFO Band 14 (1937)

Über den Kraftverlauf in längs und quer versteiften Scheiben LUFO Band 14 (1937)

6) A.L.Lang und Bisplinghof — Some Results of Sweptback Wing Structure (Reports & Memoranda 1951).

7) Samuel Levy — Computation of Influence Coeffizient for Aircraft Structures with Discontinuities an Sweepback. (Journal of the Aeronautical Science 1947)

8) W.S.Hemp — On the Application of Oblique Coordinates to Problems of Plane Elasticity and Sweepback Wing Structures. (Reports & Memoranda No. 2754 1950).

9) K.Marguerre — Neuere Festigkeitsprobleme des Ingenieurs 1950

10) b.Langefors — Analysis of Elastic Structures by Matrix Transformati with Special Regard to Semi-monocoque Structures (Journal of the Aeronautical Science 19 (1952)

11) L.B.Wehle und W.Lansing — A Method for Reducing the Analysis Complex Redundant Structures to a Routine Procedure (Journal of the Aeronautical Science 1952)

12) J.H.Argyris — Energy Theorems and Structural Analysis Pt.I.Aircr. Enging. Band 26 (1954) und Band 27 (1955).

Inhaltsverzeichnis

Kapitel V

Berechnung statisch unbestimmter Systeme

Kapitel VI

Näherungsrechnung für Kastenkonstruktionen

Kapitel VII

Berechnung von Pfeilflügeln

Kapitel VIII

Kräftebestimmung im Bereich von Aussparungen

Wenn einer, der mit Mühe kaum
Gekrochen ist auf einen Baum,

Schon meint, daß
er ein Vogel wär,

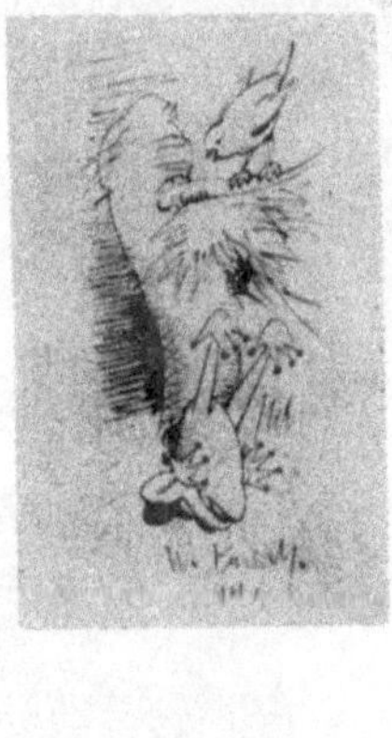

So irrt sich der.

Wilhelm Busch

EIN SCHACHBUCH HILFT WEITER!

„Der bekannte Stil Brinckmanns, der es versteht, die als trocken verrufene Materie der Schachtheorie in jedem seiner Aufsätze und Werke dem Leser ‚mundgerecht' zu machen, zeichnet dieses Buch besonders aus."

Fränkische Nachrichten

M. EUWE, *Schach von A—Z*

Deutsche Bearbeitung von Kurt Richter. Oktav. Mit 262 Diagrammen. Etwa 200 Seiten. 1958. In Vorbereitung.

Ideen und Kombinationen

für Fortgeschrittene

Der große Ideengehalt des Schachspiels verlangt gebieterisch nach eingehender Gestaltung. Da tritt wieder Dr. Euwe mit zwei wertvollen Büchern auf den Plan: in » Positions- und Kombinationsspiel « erläutert er die höhere Strategie der Bauernführung, und in » Urteil und Plan « gibt er dem Lernenden meisterliche Winke zur Stellungsbeurteilung und Planbildung an die Hand. Wieder von anderer Art ist Eduard Laskers Standardwerk » Moderne Schachstrategie «, an dem schon unsere Väter ihre höhere Schachauffassung heranbildeten. 6 Auflagen (davon die letzte modernisiert) sprechen für sich. Optisch Schach zu lehren, bemüht sich K. Richter in seinen Büchern » Der Schachpraktiker, Schachmatt und Kombinationen «. Anhand einprägsamer Beispiele wird die Theorie aus der Praxis heraus entwickelt und in dem Lernenden das Schachgefühl geweckt. Er lernt Kombinationen sehen und verstehen.

M. EUWE, *Positions- und Kombinationsspiel im Schach*

2. Auflage. Oktav. Mit 132 Diagrammen. 109 Seiten. 1955. Kartoniert DM 5,80

„Dieses Buch gehört zu den Rosinen in der Schachliteratur. Es ist für Lernende und Fortgeschrittene in gleichem Maße gewinnbringend." Rotenburger Kreiszeitung

M. EUWE, *Urteil und Plan im Schach*

Oktav. Mit 168 Diagrammen. VIII, 168 Seiten. 1956. Kartoniert DM 8,40

„Ein neues Lehrbuch des holländischen Exweltmeisters. Das Urteil über die Stellung und daraus den richtigen Plan fassen zu lernen, das ist es, was . . . hier in anschaulicher Form von Dr. Euwe dem Leser doziert wird."

Der Nußknacker

ED. LASKER, *Moderne Schachstrategie*

6., völlig umgearbeitete Auflage. Herausgegeben von Rudolf Teschner und Kurt Richter. Oktav. Mit 178 Diagrammen. VI, 171 Seiten. 1955. Kartoniert DM 9,80

„Dieses Buch, in dem die allgemeinen schachstrategischen Gesetze entwickelt werden, hat schon vielen Spielern zur Meisterstärke verholfen. Die neue Auflage ist vollständig neu bearbeitet und modernisiert worden." Freie Presse

K. RICHTER, *Der Schachpraktiker*

Ein Wegweiser für Lernende. 3., verbesserte Auflage. Oktav. Mit zahlreichen Stellungsbildern. 84 Seiten. 1953. Kartoniert DM 3,80

„Das Buch ist eine Fundgrube überraschender schachlicher Gedankenblitze und ideenreicher Kombinationen."

Heim und Werk

K. RICHTER, *Schachmatt*

Eine lehrreiche Plauderei für Fortgeschrittene über den Mattangriff im Schach. 2. Auflage. Oktav. Mit zahlreichen Diagrammen. Etwa 100 Seiten. 1958. Kartoniert etwa DM 7,80

Walter de Gruyter & Co.

RICHTER/TESCHNER, *Schacheröffnungen (Der kleine Bilguer)*

Theorie und Praxis. 2., nach dem neuesten Stand der Theorie verbesserte Auflage. Oktav. Mit mehr als 100 ausgewählten Partien. VI, 210 Seiten. 1957. Kartoniert DM 9,80

„Der Untertitel des Buches besagt das Wesentliche über seinen Aufbau. Die mannigfaltigen, von den beiden Berliner Meistern sorgfältig zusammengestellten Eröffnungen und Varianten sind mit über 100 Partienbeispielen untermalt." Schweizerische Schachzeitung

E. SNOSKO-BOROWSKY, *Eröffnungsfallen am Schachbrett*

3., verbesserte Auflage. Neubearbeitet unter Mitwirkung von Rudolf Teschner. Oktav. Mit 221 Beispielen und 88 Diagrammen. 123 Seiten. 1957. DM 6,80

„Die Tatsache, daß dieses Werk ein Bestseller unter den Schachbüchern ist, daß schon nach 2 1/2 Jahren eine Neuauflage notwendig wurde, spricht für sich." Schachecho

LÖWENFISCH/SMYSLOW, *Theorie der Turmendspiele*

Aus dem Russischen übersetzt und herausgegeben von Dr. H. Lehmann. In Vorbereitung.

Von Wunderkindern und Großmeistern

Biographien und Erinnerungen

Der Schachliebhaber möchte nicht nur lernen und studieren, sondern sich auch über die Laufbahn und Leistungen der großen Meister des Schachspiels unterrichten. Dr. Aljechin, einer der genialsten Spieler aller Zeiten, schildert »Auf dem Wege zur Weltmeisterschaft« die psychologische Einstellung auf seinen gewaltigen Gegner Capablanca und seinen schließlichen Sieg. Unübertrefflich sind die Glossen Aljechins zu seinen eigenen Partien.

Walter de Gruyter & Co.

Hochinteressant ist in diesem Zusammenhang Reshevskys objektive Schilderung seiner Schachlaufbahn vom Wunderkind zum Großmeister. Auch er ist ein hervorragender Interpret eigener Partien. Seine allgemeinen Betrachtungen sind ebenfalls sehr lehrreich. A. Brinckmann würdigt den vor einigen Jahren verstorbenen »Großmeister Bogoljubow«, der zwar im Wettkampf mit Aljechin unterlag, aber zu den größten Meistern der Neuzeit zählt. Dem Gedenken Klaus Junges, dem hoffnungsvollsten deutschen Nachwuchstalent der Kriegszeit, mit nur kurzer, aber umso glänzenderer Laufbahn ist Budrich Schultes sehr empfehlenswertes Büchlein »Das war Klaus Junge« gewidmet. Carl Carls, der Schöpfer der Bremer Partie, hat viele schöne Partien gespielt, die in dem von K. Richter bearbeiteten Buch lebendig werden. Gleichzeitig vermittelt der Rückblick auf Carls' Schachlaufbahn interessante historische Eindrücke.

A. ALJECHIN (Alekhine), *Auf dem Wege zur Weltmeisterschaft* (1923—1927)

2. Auflage. Oktav. Mit 100 Partien und 173 Diagrammen. VIII, 226 Seiten. 1955. Kartoniert DM 9,80

„Auf dem Wege zur Weltmeisterschaft ist in besonderem Maße bezeichnend für das Schaffen Aljechins überhaupt. Das Buch liest sich beinahe romanhaft."

Schweizerische Schachzeitung

S. RESHEVSKY, *Meine Schachkarriere*

Mit 80 ausgewählten Partien. Oktav. 210 Seiten. 1957. Kartoniert DM 12,80

„. . . sehr aufschlußreich in vieler Beziehung für den Schachleser sind die Schilderungen über die einzelnen Turniere und Begegnungen mit den Großen wie Aljechin, Capablanca, Lasker und Botwinnik. Am wertvollsten jedoch sind die Erläuterungen der 80 Partien.“ Der Nußknacker

A. BRINCKMANN, *Großmeister Bogoljubow*

Oktav. Mit zahlreichen Abbildungen und Stellungsbildern. 107 Seiten. 1953. Kartoniert DM 5,50

„Eine Sammlung der besten Partien des allseitig beliebten und geschätzten Großmeisters, in der vorzüglichen und zum Teil humorvollen Glossierungskunst Alfred Brinckmanns.“ Deutsche Nachrichten, Sao Paulo

BUDRICH / SCHULTE, *Das war Klaus Junge*

Partien und Aufzeichnungen. Gewidmet den jugendlichen Schachspielern in aller Welt. Oktav. 97 Seiten. 1956. Kartoniert DM 8,80

„Ein Erinnerungsbuch zum Gedächtnis des begabtesten deutschen Jungmeisters, der am 27. April 1945 mit 21 Jahren . . . fiel. In wenigen Jahren stieg er zur Weltklasse auf. Das Buch eignet sich vor allem für unsere Jugend zu Geschenkzwecken.“ Schachecho

K. RICHTER, *Carl Carls und die ‚Bremer Partie‘*

60 Jahre Schacherinnerungen. Mit einer Vorrede von Alfred Brinckmann. Herausgegeben von Kurt Richter. Oktav. 113 Seiten und 2 Abbildungen. 1957. Kartoniert DM 7,80

„Das empfehlenswerte Buch . . . weiß dem Menschen und Schachmeister Carls ein seinen Leistungen und Verdiensten entsprechendes Denkmal zu setzen.“

Aachener Volkszeitung

Walter de Gruyter & Co.

Preisgekrönte Schachpartien

Poesie und Prosa

In der Mitte zwischen Belehrung und Unterhaltung stehen Partiesammlungen nach verschiedenen Gesichtspunkten. Tiefschürfend sind des jetzigen Exweltmeisters Botwinniks Erläuterungen zu seinen Partien aus dem 1. Wettkampf mit Smyslow 1954, ein Genuß für Kenner. Dr. Tartakower, einer der amüsantesten Plauderer und geistreichsten Köpfe im Reiche Caissas, zeigt eine Anzahl seiner schönsten Partien mit originellen und witzigen Zwischentexten. Mit ungarischem Temperament führt uns der Budapester Experte W. Á. Földeák in die Zauberwelt der Glanzpartien mit ihren schönen Kombinationen — eine prächtige Unterhaltung. Ein gewisses Gegenstück dazu bringt A. Brinckmann in einer Sammlung prägnanter Kurzpartien, hier entlädt sich die Dramatik des Schachkampfes sozusagen mit explosiver Kraft. Ganz anders geartet ist das Buch über das größte Fernturnier der Nachkriegszeit: das »Dr. Dyckhoff Fernschach-Gedenkturnier«. Fernschachpartien großer Meister sind naturgemäß meist tiefer angelegt als Partien am Brett und ermöglichen deshalb Kombinationen, die man sonst kaum antreffen würde. Ähnliches gilt hier für die subtile Behandlung der Aufbauprobleme. Ein bedeutsames Werk.

M. M. BOTWINNIK, *Der Schachwettkampf Botwinnik—Smyslow* um die Weltmeisterschaft im Jahre 1954 in Moskau.

Deutsche Übersetzung von Dr. H. Lehmann. Oktav. 100 Seiten. 1957. Kartoniert DM 6,80

Die Arbeit Botwinniks, die hier als erste in deutscher Sprache vorgelegt wird — die vierundzwanzig ausführlich kommentierten Partien des Wettkampfes um die Weltmeisterschaft gegen Smyslow im Jahre 1954 — ist zugleich seine neueste.

TARTAKOWERS *Glanzpartien 1905—1930*

Eine Auswahl seiner besten Schachpartien aus den Jahren 1905—1930, von ihm selbst erläutert; zugleich ein unsystematisches Lehrbuch der Eröffnungsspiele und der allgemeinen Strategie. Oktav. 227 Seiten. 1956. Kartoniert DM 12,—

„In der vorliegenden Neuerscheinung findet sich eine Auswahl der besten Schachpartien des bekannten Meisters, das gleichzeitig ein Lehrbuch der Eröffnungstheorie, der Endspiele und allgemeinen Strategie genannt werden könnte." Union — Post

W. Á. FÖLDEÁK, *100 preisgekrönte Schachpartien*

Oktav. VIII, 135 Seiten. 1952. Kartoniert DM 6,80

„Wem die künstlerische Seite des Schachs besonders am Herzen liegt und wer sich beste schachliche Unterhaltung verschaffen will, der greife zu dem Werk." Freie Presse

A. BRINCKMANN, *Matt in zwanzig Zügen*

Einfälle und Reinfälle. Ein Lehr- und Lesebuch. Oktav. 70 Partien mit 72 Diagrammen. 87 Seiten. 1955. Kartoniert DM 6,80

„Für erprobte Schachspieler ein schachtheoretisch exakt durchdachtes, dabei erfrischend undogmatisches Nachspielheft." Bücherei und Bildung

Dr. DYCKHOFF

FERNSCHACH-GEDENKTURNIER 1954/1956

Herausgegeben von Hans-Werner von Massow und Eberhardt Wilhelm.

Mit 180 Diagrammen, 39 Fotos, 170 ausgew. Partien, Tabellen, Endspielregister, 246 Seiten. 1958. DM 12,80

Walter de Gruyter & Co.

Köstliche Seltenheiten

Rund um das Schachbrett

An Versuchen, dem ernsten Schachspiel auch eine lustige Seite abzugewinnen, hat es nicht gefehlt. Dr. Fabels Buch »Rund um das Schachbrett« bringt eine eigenartige Mischung von Abnormitäten des königlichen Spiels, Essays, Kompositionen und lustigen Zeichnungen — am Rande des Schachbretts. Köstliche Seltenheiten! In gewisser Weise ergänzt der Wiener Altmeister Dr. Krejcik in »Mein Abschied vom Schach« das Fabel'sche Werk. Witzige Probleme und geistreiche Partieendungen werden in gemütvollem Wiener Plauderton vorgetragen und mit nachdenklichen Erinnerungen gewürzt. Zwei Leckerbissen für Genießer! Weiter gespannt ist der Bogen in K. Richters »Kurzgeschichten um Schachfiguren«. Interessante Zusammenstellungen aus allen Gebieten des Schachspiels, teils unterhaltend, teils belehrend, mit mehr als 700 Diagrammen illustrieren die unerschöpflichen Möglichkeiten im Reiche Caïssas. Im wahren Sinne des Wortes ein Bilderbuch des Schachspiels und zugleich ein unmethodisches Lehrbuch des Mittelspiels!

K. FABEL, *Rund um das Schachbrett*

Amüsantes und Interessantes vom Schach. Oktav. Mit 6 Karikaturen. VIII, 137 Seiten. 1955. Kartoniert DM 8,60

„Das Buch kann jedem warm empfohlen werden, der nicht nur Partien gewinnen will, sondern auch Freude an der besinnlichen und unterhaltsamen Seite des Schachspiels hat." Pfälzer Tageblatt

J. KREJCIK, *Mein Abschied vom Schach*

Sterbliches und Unsterbliches aus der Mappe eines Wiener Altmeisters. Oktav. Mit 44 Partien, 40 Schlußspielen, 30 Endspielstudien, 17 Problemen, 27 Selbstmattaufgaben und 131 Stellungsbildern. 106 Seiten. 1955. Kartoniert DM 5,20

„Ein Erinnerungsbuch eines schon fast ehrwürdigen Zeugen einer glanzvollen Schachepoche und ein würdiger Abschied eines der letzten Romantiker aus Caissas buntem Reich."
Schachecho

K. RICHTER, *Kurzgeschichten um Schachfiguren*

Ein Bilderbuch des Schachspiels, zugleich ein Unterhaltungsbuch für alle Schachfreunde. Nach neuen Ideen zusammengestellt und bearbeitet. 2., verbesserte Auflage. Oktav. Mit mehr als 700 Diagrammen und nicht ganz so vielen Versen. 308 Seiten. 1955. Kartoniert DM 12,80

„Amüsantes und Belehrendes, Schwächen und Nachdenkliches sind zu einem bunten Cocktail der 64 Felder gemixt, den keiner mehr lassen kann, hat er erst einmal davon genippt."
Sonntagspost

Im Banne des Schachproblems

Fundgrube für Aufgabenfreunde

Die eben geschilderten drei Bücher enthalten zahlreiche schöne Schachaufgaben, sind jedoch keine ausgesprochenen ‚Problembücher'. Diese haben die weltbekannten Komponisten Kraemer/Zepler in ihren hervorragenden Problemsammlungen geschaffen, die eine Fundgrube für jeden Problemfreund bilden. Die Auswahl und Darstellung entspricht dem hohen Ruf der Verfasser. Methodischen Lehrwert hat Dr. Speckmanns Werk »Strategie im Schachproblem« anhand von 242 Diagrammen, den so beliebten Kleinaufgaben.

Walter de Gruyter & Co.

KRAEMER / ZEPLER, *Im Banne des Schachproblems*

Oktav. Mit zahlreichen Diagrammen. 158 Seiten. 1951. Kartoniert DM 6,80

„Die beiden Problem-Großmeister A. Kraemer und E. Zepler haben als prominenteste Vertreter der deutschen Problemkunst eine große Zahl auserwählter Schachaufgaben und Studien in diesem wertvollen Buch zusammengestellt." Kasseler Post

KRAEMER / ZEPLER, *Problemkunst im 20. Jahrhundert*

Ausgewählte Schachaufgaben. Oktav. 125 Seiten. 1957. Kartoniert DM 8,60

„Von ursprünglich 4000 Schachaufgaben jeder Problemrichtung haben die beiden berühmten Problemkomponisten etwa den zehnten Teil ausgesucht; ... eine unerschöpfliche Fülle reifster Kunstwerke, eine wahre Fundgrube für jeden Problemfreund." Schachecho

W. SPECKMANN, *Strategie im Schachproblem*

erläutert an 242 Miniaturen. Oktav. Etwa 128 Seiten. 1958. Kartoniert etwa DM 8,40

Regeln und Systeme

für Vereinsfunktionäre unentbehrlich ist Brinckmann / Rellstab's »Turnier-Taschenbuch«, das alle wichtigen Regeln, Spielsysteme und Vorschriften des Weltschachbundes allgemeinverständlich aufführt und erläutert.

BRINCKMANN / RELLSTAB, *Turnier-Taschenbuch*

Klein-Oktav. 127 Seiten. 1954. Kartoniert DM 4,80

„Dieses Buch der bekannten Verfasser wird Turnierspielern und Turnierleitern bald unentbehrlich werden." Schachecho

Bestellzettel

Hiermit bestelle ich aus dem Verlag Walter de Gruyter & Co., Berlin W 35, durch die Buchhandlung:

.... Expl.	Aljechin, Weltmeisterschaft	DM 9,80
.... Expl.	Botwinnik, Schachwettkampf 1954 Botwinnik-Smyslow	DM 6,80
.... Expl.	Brinckmann, Lehrbuch	DM 6,40
.... Expl.	—, Matt in 20 Zügen	DM 6,80
.... Expl.	—, Bogoljubow	DM 5,50
.... Expl.	— u. Rellstab, Turnier-Taschenbuch	DM 4,80
.... Expl.	Budrich-Schulte, Klaus Junge	DM 8,80
.... Expl.	Dyckhoff — Fernschach — Turnier	DM 12,80
.... Expl.	Euwe, Positions- und Kombinationsspiel	DM 5,80
.... Expl.	Euwe, Urteil und Plan	DM 8,40
.... Expl.	Euwe, Schach von A—Z	In Vorbereitung
.... Expl.	Fabel, Rund um das Schachbrett	DM 8,60
.... Expl.	Földeák, Schachpartien	DM 6,80
.... Expl.	Kraemer-Zepler, Schachprobleme	DM 6,80
.... Expl.	Kraemer-Zepler, Problemkunst	DM 8,60
.... Expl.	Krejcik, Abschied vom Schach	DM 5,20
.... Expl.	Lasker, Schachstrategie	DM 9,80

Berlin W 35

.... Expl.	Löwenfisch-Smyslow, Turmendspiele	In Vorbereitung
.... Expl.	Reshevsky, Schachkarriere	DM 12,80
.... Expl.	Richter, Erstes Schachbuch	DM 4,80
.... Expl.	Richter, Schachpraktiker	DM 3,80
.... Expl.	Richter, Schachmatt	DM 7,80
.... Expl.	Richter, Kombinationen Ganzleinen	DM 8,50
.... Expl.	Richter, Carl Carls	DM 7,80
.... Expl.	Richter, Kurzgeschichten	DM 12,80
.... Expl.	Richter-Teschner, Schacheröffnungen	DM 9,80
.... Expl.	Snosko-Borowsky, Eröffnungsfallen	DM 6,80
.... Expl.	Speckmann, Strategie	In Vorbereitung
.... Expl.	Tartakowers Glanzpartien	DM 12,—
.... Expl.	Deutsche Schachzeitung	
	jährlich, zur Fortsetzung	DM 12,—
	Für Mitglieder von Schachvereinen	DM 10,80
	Einzelhefte	DM 1,30

Datum Name Anschrift

FSC
www.fsc.org
MIX
Papier | Fördert gute Waldnutzung
FSC® C083411

Zeitfracht Medien GmbH
Ferdinand-Jühlke-Straße 7
99095 Erfurt, Deutschland
produktsicherheit@kollibri360.de